U0197775

大气污染控制技术与策略丛书

长三角区域霾污染特征、来源及调控策略

王书肖 程 真 赵 斌 付 晓 蒋靖坤 等 著

科学出版社

北 京

内 容 简 介

本书针对我国日益严重的霾污染问题,通过数据统计、外场观测、实验室分析和数值模拟,对长三角城市群霾污染的变化趋势、污染特征、排放来源和调控策略进行了系统研究。观测和分析了长三角区域典型城市大气污染的理化特征和时空分布,量化了颗粒物浓度和化学组分与能见度之间的关系;建立了长三角区域高分辨率大气污染物排放清单,利用源模型和受体模型揭示了典型灰霾过程的形成机制和来源;构建了长三角区域大气污染物排放与颗粒物污染间的非线性响应模型,提出了区域多污染物协同控制策略和技术途径,为长三角区域的霾污染防治提供了决策依据。本书的研究方法和结论对我国其他地区的大气污染防治及相关研究也具有借鉴意义。

本书可供大专院校和研究机构环境科学、环境工程、大气科学等专业的科技人员、研究生和本科生参考,也可供各级环境保护机构的相关管理及技术人员阅读。

图书在版编目(CIP)数据

长三角区域霾污染特征、来源及调控策略/王书肖等著.—北京:科学出版社,2016.3
(大气污染控制技术与策略丛书)
ISBN 978-7-03-047466-7

Ⅰ.①长… Ⅱ.①王… Ⅲ.①长江三角洲-霾-空气污染-污染防治 Ⅳ.①X51

中国版本图书馆 CIP 数据核字(2016)第 043685 号

责任编辑:杨 震 刘 冉 李 洁 / 责任校对:蒋 萍
责任印制:肖 兴 / 封面设计:黄华斌

科 学 出 版 社 出版
北京东黄城根北街 16 号
邮政编码:100717
http://www.sciencep.com

北京佳信达欣艺术印刷有限公司 印刷
科学出版社发行 各地新华书店经销

*

2016 年 3 月第 一 版 开本:720×1000 1/16
2016 年 3 月第一次印刷 印张:19 1/2 插页:2
字数:390 000
定价:**128.00 元**
(如有印装质量问题,我社负责调换)

丛书编委会

主　编：郝吉明

副主编（按姓氏汉语拼音排序）：

柴发合　陈运法　贺克斌　李　锋　朱　彤

编　委（按姓氏汉语拼音排序）：

白志鹏　鲍晓峰　曹军骥　冯银厂　高　翔

葛茂发　郝郑平　贺　泓　宁　平　王春霞

王金南　王书肖　王新明　王自发　吴忠标

谢绍东　杨　新　杨　震　姚　强　叶代启

张朝林　张小曳　张寅平　朱天乐

丛　书　序

当前,我国大气污染形势严峻,灰霾天气频繁发生。以可吸入颗粒物(PM_{10})、细颗粒物($PM_{2.5}$)为特征污染物的区域性大气环境问题日益突出,大气污染已呈现出多污染源多污染物叠加、城市与区域污染复合、污染与气候变化交叉等显著特征。

发达国家在近百年不同发展阶段出现的大气环境问题,我国却在近 20 年间集中爆发,使问题的严重性和复杂性不仅在于排污总量的增加和生态破坏范围的扩大,还表现为生态与环境问题的耦合交互影响,其威胁和风险也更加巨大。可以说,我国大气环境保护的复杂性和严峻性是历史上任何国家工业化过程中所不曾遇到过的。

为改善空气质量和保护公众健康,2013 年 9 月,国务院正式发布了《大气污染防治行动计划》,简称为“大气十条”。该计划由国务院牵头,环境保护部、国家发展和改革委员会等多部委参与,被誉为我国有史以来力度最大的空气清洁行动。“大气十条”明确提出了 2017 年全国与重点区域空气质量改善目标,以及配套的十条35 项具体措施。从国家层面上对城市与区域大气污染防制进行了全方位、分层次的战略布局。

中国大气污染控制技术与对策研究始于 20 世纪 80 年代。2000 年以后科技部首先启动“北京市大气污染控制对策研究”,之后在 863 计划和科技支撑计划中加大了投入,研究范围也从“两控区”(酸雨区和二氧化硫控制区)扩展至京津冀、珠江三角洲、长江三角洲等重点地区;各级政府不断加大大气污染控制的力度,从达标战略研究到区域污染联防联治研究;国家自然科学基金委员会近年来从面上项目、重点项目到重大项目、重大研究计划各个层次上给予立项支持。这些研究取得丰硕成果,使我国的大气污染成因与控制研究取得了长足进步,有力支撑了我国大气污染的综合防治。

在学科内容上,由硫氧化物、氮氧化物、挥发性有机物及氨等气态污染物的污染特征扩展到气溶胶科学,从酸沉降控制延伸至区域性复合大气污染的联防联控,由固定污染源治理技术推广到机动车污染物的控制技术研究,逐步深化和开拓了研究的领域,使大气污染控制技术与策略研究的层次不断攀升。

　　鉴丁我国大气环境污染的复杂性和严峻性,我国大气污染控制技术与策略领域研究的成果无疑也应该是世界独特的,总结和凝聚我国大气污染控制方面已有的研究成果,形成共识,已成为当前最迫切的任务。

　　我们希望本丛书的出版,能够大大促进大气污染控制科学技术成果、科研理论体系、研究方法与手段、基础数据的系统化归纳和总结,通过系统化的知识促进我国大气污染控制科学技术的新发展、新突破,从而推动大气污染控制科学研究进程和技术产业化的进程,为我国大气污染控制相关基础学科和技术领域的科技工作者和广大师生等,提供一套重要的参考文献。

2015 年 1 月

前　言

近年来,我国中东部地区多次发生大范围持续性霾污染,对人民群众的身体健康和生产生活造成严重影响。霾的主要成因是不利气象条件下的大气复合污染,气象和污染的共同作用导致区域性雾霾快速地恶化和蔓延。霾污染事件的大范围发生,对我国区域和城市空气质量达标和大气污染防治工作提出了严峻的挑战。因此,霾污染是一个亟待解决的、直接关系到国计民生的大问题。

面对重霾天气应对和空气质量改善的重大需求,2010 年国家环保公益性行业科研专项支持了"典型地区大气灰霾特征与控制途径预研究"项目,清华大学承担了其中"长三角地区大气灰霾特征与控制途径预研究"课题。长江三角洲地区是全国四大霾污染最严重的区域之一。该课题系统地研究了长三角区域霾污染的时空分布、变化趋势、理化特征、来源成因及调控策略,课题成果不仅为长三角区域霾污染防治提供了科学支撑,课题的研究方法和相关结论对其他地区的大气污染防治也具有借鉴意义。

本书作者王书肖教授来自清华大学,长期从事大气污染化学和控制策略研究。作者根据过去几年研究团队在长三角区域开展霾污染特征与控制途径研究所取得的成果,总结和提炼出了本书的主要核心内容,希冀能为解决我国区域大气复合污染问题、改善区域空气质量尽绵薄之力,并为大气污染防治领域的科研人员和各级环境保护机构的相关管理人员提供参考。

全书共 9 章,其中第 1 章介绍本书的写作背景、霾污染的定义及国内外的研究进展;第 2 章介绍长三角区域霾污染的历史变化趋势;第 3 章介绍大气污染物排放源清单的建立方法和长三角区域大气污染物排放特征;第 4 章和第 5 章介绍利用外场观测和数值模拟两种方法进行长三角区域污染成因和形成机制分析;第 6 章量化了长三角区域颗粒物的消光效率及其对霾污染的影响;第 7~9 章介绍了长三角区域大气污染物排放与细颗粒物浓度间的非线性响应模型,利用该模型进行了区域细颗粒物污染的来源解析,并提出了霾污染控制的对策与措施。

全书由王书肖负责书稿总体设计、撰写、修改、审校和定稿工作。此外,第 1 章和第 2 章主要由王书肖、程真撰写;第 3 章主要由付晓、王书肖撰写;第 4 章主要由程真、蒋靖坤撰写;第 5 章主要由程真、付晓、王书肖、华阳撰写;第 6 章主要由程真、蒋靖坤撰写;第 7 章主要由赵斌、邢佳、王书肖撰写;第 8 章主要由赵斌、王建栋撰写;第 9 章主要由赵斌、王书肖、汪俊撰写。

　　本书涉及的主要内容和研究成果,得到国家环保公益性行业科研专项、中国工程院、中国科学院先导专项、丰田公司等的资助,在此一并深表谢意。同时,感谢上海市环境科学研究院、上海市环境监测中心、江苏省环境监测中心、浙江省环境监测中心、南京市环境监测站、苏州市环境监测站、宁波市环境监测站和杭州市萧山区环境监测站在相关研究中提供的大力支持。书稿的完成,离不开众多长辈、同事和亲人的支持。在此特别感谢清华大学郝吉明院士、贺克斌院士,中国环境科学研究院柴发合研究员,环境保护部环境规划院王金南研究员,北京大学张远航院士、谢绍东教授,中国科学院大气物理研究所王自发研究员、王跃思研究员,中国科学院生态环境研究中心贺泓研究员,上海市环境科学研究院陈长虹教授,上海市环境监测中心伏晴艳总工程师,浙江大学高翔教授,美国环境保护署 Carey Jang 博士,田纳西大学 Joshua Fu 教授等的指导和帮助。此外,在本书成稿过程中,刘通浩、付侃、蔡思翌等同学对书稿涉及的研究工作做出了贡献;科学出版社的刘冉编辑对本书的立项和出版的各个环节提供了诸多的建议和帮助,在此一并表示衷心的感谢。

　　霾污染的机理及控制研究是目前环境科学研究及管理的重点和难点,涉及众多学科的复杂问题,受研究条件和作者学术水平限制,书中难免存在诸多不足之处,恳请广大读者和同行专家指正。

作　者

2015 年 10 月于北京清华园

缩略词及符号说明

ACSM   颗粒物化学成分在线监测仪（Aerosol Chemical Speciation Monitor）

AOD   气溶胶光学厚度（Aerosol Optical Depth）

API   空气污染指数（Air Pollution Index）

APS   空气动力学粒径谱仪（Aerodynamic Particle Sizer）

b_{abs} 吸收消光系数（Absorption Coefficient）

b_{ext} 消光系数（Extinction Coefficient）

b_{sca} 散射消光系数（Scattering Coefficient）

BAU   趋势照常情景（Business as Usual）

BC   黑碳（Black Carbon）

CFB-FGD   循环流化床脱硫（Circulating Fluidized Bed Flue Gas Desulfurization）

CMAQ   多尺度空气质量模型（Community Multiscale Air Quality）

CMB   化学质量平衡（Chemical Mass Balance）

DMA   差分电迁移率分析仪（Differential Mobility Analyzer）

EC   元素碳颗粒物（Elemental Carbon）

EF   排放因子（Emission Factor）

ERSM   扩展的响应表面模型（Extended Response Surface Modeling）

ESP   电除尘（Electrostatic Presipitator）

$f(RH)$ 吸湿增长因子（Hygroscopic Growth Factor）

FDMS   膜动态测量系统（Filter Dynamics Measurement System）

FGD   烟气脱硫（Flue Gas Desulfurization）

FIRMS   火点信息系统（Fire Information for Resource Management System）

GDAS   全球数据同化系统（Global Data Assimilation System）

GDP   国内生产总值（Gross Domestic Product）

HSS   哈默斯利序列采样方法（Hammersley Quasi-random Sequence Sampling）

HYSPLIT   单粒子拉格朗日轨迹模型（Hybrid Single-Particle Lagrangian Integrated Trajectory）

IC   离子色谱（Ion Chromatography）

ICP-MS   电感耦合等离子体质谱仪（Inductively Coupled Plasma Mass Spectrometer）

IMPROVE   （美国）保护视觉环境跨部门观测计划（Interagency Monitoring of Protected Visual Environments）

IPCC   政府间气候变化专门委员会（Intergovernmental Panel on Climate Change）

LHS   拉丁超立方采样（Latin Hypercube Sampling）

LNB   低氮燃烧技术（Low NO_x Burner）

MAE   单位质量吸收效率（Mass Absorption Efficiency）

MARGA   气溶胶及气体测量仪（Monitor for Aerosols and Gases）

MaxNE   最大标准误差（Maximum Normalized Error）

MDL   最低检出限（Maximum Detection Level）

MEE   单位质量消光效率（Mass Extinction Efficiency）

MEGAN   天然源气体和气溶胶排放模型（Model of Emissions of Gases and Aerosols from Nature）

MFB   平均比例偏差（Mean Fractional Bias）

MFE   平均比例误差（Mean Fractional Error）

MFR   最大减排潜力情景（Maximum Feasible Reduction）

MNE   平均标准误差（Mean Normalized Error）

MODIS   中等分辨率成像分光计（Moderate-resolution Imaging Spectrometer）

MOUDI	微孔均匀沉降碰撞采样器（Micro-Orifice Uniform Deposition Impactors）
MSE	单位质量散射效率（Mass Scattering Efficiency）
NH_3	氨（Ammonia）
NH_4^+	铵盐颗粒物（Ammonium）
NMB	标准平均偏差（Normalized Mean Bias）
NME	标准平均误差（Normalized Mean Error）
NMVOC	非甲烷挥发性有机物（Non-Methane Volatile Organic Compounds）
NO_2	二氧化氮（Nitrogen Dioxide）
NO_3^-	硝酸盐颗粒物（Nitrate）
NO_x	氮氧化物（Nitrogen Oxides）
NOAA	(美国)国家海洋和大气管理局（National Oceanic and Atmospheric Administration）
OC	有机碳颗粒物（Organic Carbon）
OM	有机颗粒物（Organic Matter）
PAHs	多环芳烃（Polycyclic Aromatic Hydrocarbon）
PBL	行星边界层高度（Planetary Boundary Layer）
PM	颗粒物（Particulate Matter）
PM_1	空气动力学直径小于或等于 $1~\mu m$ 的颗粒物
$PM_{2.5}$	细颗粒物（Fine Particulate Matter），即空气动力学直径小于 $2.5~\mu m$ 的颗粒物
PM_{10}	可吸入颗粒物（Inhalable Particulate Matter），即空气动力学直径小于或等于 $10~\mu m$ 的颗粒物
$PM_{10\sim2.5}$	粗颗粒物（Coarse Particulate Matter），即空气动力学直径介于 $2.5\sim10~\mu m$ 的颗粒物
PR	循序渐进情景（Progressive Reduction）
PSD	气溶胶粒径谱仪（Particle Size Distribution）

RH	相对湿度（Relative Humidity）
SRM	响应表面模型（Response Surface Modeling）
SCR	选择性催化还原技术（Selective Catalytic Reduction）
SNCR	选择性非催化还原技术（Selective Non-Catalytic Reduction）
SO_2	二氧化硫（Sulfur Dioxide）
SO_4^{2-}	硫酸盐颗粒物（Sulfate）
SSA	单次散射反照率（Single Scattering Albedo）
TEOM	振荡天平（Tapered Element Oscillating Microbalance）
TOR	热光反射分析法（Thermal/Optical Reflectance）
VOC	挥发性有机物（Volatile Organic Compounds）
WRF	气象研究与预测模型（Weather Research & Forecasting）
XRF	射线荧光光谱（X-Ray Fluorescence）

目　　录

第 1 章 绪 论

1.1 霾污染的定义及危害

所谓"霾"污染,从感官上说,它是大气中气溶胶系统对可见光的削弱效应而造成的一种视程障碍(吴兑,2008),具体表现就是水平能见度下降,天空灰蒙蒙一片,可以说是"看得见的污染"(Hyslop,2009);目前科学界还没有严格定义,气象行业的识别方法是将其作为一种天气现象,通过能见度与相对湿度(RH)等指标进行界定,认为当能见度小于 10 km,相对湿度小于 80%,排除降水、沙尘暴、扬沙、浮尘、烟幕、吹雪、雪暴等天气现象造成的视程障碍可判别为"霾",从而与"雾"等自然现象区分开来(中国气象局,2010)。

必须指出的是,霾的本质是气溶胶污染,霾污染过程中大气能见度下降的主要原因是空气中大量悬浮的微小颗粒物的消光作用(吴兑,2012),因此霾污染的严重程度从表面看以能见度的高低表现出来,但它更是空气中微小颗粒物浓度大小的指示剂,而这些微小颗粒物绝大部分又来自人为污染源的直接排放与大气中的化学转化。因此,霾污染引起的危害涉及面广,影响程度深。首先,霾引起的低能见度破坏了大自然景观和人类生活区域的视觉体验,相关的心理研究表明,频繁或长期的低能见度现象容易让人产生悲观情绪,使人精神郁闷,遇到不顺心事情甚至容易造成失控等各种心理障碍(Hyslop,2009);同时严重霾污染时极低的能见度严重影响道路行驶视野范围,容易引起交通阻塞,继而发生交通事故,或者致使机场大量航班取消或延误(孙亮,2012);更为严重的是,霾现象通常意味着大气中存在高浓度的微小颗粒物,大量流行病学、毒理学的研究表明,这些大气中悬浮的微小颗粒物会通过呼吸道直接进入人体并沉积在肺泡,对人们的呼吸道、心血管、神经系统等产生严重的短期及长期健康毒害(Brunekreef and Holgate,2002),我国科学家在广州的研究发现,霾与肺癌如影随形,出现霾严重年份后,相隔七年就会出现肺癌高发期,霾与肺癌有了"七年之痒"(Tie et al,2009);同时,空气中的颗粒物通过干、湿沉降等途径进入生态系统,以酸雨的形式对生态系统的形态结构与功能产生严重影响(孙亮,2012)。此外,这些微小颗粒物由于对光吸收和散射产生的复杂而显著的辐射效应,对全球气候变化贡献明显,特别是以硫酸盐为代表的冷却效应组分和以黑碳为代表的加热效应组分,以及通过影响云凝结核的间接气候效应,因此被政府间气候变化专门委员会(IPCC)列为主要的但不确定性较大的"温室气体"之一(IPCC,2007)。

1.2　长三角区域霾污染的严峻形势及影响因素

我国正处于工业化的峰值阶段,尽管对污染物实施了较严格的排放标准,但巨大的能源消耗量带来的污染排放总量居高不下,使我国东部地区的空气质量受到严重影响。van Donkelaar 等 (2015)基于卫星观测气溶胶光学厚度反演得到的全球细颗粒物(PM$_{2.5}$)浓度(图 1-1)显示,我国东部地区和印度北部地区以及非洲北部区域是全球浓度高值污染区,其中尤以我国东部地区最为严重,PM$_{2.5}$浓度的六年平均值大都在 50 μg/m^3 以上。

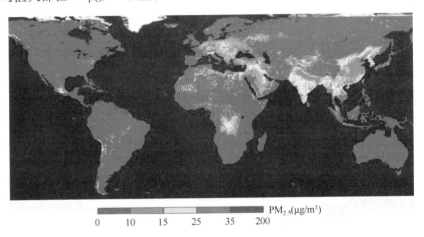

图 1-1　全球 2010~2012 年地面 PM$_{2.5}$质量浓度平均值分布图 (van Donkelaar et al,2015)

我国气象观测站对各地大气水平能见度进行了较长时间的人工观测和记录。Zhang 等 (2012)利用我国 851 个气象站从 1961 年到 2005 年每日 14 时的观测数据,空间插值给出了每隔五年我国水平能见度的空间分布情况(图 1-2)。从历史变化看,在 20 世纪 60~70 年代,全国基本没有能见度低于 15 km 的区域,且 15~20 km 的污染高值区基本离散地分布在东部主要工业城市;从 80 年代开始,15~20 km 的污染区域占据了我国东部与中部大部分国土面积,且开始出现低于 15 km 的区域;到 2001~2005 年,15~20 km 的污染区域几乎覆盖我国中东部全部国土面积,低于 15 km 的区域主要分布在华北平原、长江三角洲地区及四川盆地等。

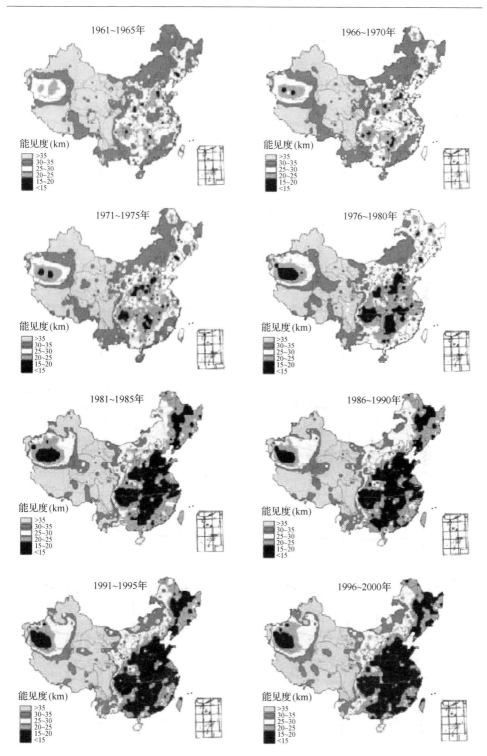

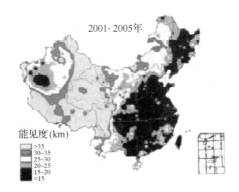

图 1-2　全国大气水平能见度年均值分布图(1961~2005 年)(Zhang et al,2012)

进一步将图 1-1 和图 1-2 的高污染区域放大进行比较,如图 1-3 所示,不难看出,目前 PM$_{2.5}$ 浓度高值区和能见度低值区都主要分布在以京津冀为核心的华北平原、长三角地区和四川盆地三大区域。

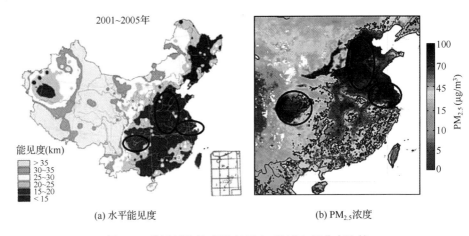

(a) 水平能见度　　　　　　　　　　　　　(b) PM$_{2.5}$浓度

图 1-3　我国低能见度及高 PM$_{2.5}$浓度空间分布比较

尽管影响我国东部城市群霾形成的因素众多,但归纳起来无外乎高强度的人为源排放、不利气象条件和自然源排放三大原因,其中高强度的人为源排放是内因,不利气象条件和自然源排放是外因,这些外因和内因同时作用导致严重霾现象的产生。

1.2.1　高强度的人为源大气污染物排放

图 1-4 给出了全球 16 个地区可吸入颗粒物(PM$_{10}$)的 6 种主要化学组分的年均浓度测量结果比较(Zhang et al,2012)。由图可见,我国 PM$_{10}$ 中的矿物质浓度约为欧美的 2 倍,有机碳(OC)和元素碳(EC)的浓度分别约为欧美城市地区的

2.5～6 倍和 1～3 倍,硫酸盐(SO_4^{2-})、硝酸盐(NO_3^-)和铵盐(NH_4^+)浓度分别为欧美的 10～15 倍、2～4 倍和 2～5 倍。长三角地区 $PM_{2.5}$ 污染的观测资料显示,上海、杭州和南京近年来 $PM_{2.5}$ 的年均浓度在 50～150 μg/m³ 范围内波动(图 1-5),超出我国现行空气质量标准(35 μg/m³)及世界卫生组织推荐(10 μg/m³)的年均值,且并没有明显的上升或下降趋势。对长三角地区 $PM_{2.5}$ 组分的分析结果显示(图 1-6),有机物、无机盐及元素碳所占质量百分比达到 64%～83%,而它们绝大部分都来自人为源直接排放的颗粒物或气态前体物化学转化。由此可见,即使是在扩散条件相对较好的我国沿海城市地区,颗粒物的浓度亦比欧美高出数倍,本质原因是一次颗粒物及其前体气态污染物的污染排放总量及强度远高于欧美地区。

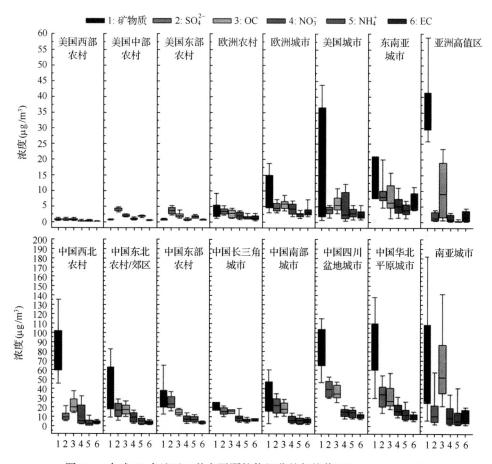

图 1-4　全球 16 个地区 6 种主要颗粒物组分的年均值(Zhang et al,2012)

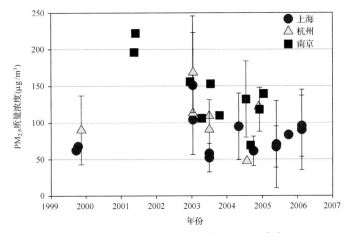

图1-5　长三角地区主要城市的PM$_{2.5}$浓度

（Wang et al，2006；Ye et al，2003；包贞等，2010；陈魁等，2010；戴海夏等，2004；樊曙先等，2005；黄金星等，
2006；黄鹂鸣等，2002；吕森林等，2007；王杨君等，2010；翁君山等，2008；杨兴堂等，2009；殷永文等，2011；
余锡刚等，2010）

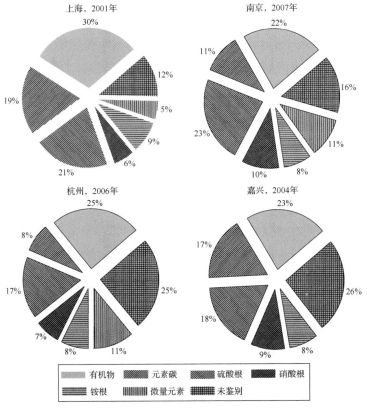

图1-6　长三角地区PM$_{2.5}$主要化学组分质量百分比

（包贞等，2010；陈魁等，2010；陈明华等，2008；翁君山等，2008；银燕等，2009）

Zhang 等（2009）开发了 2006 年全亚洲的 30′×30′高分辨率污染排放清单，估算了我国 $PM_{2.5}$、二氧化硫（SO_2）、氮氧化物（NO_x）和非甲烷挥发性有机物（NMVOC）的年排放量分别为 13270 kt、31020 kt、20830 kt 和 2325 kt，分别占亚洲全部排放的 60.4%、65.9%、56.6%和 42.6%，且集中于东部城市地区。Huang 等（2011）基于自下而上的方法估算了长三角地区 2007 年各类污染物的排放量，$PM_{2.5}$、SO_2、NO_x 和 NMVOC 的年排放量分别为 3120 kt、2390 kt、2290 kt 和 1510 kt，且主要集中在上海、杭州、南京等核心城市（图 1-7）。正是由于我国东部

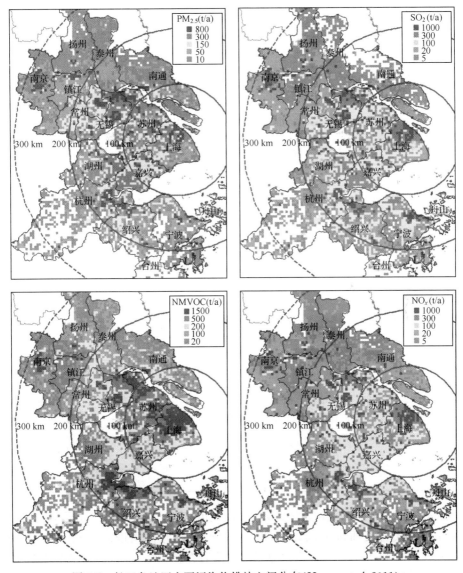

图 1-7 长三角地区主要污染物排放空间分布（Huang et al，2011）

城市地区的污染排放量高,且排放区域集中,空间排放强度大,导致了这些地区呈现出一次颗粒物与二次颗粒物并存的复合污染态势。

1.2.2 不利气象扩散条件

区域性的静稳天气是导致污染物累积进而形成霾的主要诱因,垂直方向大气稳定,在夜晚至清晨常观测到明显的逆温现象,大气边界层高度较低,大量的一次颗粒物和气态污染物聚集在边界层以下使浓度升高,不仅促使颗粒物由核模态向积聚模态累积迁移,同时进一步加快了气态污染物氧化成二次颗粒物的各类化学反应速率(唐孝炎等,2006)。表 1-1 总结了近年来发生在长三角地区由于静稳天气导致的霾污染事件,可看到它们大都发生在地表温差较大的秋、冬季,地面天气形势通常被高压系统或均压系统控制,边界层高度(PBL)低于 1 km,水平风速大都小于 3 m/s,不利的水平扩散和垂直扩散条件都易于污染的形成累积,最终导致 $PM_{2.5}$ 浓度达到 200 $\mu g/m^3$ 以上,能见度低至 2 km 以下。

表 1-1　长三角地区静稳天气导致的重污染事件特征

日期/地点	颗粒物及能见度	天气形势	气象条件	参考文献
2010-10-31～2010-11-2 上海	PM_{10}:211 $\mu g/m^3$ $PM_{2.5}$:141 $\mu g/m^3$ PM_1:104 $\mu g/m^3$ 能见度:2.4 km	均压系统	风速:1 m/s	周敏等,2013
2009-10-19～2009-10-31 南京	PM_{10}:296 $\mu g/m^3$ 能见度:2 km	高压系统	PBL:248 m 风速:<5 m/s	Kang et al,2013
2008-12-19～2008-12-21 上海	PM_{10}:250 $\mu g/m^3$ $PM_{2.5}$:200 $\mu g/m^3$ PM_1:187 $\mu g/m^3$ 能见度:2～9 km	未知	PBL:0.4～1.2 km 风速:0.5～2.5 m/s	潘鹄等,2010
2008-10-28～2008-10-29 南京	PM_{10}:395 $\mu g/m^3$ 能见度:<4 km	均压场或弱高压	风速:<3 m/s	孙燕等,2010
2007-1-19 上海	PM_{10}:500 $\mu g/m^3$ $PM_{2.5}$:390 $\mu g/m^3$ 能见度:0.6 km	高压系统	风速:<1 m/s	Fu et al,2008

此外,相对湿度对颗粒物浓度及大气能见度也有重要影响。一方面,它会以雾或小雨等形式直接通过水汽分子(液滴)等产生消光作用进而影响大气能见度(Elias et al,2009),另一方面水汽分子通过附着在颗粒物表面,增强二次颗粒物的液相转换的同时,促进颗粒物的吸湿增长,进而大大增强了颗粒物对光的散射作用

(Winkler,1988),进而影响大气能见度。长三角地区受副热带季风及海洋气候共同影响,年均相对湿度在 75%~80% 变化(史军等,2008),特别是在具有稳定的大气层及近地面较小风速的秋冬季,较易发生较强的辐射大雾(余庆平和孙照渤,2010)。由于大雾发生时大气层结稳定,污染物也极易累积,所以在长三角地区更多表现为雾霾混合的特征,常常会出现雾消霾续、雾霾转换等情形。周敏等(2012)分析 2010 年上海秋季的污染状况时发现有两个高污染过程都属于雾霾混合型,相对湿度达到 90% 以上,大雾提供的丰富水汽含量有利于 NO_2 通过多相反应进入液相和颗粒相。潘鹄等(2010)发现在 2008 年冬季的一次霾的过程中伴有雨和雾的出现,且高湿度的霾天气对能见度影响更大。杨军等(2010)在 2007 年冬季南京的外场观测实验中,根据能见度和含水量将雾霾过程划分为雾、轻雾、湿霾、霾四个不同阶段,发现四个阶段的主要发生顺序为霾↔轻雾→湿霾→雾→湿霾→轻雾↔霾,且各个阶段颗粒物的粒径谱分布特征各不相同。

在秋冬季经常有北方冷空气频繁南下,不仅会将沿途京津冀、山东等地的污染物输送到长三角地区,而且也容易因冷暖气团交汇形成逆温,且常常伴有丰富的水汽,进一步加强了颗粒物的吸湿增长。Li 等(2013)模拟了春季我国东部区域之间的颗粒物污染传输,发现北方区域对长三角地区的 $PM_{2.5}$ 浓度影响达到 10%。考虑到春季风向以偏南气流为主,因此冬季北方区域对长三角地区的贡献比例将远高于 10%。由于长三角地区地处平原,长三角地区各城市之间的传输影响也十分明显(图 1-8),在西北风的主导风向影响下,江苏对上海、浙江以及上海对浙江一次气态污染物及 PM_{10} 的外来影响达到 40% 以上(程真等,2011),外来源对上海的硫酸盐浓度的贡献比例有时能达到 60%~70%(张艳等,2010)。

1.2.3　沙尘暴和秸秆焚烧的影响

沙尘暴对长三角地区空气质量的影响虽然不如北方城市严重,但在每年春季会在高压场控制的大风输送下由北向南(Sun et al,2001),把蒙古戈壁、新疆戈壁的裸露土壤成分带入长三角地区的同时,也会把北方沿途的污染物或东海的海盐离子少量输送到长三角区域。Fu 等(2010)观测到 2007 年 4 月 2 日上海的 PM_{10} 浓度达到 648 μg/m³,并通过各地方同步颗粒物采样的 Ca/Al 比例,判断上海的沙尘暴主要来自蒙古戈壁而不是新疆塔克拉玛干沙漠。Liu 等(2011)观测到 2009 年 3 月 14~17 日和 4 月 25~26 日两次影响南京的沙尘暴分别来自蒙古戈壁及新疆塔克拉玛干沙漠,并发现沙尘和人为污染物并存。同样是 2009 年 4 月 25 日这次沙尘暴,Huang 等(2012)观测到沙尘主要分布在地面到 1.4 km 的上空,沙尘对总消光系数的贡献比例为 44%~55%。沙尘暴在秋季也会经过长途输送,以浮尘的形式影响长三角地区的空气质量,张懿华等(2011)和周敏等(2012)分别报道了 2010 年 11 月 12~14 日(PM_{10} 浓度:359 μg/m³)和 2009 年 10 月 17~19 日(PM_{10} 浓度:150 μg/m³)两次污染过程。

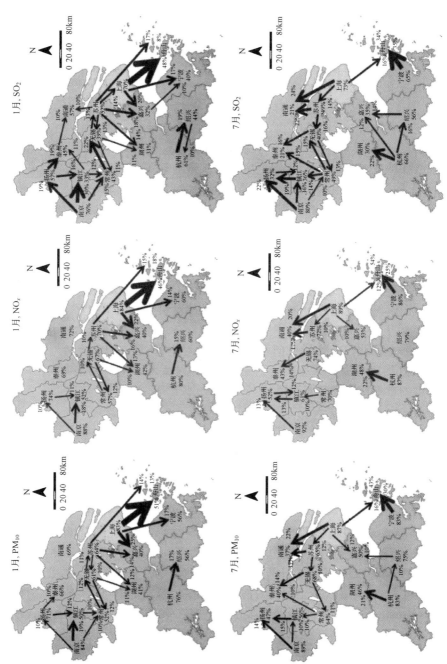

图 1-8　长三角地区城市间一次污染跨界传输贡献比例(程真等,2011)

长三角地区作为我国农业种植主产区之一,据统计,2008年浙江、江苏、安徽和上海四省市的小麦、大米、玉米和油菜年产量分别为43.5 Mt、27.6 Mt、6.5 Mt和3.5 Mt,共产生115.5 Mt农作物秸秆,其中36.8 Mt被直接露天焚烧(朱佳雷等,2012)。秸秆焚烧一般集中发生在5月下旬到6月上旬的水稻收割季节和10月下旬到11月上旬的小麦收割季节。秸秆焚烧产生的大量有机物及黑碳对空气中$PM_{2.5}$贡献明显,在扩散条件不好时极易在近地层堆积导致低能见度污染,且因为长三角平坦地形及风场特征,较易发生区域城市间的输送(程真等,2011)。针对2009年5月28日到6月3日的秸秆焚烧污染,Du等(2011)发现上海的颗粒物水溶性钾离子升高了19倍;Li(2010)通过比较钾离子与各个地区卫星探测到的火点数之间的相关性,得出影响上海钾离子浓度的主要来源为上海郊区和浙江省,其次是江苏省和安徽省;Huang等(2012)则通过上海的观测发现一氧化碳和$PM_{2.5}$相关性最为显著,有机物质量占PM_{10}总质量浓度一半以上;苏继峰等(2012)发现在2008年10月底和2010年11月初影响南京的两次秸秆焚烧事件中,前者大气底层气流为弱上升运动导致高浓度的污染,后者因受下沉气流控制而导致大范围的污染;针对2008年10月底的这次污染,孙燕等(2010)和朱佳雷等(2011)都发现平稳的高空环流形势、暖平流、地面高压场分布为南京重霾污染天气的发生、发展提供了有利的气象条件,地面表现为稳定的大气层结、静小风和低湿环境,南京地区的污染物源头来自苏北和安徽等重要产粮地区;Wang等(2011)测量了2007年6月初的南京大气中的左旋葡聚糖质量浓度达到4 μg/m³,水溶性有机碳浓度是平时干净时期的2~20倍;谢鸣捷等(2008)通过2007年6月和10月在南京采集的样品分析,发现秸秆焚烧释放出大量细粒子和低分子量多环芳烃(PAHs),使低环数(三环至四环)PAHs的粒径分布由非霾天不同粒径上的均匀分布转变为霾天的单模态分布,总量增加了约41%,而高环数(五环至六环)PAHs的粒径分布和浓度在秸秆焚烧前后均没有显著变化。

综上所述,正如图1-9所总结,影响长三角区域霾污染的成因多种多样,既有人为源的高排放基础,又有季节性的气象条件的主要诱因,跨区污染输送时有发生,北方沙尘暴和周边秸秆焚烧也会在每年特定时期出现,已有的研究虽然对这些污染都有所报道,但大都基于某个站点或某个城市的观测资料,无法看到污染在区域尺度上的分布及传输状况。从上述各类污染类型的总结不难看出,有些污染事件具有很高的区域性,表现为各个城市污染发生时间及性质的一致性。在区域尺度上各城市联合开展长期观测,捕捉各类霾污染类型下区域尺度的共性与差异性特征,就显得十分必要和紧迫,这也将直接为区域污染防治的联防联控提供科学依据。

1月	2月	3月	4月	5月	6月	7月	8月	9月	10月	11月	12月	1月
受西北气流控制	南风开始加强	北方沙尘暴的影响		夏收秸秆燃烧 以灰霾污染为特点		夏季 化学过程活跃 臭氧高发季节			北方弱冷空气南下 以灰霾污染为特点		受西北气流控制 以灰霾污染为特点	

图1-9 长三角区域大气污染的季节变化特点

1.3 欧美国家霾污染的治理过程

1.3.1 美国

1970年美国通过"清洁空气法"后,建立了国家环境空气质量标准,通过标准限制的方法促进未达标地区削减污染物排放量。标准限定的污染物主要包括SO_2、NO_2、CO、Pb、O_3和颗粒物。1997年,美国环境保护署(EPA)重新修订了O_3指标,由原来的1 h平均值0.12 ppm[①]改为8 h平均值为0.08 ppm;2006年,EPA发布了最新的颗粒物指标,$PM_{2.5}$的24 h标准由原先的65 $\mu g/m^3$下降到35 $\mu g/m^3$,撤销了PM_{10}年均指标。不断加严的环境空气质量标准促成各州必须持续不断地进行污染减排工作。

针对区域跨界传输问题,2005年3月EPA公布了"清洁空气州际法规"(CAIR)。这个计划提供了各个州由于电厂排放的污染物从一个州漂移到另一个州问题的解决方案。此计划覆盖了28个东部州和哥伦比亚特区。利用总量管制与排污交易系统在十年多的时间内最大限度地减少空气污染物。CAIR将确保美国人能呼吸到更加新鲜清洁的空气,前提是要急剧地减少跨州界移动的空气污染物。CAIR将持续不断地减少美国东部的SO_2和NO_x,特别是跨东部28个州和哥伦比亚特区的污染排放。

在过去的四十年里,尽管美国经济持续增长,但是中央一级的项目和州实施计划仍然显著改善了大气质量。自从1980年以来,国家环境大气质量标准中的各污染物排放减少了28%至97%不等。1980~2006年美国减排成绩如图1-10所示。因为取得了这些减排成绩,大气中污染物的浓度同期大幅下降。图1-11显示了1980~2006年期间全美诸多大气污染物浓度的下降趋势。

---

① ppm,parts per million,10^{-6}量级

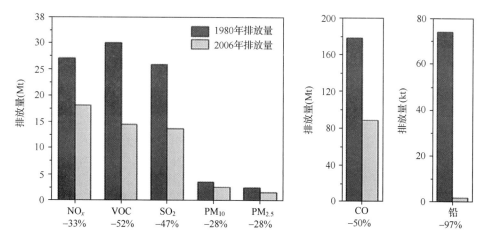

图 1-10 美国主要污染物排放量减排效果对比

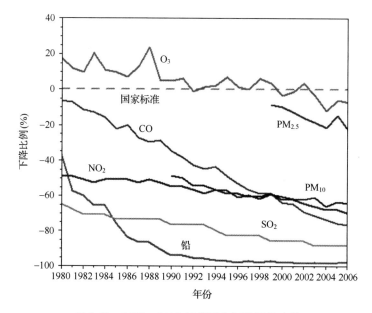

图 1-11 1980~2006 年美国大气质量的改善

针对能见度问题,1999 年美国颁布了"区域霾法规(Regional Haze Rule)",主要目的是改善美国 156 个国家公园和原野地区(自然保护区)的能见度问题,并要求所有州政府制定相应的治理实施方案,各州于 2006 年 8 月提交了区域性霾污染治理的目标进度和实施战略。自 2008 年起,每五年提交下一阶段的目标进度和实施战略。用于能见度改进评估的细颗粒物主要组分浓度来自于 1988 年建立的 IMPROVE 监测网,目前该监测网在全美共有 212 个观测站。

1.3.2 欧洲

　　针对欧洲各国大气污染物长距离跨界传输问题,联合国欧洲经济委员会于1979 年 11 月 13 日在日内瓦签署了远距离跨国界空气污染公约(Convention on Long-range Transboundary Air Pollution,CLRTAP),该公约于 1983 年 3 月 6 日开始生效,是欧洲国家为控制、削减和防止远距离跨国界的空气污染而订立的区域性国际公约,缔约国包括 25 个欧洲国家、欧洲经济共同体和美国。

　　在过去的三十年间,CLRTAP 公约在减少欧洲及北美大气污染物排放以及改善空气质量方面有了显著的作用。据统计从 1980 年到 1996 年,欧洲二氧化硫排放量从 6000 万吨减少到 3000 万吨,根据 Gothenburg 协议,欧洲的硫排放在 2010 年前将再减少 50%。1990 年至 2006 年,欧洲 SO_2 削减了 70%,美国削减了 60%;NO_x 在欧洲削减了 35%,美国削减了 36%;NH_3 在欧洲削减了 20%;非甲烷挥发性有机物在欧洲已经减少了 41%;PM_{10} 浓度在欧洲下降了 28%(见图 1-12)。此外,欧盟于 2008 年增加了 $PM_{2.5}$ 的空气质量标准,具体计划为 2010 年的年均值目标为 25 μg/m³,2015 年必须全部达标,2020 年的年均值须进一步降低为 20 μg/m³。

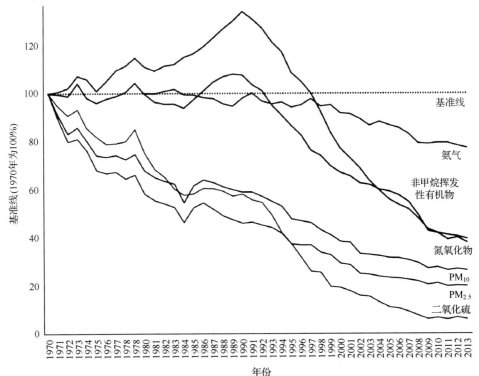

图 1-12　1970～2013 年英国主要大气污染物年排放量的变化

随着公约的向前推进,这些议定书不久会被重新修订,以便能够包括更多的大气污染物。重金属议定书和持久性有机污染物议定书正在进行重新谈判以便能够规定出严格的消减目标。欧盟关于 CLRTAP 公约合作的具体战略,集中在三个关键领域:开发和使用大气污染物模型,建立可靠的排放清单,定义大气污染物效应方面的普遍方法。

1.4　霾污染控制对科学研究的需求

针对我国东部地区日益严峻的霾污染形势,空气质量管理工作也对科学研究提出了急迫的需求,以污染物浓度控制和能见度改善为目标,可分为霾污染的成因机制、大气污染排放来源解析以及污染控制方案的决策优化三部分。

首先是霾污染的成因机制。我国东部地区近年来大气能见度显著下降的变化趋势,是否完全是由颗粒物污染浓度上升造成? 有无气候、气象条件等其他因素的影响? 我国东部地区霾污染现状有哪些不同类型? 它们各自的污染特征及成因机制是怎样的? 众所周知,发达国家几百年所经历的大气污染的各个阶段,在我国改革开放以来的几十年集中涌现,一次排放的颗粒物问题还未解决,以二氧化硫、氮氧化物和可挥发性有机物为主的气态前体物来源广泛,排放强度大,形成了以大气高氧化性为标志的复合污染特征,一次颗粒物污染与二次颗粒物污染相互叠加、相互影响的局面;同时,我国城市化进程呈现出区域化特点,常常是一两个特大城市带动周边一批城市的发展,这在京津冀、长三角和珠三角城市群表现尤为明显。由于 $PM_{2.5}$ 寿命长,传输范围广,使得这些区域的霾污染常常呈现城际传输显著、区域同步的趋势,甚至在特定气象条件下这些区域之间相互影响,形成整个中国东部的霾污染。此外,极端不利气象条件、北方的沙尘暴、农作物秸秆焚烧等也会在每年特定时期严重影响我国东部区域,是重度霾污染的主要触发因素。正是由于我国城市群霾污染呈现出来源复杂性、区域性和影响条件多样性的特征,需要我们在研究霾污染的成因机制工作中,基于更大的空间尺度、更长的时间尺度和更全面立体的分析手段,才能把霾污染的成因摸索得更准确,相应的污染控制方向和手段也才更有方向和更有效。

其次是大气污染排放来源解析。为了科学地进行霾污染历史与现状评价、霾污染控制方案的制订以及控制方案的潜在效果评估,都需要建立霾的表征指标能见度与颗粒物浓度以及排放污染源之间的定量关系。排放源与颗粒物化学组分的定量关系可以通过源扩散模型或受体模型进行源解析,但要求有较准确、分辨率较高的大气污染物排放清单,经验证可靠的空气质量模型,大气环境监测数据。此外建立能见度与颗粒物化学组分之间的关系对霾的溯源与控制也很重要。以美国为例,为了保护全国的自然公园的景观能见度水平,1999 年颁布了"区域霾控制条例"（Watson，2002），明确了以基于颗粒物化学组分的分视指数作为霾评价的指标，而关联分视指数与颗粒物化学组分的经验公式正是基于 1985 年起在全国 168 个站点统一开展的美国保护视觉环境跨部门观测计划（IMPROVE）的研究结果得到的（Hand，2011）。然而，我国颗粒物的浓度和美国相比要高上好几倍甚至一个数量级，化学组分特征与来源也差异较大，基于美国观测结果得出的这些经验公式、方法在中国特别是高污染的东部城市地区是否适用，仍然需要进一步研究。而我国目前缺乏类似 IMPROVE 计划的长期、大范围的观测网，不仅很难建立我们自己的化学组分经验公式，直接应用美国 IMPROVE 公式产生的误差评估工作也鲜有报道。

最后是污染控制方案的决策优化。霾污染是由多污染物、多污染源共同导致的大气复合污染，有效控制霾污染，需针对多区域、多部门、多种污染物的排放制定优化的控制对策。空气质量模式是大气污染控制决策的重要的甚至不可或缺的工具。然而，模拟系统的复杂性、源-受体响应关系的非线性和控制政策选择的多样性给霾污染的优化控制决策带来了严峻的挑战。首先，随着模式的更新换代，模拟系统的复杂性也随之显著提高，导致计算成本的膨胀；其次，污染物的减排与二次颗粒物浓度呈现复杂的非线性关系；最后，霾污染控制需要对不同区域、不同部门、不同污染物的大量减排情景进行评估比较，传统的逐一评估方法往往面临效率低下的困境。解决上述问题的根本，在于建立各污染物排放与二次污染物浓度之间的快速响应模型。该响应模型需满足三方面的要求，即准确、快速、有效。首先要求该响应模型误差小，能够准确地刻画排放-浓度响应的非线性特征；其次要求对于给定的减排情景，能够快速评估其对二次污染物浓度的影响，克服复杂模型计算的高额时间成本；再次，对于涉及不同区域、不同部门、不同污染物、不同减排幅度的众多控制情景，应均能有效地评估其环境效果。在建立排放-浓度快速响应模型的基础上，如何基于环境质量目标，综合考虑能源结构调整、能源效率提高和末端污染治理等多层面的措施，制定优化的霾污染控制对策，也是亟待解决的科学难题。

1.5　本书的研究目标及内容安排

1.5.1　研究目标

2013 年国务院出台了《大气污染防治行动计划》，对大气污染防治工作进行全面部署，特别强调了大气污染防治科技支撑的要求。《国家中长期科学和技术发展规划纲要（2006—2020 年）》中提出了突破大气污染控制关键技术，开发非常规污染物控制技术，大幅度提高改善环境质量的科技支撑能力。2015 年，国家科技部会同有关部门启动了国家重点研发计划"大气污染防治"重点专项试点工作,以支撑治理雾霾及光化学烟雾等大气问题为目标,加强大气污染防治科技支撑工作顶层设计,完善协同攻关和成果共享机制,协同开展大气污染形成机理、大气污染对健康的影响、监测预报预警技术、污染高效治理技术、大气质量改善技术策略等研究,为不同阶段和地区大气污染治理提供基础理论和技术支撑。

因此,对长三角地区霾污染的特征、来源及控制对策研究是国家环境科技发展规划的要求,将为环境管理提供关键的科学技术支撑。本书将针对长江三角洲地区霾天气污染水平与现状,系统分析霾生消机制及霾的传输规律,阐明霾成因和机理。研究霾相关污染物协同控制技术,发展霾污染事件诊断与预警技术,形成以治理区域霾为重点,体现多污染物协同控制和区域联防联控的区域霾综合控制途径和对策建议。

1.5.2　内容安排

本书在文献调研的基础上(第 1 章),首先开展长三角地区霾污染历史资料分析(第 2 章),从弄清污染排放来源(第 3 章)到利用观测和模型两大手段进行污染成因和来源输送探索(第 4～6 章),再进行污染控制理论的建立和应用实践(第 7～9 章),形成了历史及现状→排放→成因及输送→控制这样一条完整系统的污染控制研究主线。本书的主要研究内容包括:

(1) 长三角地区霾污染历史趋势及其相关污染物排放特征研究

基于历史资料,调研长三角地区能见度、大气污染物特别是颗粒物浓度的长期变化趋势及成因(第 2 章)。对长三角地区主要霾前体物的排放强度地理分布及污染源排放特征进行研究(第 3 章)。

(2) 长三角区域霾过程的污染特征、形成机制及来源研究

开展典型颗粒物污染/霾过程的加强观测及模型模拟,考察霾过程中主要污染物的区域分布特征、传输途径、地区间相互影响关系等。归纳霾过程的典型气象因素与大气颗粒物光学特征/化学构成的相关关系(第 5 章)。通过加强观测及长期观测资料,建立大气能见度与气溶胶浓度、化学成分以及主要气象参数之间的定量关系(第 6 章)。

(3) 长三角地区大气霾综合控制研究

建立区域源-受体非线性响应模型和霾相关污染物协同控制理论(第 7 章),开展区域霾综合防治规划研究,提出长江三角洲地区霾污染调控管理与决策建议(第 8 章),通过情景分析等手段,综合评估各种措施的环境效果(第 9 章),为国家治理区域霾问题提供科学支持。

参 考 文 献

包贞，冯银厂，焦荔，等. 2010. 杭州市大气 $PM_{2.5}$ 和 PM_{10} 污染特征及来源解析. 中国环境监测，(02)：44-48.

陈魁，银燕，魏玉香，等. 2010. 南京大气 $PM_{2.5}$ 中碳组分观测分析. 中国环境科学，(08)：1015-1020.

陈明华，李德，钱华，等. 2008. 上海市大气 $PM_{2.5}$ 中有害化学物质组成分析. 环境与职业医学，(04)：365-369.

程真，陈长虹，黄成，等. 2011. 长三角区域城市间一次污染跨界影响. 环境科学学报，31(04)：686-694.

戴海夏，宋伟民，高翔，等. 2004. 上海市 A 城区大气 PM_{10}、$PM_{2.5}$ 污染与居民日死亡数的相关分析. 卫生研究，(03)：293-297.

樊曙先，樊建凌，郑有飞，等. 2005. 南京市区与郊区大气 $PM_{2.5}$ 中元素含量的对比分析. 中国环境科学，(02)：146-150.

黄金星，张林，陈欢林，等. 2006. 杭州市区空气中 $PM_{2.5}$ 细微粒监测及污染状况分析. 环境科学与技术，(09)：49-51.

黄鹂鸣，王格慧，王荟，等. 2002. 南京市空气中颗粒物 PM_{10}、$PM_{2.5}$ 污染水平. 中国环境科学，(04)：47-50.

吕森林，陈小慧，吴明红，等. 2007. 上海市 $PM_{2.5}$ 的物理化学特征及其生物活性研究. 环境科学，(03)：472-477.

潘鹄，耿福海，陈勇航，等. 2010. 利用微脉冲激光雷达分析上海地区一次霾过程. 环境科学学报，30(11)：2164-2173.

史军，崔林丽，周伟东. 2008. 1959 年～2005 年长江三角洲气候要素变化趋势分析. 资源科学，30(12)：1803-1810.

苏继峰，朱彬，周韬，等. 2012. 秸秆焚烧导致南京及周边地区 2 次空气污染事件的成因比较. 生态与农村环境学报，(01)：37-41.

孙亮. 2012. 灰霾天气成因危害及控制治理. 环境科学与管理，10：71-75.

孙燕，张备，严文莲，等. 2010. 南京及周边地区一次严重烟霾天气的分析. 高原气象，(03)：794-800.

唐孝炎，张远航，邵敏，2006. 大气环境化学. 北京：高等教育出版社.

王杨君，董亚萍，冯加良，等. 2010. 上海市 $PM_{2.5}$ 中含碳物质的特征和影响因素分析. 环境科学，(08)：1755-1761.

翁君山，段宁，张颖. 2008. 嘉兴双桥农场大气颗粒物的物理化学特征. 长江流域资源与环境，(01)：129-132.

吴兑. 2012. 近十年中国霾天气研究综述. 环境科学学报，(02)：257-269.

吴兑. 2008. 霾与雾的识别和资料分析处理. 环境化学，(03)：327-330.

谢鸣捷，王格慧，胡淑圆，等. 2008. 南京夏秋季大气颗粒物和 PAHs 组成的粒径分布特征. 中国环境科学，(10)：867-871.

杨军，牛忠清，石春娥，等. 2010. 南京冬季雾霾过程中气溶胶粒子的微物理特征. 环境科学，31(07)：1425-1431.

杨兴堂，施捷，沈先标. 2009. 上海市宝山区空气中 PM_{10} 和 $PM_{2.5}$ 污染状况分析. 上海预防医学杂志，(06)：262-263.

殷永文，程金平，段玉森，等. 2011. 上海市霾期间 $PM_{2.5}$、PM_{10} 污染与呼吸科、儿呼吸科门诊人数的相关分析. 环境科学，(07)：1894-1898.

银燕，童尧青，魏玉香，等. 2009. 南京市大气细颗粒物化学成分分析. 大气科学学报，(06)：723-733.

余庆平，孙照渤. 2010. 长三角地区 11 月大雾频次变化的天气气候背景. 大气科学学报，(02)：205-211.

余锡刚，张胜军，吴建，等. 2010. 浙东沿海城市大气颗粒物污染特征及来源解析研究. 环境污染与防治，
　　(06)：65-68.

张艳，余琦，伏晴艳，等. 2010. 长江三角洲区域输送对上海市空气质量影响的特征分析. 中国环境科学，
　　(07)：914-923.

张懿华，段玉森，高松，等. 2011. 上海城区典型空气污染过程中细颗粒污染特征研究. 中国环境科学，
　　31(07)：1115-1121.

中国气象局. 2010. 中国气象行业标准：霾的观测和预报等级.

周敏，陈长虹，王红丽，等. 2013. 上海秋季典型大气高污染过程中有机碳和元素碳的变化特征. 环境科学
　　学报，(01)：181-188.

周敏，陈长虹，王红丽，等. 2012. 上海市秋季典型大气高污染过程中颗粒物的化学组成变化特征. 环境科
　　学学报，32(01)：81-92.

朱佳雷，王体健，邓君俊，等. 2012. 长三角地区秸秆焚烧污染物排放清单及其在重霾污染天气模拟中的应
　　用. 环境科学学报，(12)：3045-3055.

朱佳雷，王体健，邢莉，等. 2011. 江苏省一次重霾污染天气的特征和机理分析. 中国环境科学，31(12)：
　　1943-1950.

Brunekreef B, Holgate S T. 2002. Air pollution and health. Lancet，360(9341)：1233-1242.

Du H, Kong L, Cheng T, et al. 2011. Insights into summertime haze pollution events over Shanghai based
　　on online water-soluble ionic composition of aerosols. Atmospheric Environment，45(29)：5131-5137.

Elias T, HaeffelinM, DrobinskiP, et al. 2009. Particulate contribution to extinction of visible radiation：
　　Pollution, haze, and fog. Atmospheric Research，92(4)：443-454.

Fu Q, Zhuang G, Li J, et al. 2010. Source, long-range transport, and characteristics of a heavy dust pollution
　　event in Shanghai. Journal of Geophysical Research，115(D00K29)：1-12.

Fu Q, Zhuang G, Wang J, et al. 2008. Mechanism of formation of the heaviest pollution episode ever
　　recorded in the Yangtze River Delta, China. Atmospheric Environment，42(9)：2023-2036.

Hand J L. 2011. Spatial and seasonal patterns and temporal variability of haze and its constituents in the
　　United States. Cooperative Institute for Research in the Atmosphere (CIRA)，Colorado State University.

Huang C, Chen C H, Li L, et al. 2011. Emission inventory of anthropogenic air pollutants and VOC species
　　in the Yangtze River Delta region, China. Atmospheric Chemistry and Physics，11(9)：4105-4120.

Huang K, Zhuang G, Lin Y, et al. 2012. Typical types and formation mechanisms of haze in an Eastern Asia
　　megacity, Shanghai. Atmospheric Chemistry and Physics，12(1)：105-124.

Hyslop N P. 2009. Impaired visibility：The air pollution people see. Atmospheric Environment，43(1)：182-
　　195.

IPCC, 2007. The Fourth Assessment Report of the Intergovernmental Panel on Climate Change. Cambridge,
　　United Kingdom and New York, NY, USA.

Kang H Q, Zhu B, Su J F, et al. 2013. Analysis of a long-lasting haze episode in Nanjing, China. Atmospheric
　　Research，120：78-87.

Li H. 2010. Agricultural fire impacts on the air quality of Shanghai during summer harvesttime. Aerosol and
　　Air Quality Research，10：95-101.

Li J, Wang Z F, Huang H L, et al. 2013. Assessing the effects of trans-boundary aerosol transport between
　　various city clusters on regional haze episodes in spring over East China. Tellus Series B—Chemical and

Physical Meteorology, 65: 1 14.

Liu J, Zheng Y, Li Z, et al. 2011. Transport, vertical structure and radiative properties of dust events in southeast China determined from ground and space sensors. Atmospheric Environment, 45(35): 6469-6480.

Sun J, Zhang M, Liu T. 2001. Spatial and temporal characteristics of dust storms in China and its surrounding regions, 1960-1999: Relations to source area and climate. Journal of Geophysical Research, 106(D10): 10325-10333.

Tie X, Wu D, Brasseur G. 2009. Lung cancer mortality and exposure to atmospheric aerosol particles in Guangzhou, China. Atmospheric Environment, 43(14): 2375-2377.

van Donkelaar A, Martin R V, Brauer M, et al. 2015. Use of satellite observations for long-term exposure assessment of global concentrations of fine particulate matter. Environmental Health Perspective, 123(2): 135-143.

Wang S, Xing J, Chatani S, et al. 2011. Verification of anthropogenic emissions of China by satellite and ground observations. Atmospheric Environment, 45(35): 6347-6358.

Wang Y, Zhuang G, Zhang X, et al. 2006. The ion chemistry, seasonal cycle, and sources of $PM_{2.5}$ and TSP aerosol in Shanghai. Atmospheric Environment, 40(16): 2935-2952.

Watson J G. 2002. Visibility: Science and regulation. Journal of the Air & Waste Management Association, 52(6): 628-713.

Winkler P. 1988. The growth of atmospheric aerosol particles with relative humidity. Physica Scripta, 37(2): 223-230.

Ye B, Ji X, Yang H, et al. 2003. Concentration and chemical composition of $PM_{2.5}$ in Shanghai for a 1-year period. Atmospheric Environment, 37(4): 499-510.

Zhang Q, Streets D G, Carmichael G R, et al. 2009. Asian emissions in 2006 for the NASA INTEX-B mission. Atmospheric Chemistry and Physics, 9(14): 5131-5153.

Zhang X Y, Wang Y Q, NiuT, et al. 2012. Atmospheric aerosol compositions in China: Spatial/temporal variability, chemical signature, regional haze distribution and comparisons with global aerosols. Atmospheric Chemistry and Physics, 12(2): 779-799.

第2章 长三角区域霾污染的历史变化趋势

调研分析长三角地区霾污染的历史变化趋势,弄清霾污染的时空分布总体特征,不仅可以了解历史和污染现状,也直接为联合观测的布点、时段选择提供重要参考依据。本章利用长三角地区 1980～2011 年的气象观测网资料和 2001～2012 年环境观测网资料,对长三角地区的大气能见度、颗粒物及气态污染物质量浓度进行分析,在获得长三角地区霾污染总体时空分布特征的基础上,对能见度变化趋势的成因进行初步分析。

2.1 长江三角洲地区概况

长江三角洲地区(以下简称"长三角地区"),因上海、南京和杭州地理位置组成三角而得名,亦称长三角城市群或长三角经济圈,是长江中下游平原的重要组成部分,也是我国最大的城市群。广义的长三角地区包括上海市、浙江和江苏全省,但其核心区域是由沿江城市带和杭州湾城市群构成,包括上海、江苏八市(南京、苏州、无锡、常州、镇江、扬州、南通、泰州)、浙江七市(杭州、宁波、嘉兴、湖州、绍兴、舟山、台州)16 个核心城市,土地面积共计 11 万平方千米,如图 2-1 所示。长三角地区紧邻东海,地势低平,海拔多在 30 m 以下,自古以来由于优越的气候条件和独特的地理位置,工农业较为发达,在我国国民经济中占有举足轻重的地位,其中最东边的上海市是我国最大的城市和经济、金融及航运中心,南京和杭州属于我国七大古都,苏州位于我国第三大淡水湖"太湖"东侧,亦是历史悠久的特大型城市,宁波位于长江三角洲南翼,毗邻东海,是历史悠久的浙江三大经济中心之一。

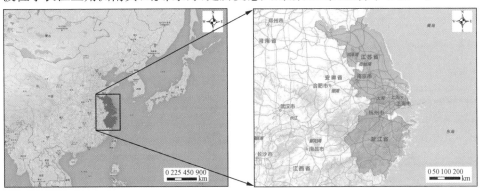

图 2-1 长三角地区的地理位置空间分布

根据全国人口普查资料(http://www.stats.gov.cn/tjsj/pcsj/),2010年长三角地区16个核心城市的常住人口总数达到1.08亿,其中人口大于八百万的城市有上海(2300万)、苏州(1047万)、杭州(870万)和南京(800万)。2007年长三角地区的国民生产总值达到6.55万亿元,约占全国的20%。工业门类齐全并且有一定分工,如上海以金融、证券、信息等为代表的高层次服务业和以信息技术、汽车制造和生物工程为代表的新兴工业,南京的石化工业和电子工业,杭州的轻纺工业和旅游业,宁波的石化工业以及舟山的海水捕捞和养殖业。经济快速发展的同时也带来了高强度的能源消耗,2007年的统计数据显示,长三角地区16个核心城市的总能耗达到44亿吨标准煤,其中燃煤占60%以上,机动车保有量达到800万,各项大气污染物排放量为二氧化硫2400 kt、氮氧化物2300 kt、一氧化碳6700 kt、PM_{10} 3120 kt、$PM_{2.5}$ 1510 kt、挥发性有机物2770 kt、氨气460 kt(Huang et al,2011)。

2.2　气象和空气质量数据来源

2.2.1　气象数据来源

我国气象站开展气象要素的长期观测时间较早,从20世纪80年代开始,但站点绝对数量并不是很多,如图2-2所示,通过中国气象科学数据共享服务网的数据调研(http://cdc.nmic.cn),发现数据完整性较好的长三角气象站点有六个,位于上海、杭州、南京、宁波、苏州和南通,其中除了苏州的站点位于苏州郊区的东山,其他站点离市区中心都很近。

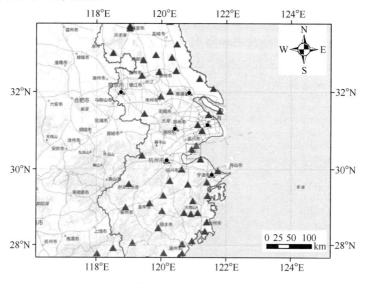

图2-2　长三角地区气象观测网站点空间分布

本研究将以上述六个城市作为长三角地区代表,调研这些站点有记录以来的气象因子和环境因子资料。能见度及气象因子来自中国气象科学数据共享服务网提供的全球地面天气资料定时值数据集,该数据集记录了全国站点 1980 年以来到现在的每天四个时次(00 时,06 时,12 时,18 时)观测到的气象要素,包括大气压强、温度、相对湿度、降水、云量、能见度、天气现象等信息,并经过了系统的校核与质量控制工作以确保所有数据权威真实。本研究从该数据集中提取了上海、杭州、南京、宁波、苏州和南通六个气象站点 1980 年 1 月 1 日到 2011 年 12 月 31 日的原始数据,即每日 00 时、06 时、12 时、18 时的大气能见度、相对湿度、气温、地面水平风速记录值。

2.2.2　空气质量数据来源

我国从 2001 年开展大气环境长期监测,站点一般位于每个城市的市区,如图 2-3 所示。自 2000 年 6 月 4 日起,中国环境保护部数据中心每天发布我国环保重点城市由二氧化硫、二氧化氮和 PM_{10} 三项污染物浓度综合得到的空气污染指数(http://datacenter.mep.gov.cn/report/air_daily/air_dairy.jsp)。重点城市的数量从最初的 47 个,逐步扩充为 2011 年的 120 个。如表 2-1 所示,国家空气质量标准规定了各类污染物的手工和自动分析方法,目前绝大多数国控点已经实现了自动分析方法,不仅大幅度减轻了工作量,而且提高了结果的时间分辨率。针对可吸入颗粒物的测量方法,我国绝大部分的重点城市的监测仪器为振荡天平(TEOM)

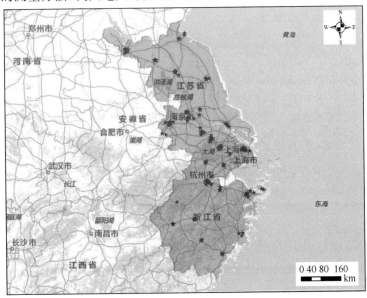

图 2-3　长三角地区环境观测网国控站点空间分布

在线测量仪,相关研究将其与标准膜称重方法进行了系统对比,发现具有良好的线性且绝对值相近(Qu et al,2010)。

在调研江浙沪两省一市颗粒物及气态污染物历年污染变化的基础上,为了与能见度及气象因子联合分析,本研究重点提取了上海、杭州、南京、宁波、苏州和南通六个城市 2001 年 1 月 1 日到 2011 年 12 月 31 日的 PM_{10} 日均浓度。

表 2-1　国家环境空气质量标准规定的各项污染物分析方法

污染物名称	手动分析方法	自动分析方法
SO_2	甲醛吸收-副玫瑰苯胺分光光度法 四氯汞盐吸收-副玫瑰苯胺分光光度法	紫外荧光法、差分吸收光谱分析法
NO_2	盐酸萘乙二胺分光光度法	化学发光法、差分吸收光谱分析法
PM_{10}	分级采样——重量法	β 射线法、微量振荡天平法
$PM_{2.5}$	分级采样——重量法	β 射线法、微量振荡天平法

2.3　大气能见度历史变化趋势

2.3.1　长期变化趋势

根据气象观测网中我国气象站对能见度的长期观测记录,对比了长三角地区主要城市气象站 1980 年和 2011 年年均能见度(如图 2-4 所示)。在 1980 年,两省一市只有杭州站能见度低于 10 km(为 9.8 km),东部沿海城市除了盐城射阳站的

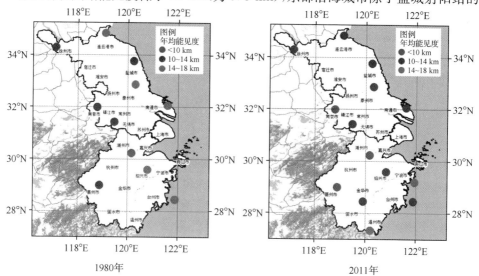

图 2-4　长三角地区气象站 1980 年和 2011 年年均能见度对比

12 km,其余都在 14 km 以上,内陆城市如徐州、南京、衢州等均介于 10～14 km;到 2011 年,能见度低于 10 km 的城市除杭州外还增加了南京和衢州,东部沿海城市皆下降到 10～14 km,只有嵊泗一个站点达到 18 km。

图 2-5 为所有气象站点三类情形天的能见度变化趋势,这三类情形分别为全年所有天平均、能见度最好的 20% 天数的平均、能见度最差的 20% 天数的平均。从图中看到,无论哪一类情形,能见度在过去三十年都呈现出明显的下降趋势,其中年平均能见度下降速率达到 0.11 km/a;能见度最好的 20% 天数里能见度下降速度更快,达到 0.12 km/a。以年均能见度绝对值看,所有天数的平均能见度从 15.7 km 下降到 13.2 km,能见度最好的 20% 天数的年平均能见度从 25.6 km 下降到 22.9 km,能见度最差的 20% 天数的年平均能见度从 6.6 km 下降到 5.3 km。

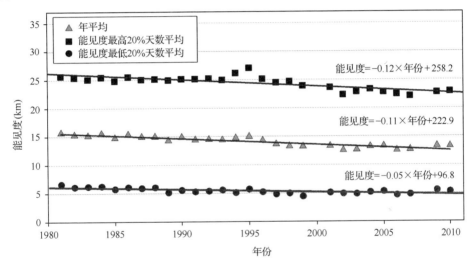

图 2-5　三类情形长三角所有气象站点年均能见度变化趋势(1980～2010 年)

具体到各城市,如图 2-6 所示,除上海外其他城市的能见度在 1980～2000 年之间经历了较为显著的下降,随后在 2000～2011 年在某一恒定值附近振荡变化,而上海的能见度可总体概括为三阶段式的缓慢升高。具体来说,苏州、南京和杭州的能见度从 1980 年的(15.1±9.0) km、(11.8±6.7) km 和(9.8±6.9) km 下降到 1999 年的(9.2±6.6) km、(7.4±5.5) km 和(6.4±5.4) km,下降速率分别为 0.3 km/a、0.22km/a 和 0.17 km/a。在 2000～2011 年间,苏州、南京、杭州的年均能见度分别在 10 km、8.2 km 和 7.5 km 上下徘徊。南通和宁波的年均能见度分别从 1980 年的(19.6±9.4) km、(14.9±8.6) km 下降为 2003 年的(12.7±6.0) km 和(11.7±3.8) km,下降速率为 0.29 km/a 和 0.13 km/a,2004～2011 年分别在 14.2 km 和 12.1 km 上下变化。上海的年均能见度从 1980～1987 年间的 9.4 km,升高到 1988～2000 年间的 11.0 km,直至 2000～2011 年间的 12.2 km。史军和吴蔚(2010)调研了 1981～2008 年间上海全部的气象站资料,发现在上海西南地区霾天数有所上升,而在中心城区有所减少,可能的原因是不同地区的发展水平和阶段的不同步性。中心城区的污染排放减少可能因为重大污染源搬迁或工业城市化进程已经完毕,而西南地区和其他长三角城市一样,还处于快速城市化工业化进程之中。

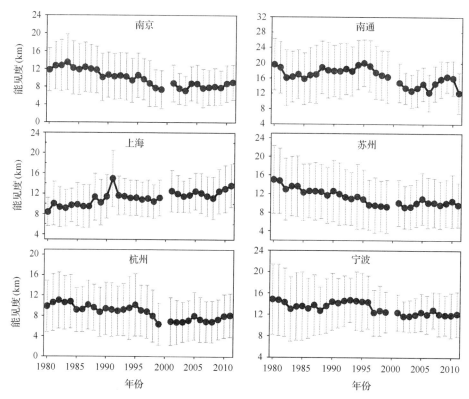

图 2-6　长三角各城市年均能见度变化趋势(1980～2011 年)

图中黑点表示年平均值,灰线表示全年日均值的标准差

借鉴美国 EPA 对国家空气质量变化趋势及 IMPROVE 研究项目中采用的趋势分析统计方法,本研究对长三角六个城市的能见度最好的 20％天数、能见度中间的 60％天数、能见度最差的 20％天数利用 Kendall's Tau 统计方法进行 P 值检验,美国 EPA 认为 P 值小于 0.05 说明其具有显著的变化趋势。根据表 2-2 的计算结果,发现各城市的能见度最好的 20％天数相比其他两类下降更为厉害,除了常州和宁波的最差 20％天数的下降趋势不明显(P 值大于 0.05)外,所有城市的三类天数都显示了显著的下降趋势,其中能见度最好的 20％天数和中间的 60％天数分别以常州的 0.4 km/a 和台州的 0.3 km/a 的下降趋势最大,能见度最差的 20％天数则以南京的 0.1 km/a 最大。

表 2-2　各城市 1980～2011 年能见度下降统计检验

城市	能见度最好 20% 天数		能见度中间 60% 天数		能见度最差 20% 天数	
	斜率(m/a)	P 值	斜率(m/a)	P 值	斜率(m/a)	P 值
南京	−298.6	1.10×10^{-11}	−175.7	2.40×10^{-8}	−97.5	6.40×10^{-9}
常州	−445.9	8.40×10^{-9}	−257.3	3.20×10^{-6}	−86.8	2.20×10^{-2}
苏州	−248.8	1.80×10^{-8}	−153.5	2.10×10^{-9}	−55.5	3.30×10^{-3}
杭州	−173.1	4.70×10^{-6}	−119	5.10×10^{-7}	−71.9	1.70×10^{-7}
宁波	−298.2	1.80×10^{-8}	−40	7.50×10^{-3}	−7	2.90×10^{-1}
台州	−331.1	2.50×10^{-12}	−263.9	6.60×10^{-11}	−88.6	4.70×10^{-4}

2.3.2　低能见度时段分布

将长三角地区所有站点的历年的日均能见度平均,如图 2-7 所示。整体来看,冬季的能见度最低,夏季最好,和大气颗粒物浓度的变化规律基本吻合,说明长三角地区的能见度下降主要是由人为产生的气溶胶所致。具体到月份分布,综合图 2-7 和图 2-8 的结果,每年的 1 月中下旬、2 月底 3 月初、3 月中下旬、6 月上中旬、11 月中下旬和 12 月上中旬都会有一个明显的区域性能见度恶化的污染过程。综合长三角地区关于霾污染的现有文献报道,根据污染成因及来源分类,长三角地区霾污染总体可分为沙尘暴长距离传输、秸秆焚烧、光化学氧化、冷空气南下和辐射逆温等类型。沙尘暴长距离传输通常发生在春季 3～4 月的大风天气,北方产生的沙尘暴在高压场控制的大风输送下由北向南,把地壳土壤成分带入长三角的同时也会把北方沿途的污染物或东海的海盐离子少量输送到长三角区域;秸秆焚烧和长三角区域的农作物收割季节相关,一般发生在 6 月上中旬的水稻收割季节和 10 月下旬的小麦收割季节。秸秆焚烧产生的大量黑碳及有机物对空气中细颗粒物贡

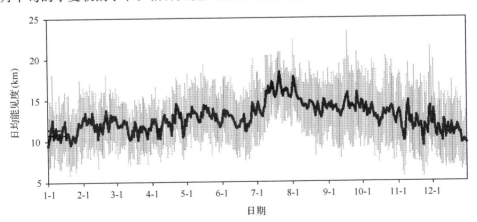

图 2-7　长三角地区所有气象站点平均能见度日分布(1980～2011 年)

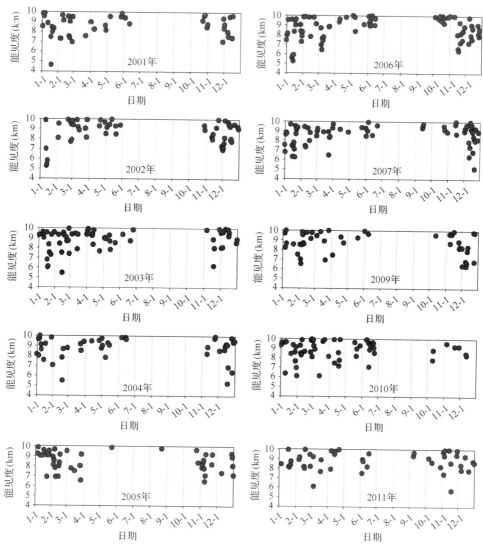

图 2-8　历年所有站点平均能见度低于 10 km 的时间分布(2001~2011 年)

献明显,在扩散条件不好时极易在近地层堆积导致低能见度污染;光化学氧化通常发生在夏季高温季节,高氧化性大气为气态前体物的二次粒子转换提供便利,使得硫酸盐、硝酸盐、二次有机物等增长迅速,若遇上静风等天气将使能见度快速下降;冷空气南下一般发生在秋冬季,不仅会将沿途的污染物输送到长三角地区,而且容易因冷暖气团交汇形成逆温,且伴有的丰富水汽进一步加强了颗粒物的吸湿增长,但一般会随着冷空气完全占据主导,气温下降而消失;辐射逆温通常发生在冬季,由于地表昼夜温差大,上方大气温度变化较小,在夜晚直至清晨会形成较厚的逆温层,若太阳辐射不强如冬季则逆温持续时间会更长。

2.4　大气污染物浓度历史变化趋势

2.4.1　我国城市地区可吸入颗粒物浓度变化

以往关于我国颗粒物长期污染趋势的研究多集中在气溶胶光学厚度的地面测量或卫星反演(Guo et al,2011;Lin et al,2010;Wang et al,2011),或者是对大气能见度的人工长期观测(Chang et al,2009;Che et al,2009)。这些指标经常会受到天气状况的影响而有较大的不确定性,且不能直接反映地面污染的状况,由地面观测站直接测量的可吸入颗粒物浓度对于我国城市地区的真实污染水平更具有代表性。本研究提取了我国86个重点环保城市从2001年1月1日到2011年12月31日十一年间的可吸入颗粒物日均浓度。值得注意的是,我国重点城市的数目从2001~2003年间的47个,增长到2004~2005年间的84个,再到2006~2010年间的86个,2011年增加到120个。为了兼顾数据保持一致性和完整性,本研究2011年的数据仍然只提取了86个城市,2004年的数据也只提取了47个(新增加的37个城市由于观测时段只有半年而未纳入)。由于国家环境监测网只公布首要污染物为可吸入颗粒物的天数对应的质量浓度,因此会有少量天数没有可吸入颗粒物浓度数据。图2-9给出了每个城市各年可吸入颗粒物浓度有效数据天数。可以看到,每个城市所有年份平均有320天(全年的88%)的有效数据,因此尽管有少量数据缺失,但目前的数据完全能够反映我国城市地区历年的可吸入颗粒物的污染状况。

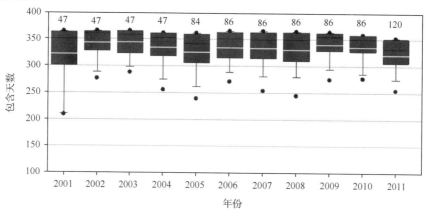

图2-9　我国重点城市每年可吸入颗粒物有效数据天数分布

图中箱子顶部和底部分别代表25%和75%分位数城市,黑线和白线分别代表中位数和平均值,须的两端代表10%和90%分位数城市,两端圆点代表5%和95%分位数城市。箱子上方的数字代表每年包含观测数据的城市数目

图 2-10 给出了我国城市地区 2001～2011 年的年均可吸入颗粒物浓度。根据所有天数的平均结果,可吸入颗粒物浓度以每年大约 3 μg/m³ 的下降速度从 2001年的 116.4 μg/m³ 下降到 2011 年的 85.3 μg/m³。我国城市地区在 2005 年就已经达到了大气环境质量二级标准 1996 年版年均值 100 μg/m³,但直到 2011 年仍然显著高于大气环境质量二级标准 2012 年版年均值 70 μg/m³ 和世界卫生组织的推荐值 20 μg/m³。如果按照 3 μg/m³ 的下降速度,至少需要五年才能达标我国大气环境质量二级标准 2012 年版年均值。但众所周知,由于较易去除的粗颗粒物所占比例越来越低,较难去除的细颗粒物比例越来越高,要保持这样一个下降速度将会越来越难。Wang 和 Hao(2012)指出,我国一次粗颗粒物的削减效果有可能被快速增长的交通和工业污染源产生的细颗粒物及气态前体物所抵消。图 2-11 中95%分位数、50%分位数和 5%分位数大体上可代表污染最重的城市、中等污染的城市和空气质量最好的城市三大类别。可以看到,污染最重级别的城市的年均浓度从 2001 年的 217 μg/m³ 下降到 2011 年的 114 μg/m³,中等污染城市则十一年间从 107 μg/m³ 下降到 88 μg/m³,而最干净的城市则从 42 μg/m³ 上升到 52 μg/m³,说明我国污染最严重的城市已经得到明显改善,而最干净的城市并没有得到较好保护反而变得严重了。如果按 1996 版本空气质量标准值评价,达标城市的比例从2001 年的 42%上升到 2011 年的 75%,按 2012 版本空气质量标准值评价,达标城市比例则稳定在 25%左右。目前还没有城市的年均浓度能够达到世界卫生组织的推荐值,说明我国离实现世界卫生组织的空气质量目标还有很长的路要走。

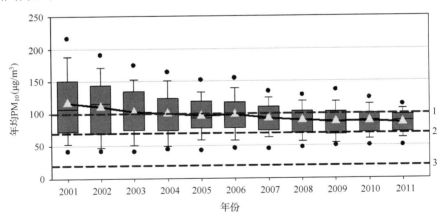

图 2-10　我国重点城市可吸入颗粒物年均质量浓度(2001～2011 年)

图中箱子顶部和底部分别代表 25%和 75%分位数城市,黑线和白色三角形分别代表中位数和平均值,须的两端代表 10%和 90%分位数城市,两端圆点代表 5%和 95%分位数城市。虚线 1、2、3 分别代表我国大气质量年均浓度标准 1996 年版 100 μg/m³、2012 年版 70 μg/m³ 和世界卫生组织推荐值 20 μg/m³

图 2-11 给出了我国重点城市 2001～2011 年的每年超国家二级日均标准和世

界卫生组织日均标准的天数。可以看到,空气质量最好的城市(5%分位数)从2001 年到 2011 年几乎所有天数都能达到国家标准,中等污染的城市(50%分位数)的超国家标准天数从 2001 年的 66 天(占全年的 18%)下降到 2011 年的 29 天(占全年的 7.8%),而空气质量最差的城市(95%分位数)的超标天数从 2001 年的220 天(占全年的 60.3%)下降到 2011 年的 64 天(占全年的 17.5%)。超标天数的变化趋势总体上和上图的年均浓度变化趋势类似,即污染最严重的城市的空气质量改善迅速,中等污染的城市改善明显,而最干净的城市总体变化不大。尽管如此,如果以世界卫生组织指导值作为评价标准,所有污染级别的城市的超标天数则快速上升,其中最干净的城市(5%分位数)的超标天数从 2001 年的 50 天上升到2011 年的 150 天,说明我国最干净的城市地区已经受到污染空气质量变差。中等污染的城市(50%分位数)超标天数从 2001 年的 294 天(80.5%)下降到 250 天(68.5%),虽有所下降但仍然保持高位。对于污染最严重的城市(95%分位数),超标天数从 2001 年的 360 天(98.6%)下降到 2011 年的 340 天(93.2%),超标天数有所下降但仍然超标频繁。

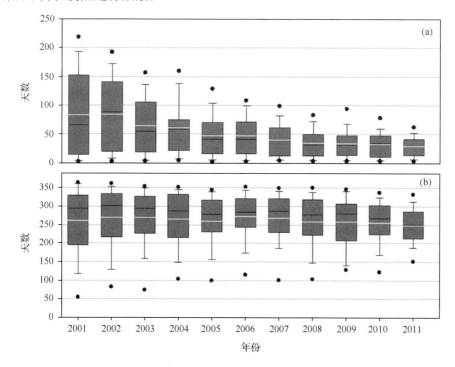

图 2-11　我国重点城市可吸入颗粒物超标天数(2001~2011 年)

(a) 的评价标准为 2012 版本我国环境空气质量日均浓度二级标准 150 μg/m³;(b)的评价标准为世界卫生组织日均浓度推荐值 50 μg/m³。图中箱子顶部和底部分别代表 25%和 75%分位数城市,黑线和白线别代表中位数和平均值,须的两端代表 10%和 90%分位数城市,两端圆点代表 5%和 95%分位数城市根据我国城市可吸入颗粒物的源解析研究结果,城市可吸入颗粒物主要来自扬尘和工业燃煤(Bi et al,2007;Han et al,2011;Wang et al,2008)。扬尘主要来自天然源如沙尘暴或人为源如道路扬尘、工业过程产生的粉尘和建筑施工扬尘,工业燃煤通常指来自大型工业源如燃煤电厂排放的烟尘。已有研究发现沙尘暴对我国特别是北方城市的空气质量影响很大(Feng et al,2011;Qu et al,2010;Wang et al,2004)。C. Z. Wang(2011)和 Feng 等(2010)调研了我国过去 50 年的沙尘暴发生日期,发现 80% 发生在春季,而秋季几乎没有。图 2-12(a)显示了 2001～2011 年间大型沙尘暴的发生频率,可以看到每年的沙尘暴的次数在 8～20 次之间,但没有连续上升或下降的趋势而是无规律的波动变化。同时在图 2-13 (a)看到,2001～2011 年间春季、8月和9月的平均可吸入颗粒物浓度的变化趋势没有明显的不同,都是逐年下降的趋势,说明在没有沙尘暴影响的 8月、9月间可吸入颗粒物浓度仍然在逐年下降,但在 2001～2003 年间春季污染浓度的快速下降的确是受益于这期间沙尘暴次数的降低。同时在图 2-12(b)看到,湿沉降是可吸入颗粒物的主要去除方式,但 2001～2011 年间的降水量并没有逐年上升的趋势,从而排除了气象是导致污染浓度下降的主要原因。相反,一次颗粒物排放量的下降可能是可吸入颗粒物污染浓度下降的最主要原因。如图 2-12(b)所示,我国工业粉尘和烟尘的排放量在 2011 年分别比 2001 年下降了 55% 和 22%,这主要得益于燃煤电厂更加严格的排放标准,92% 的粉煤机组安装了电除尘装置,以及 600 MW 以上机组全部使用布袋除尘等措施(Lei et al,2011;Wang and Hao,2012)。尽管如此,在 2001～2005 年间,污染物排放量仍然在上升,但浓度却在下降,原因之一可能是这期间沙尘暴发生次数的下降,特别是 2001～2003 年。原因之二可能是这期间工业污染源可能从城市中心搬迁到了郊区或内陆省份,而观测点通常位于城市中心(Lei et al,2011)。从 MODIS 和 OMI 卫星反演的气溶胶光学厚度变化趋势看,我国城市地区在 2000～2008 年(Guo et al,2011)和 2005～2008 年(Lin et al,2010)一直保持上升趋势,和可吸入颗粒物浓度一直下降的趋势并不吻合。Lin 等(2010)分析可能是由于可吸入颗粒物浓度下降主要来自一次粗颗粒物的削减,而粗颗粒物对气溶胶光学厚度的影响并不明显,相反,由二氧化硫、二氧化氮和挥发性有机物化学转化而来的二次细颗粒物是气溶胶光学厚度上升的主要原因,从图 2-12(b)也能看到,二氧化硫的排放量直到 2006 年才开始下降,而氮氧化物的排放量则由于缺少严格的排放控制而一直保持上升趋势。

2001～2011 年间,可吸入颗粒物高污染区域已经显著得到缩减。在 2001 年,年均浓度高于 130 μg/m³ 的城市占所有重点城市的 36.2%,其中大部分位于我国北方地区,2004 年这一比例下降到 19.1%,直到 2007 年的 6.0%。2001 年年均浓度在 100～130 μg/m³ 的城市比例为 21.3%,2004 年由于高浓度城市转移到中等污染,这一比例增加到 31.9% 之后保持稳定,到 2011 年下降到 15.8%。这些城市

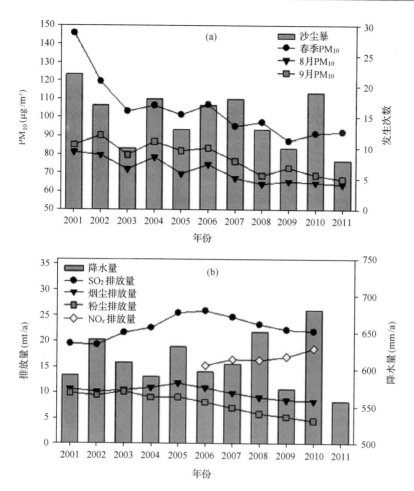

图 2-12　我国重点城市可吸入颗粒物超标天数（2001～2011 年）

(a)每年春、夏、秋、冬四季的可吸入颗粒物平均浓度和我国气象局统计的沙尘暴次数统计；

(b)我国环境保护部发布的主要污染物的年均排放量

主要位于我国西北和中北部。年均浓度在 $40～70~\mu g/m^3$ 的洁净区域主要位于我国南部和西藏地区。总体来说，北方城市的可吸入颗粒物浓度下降速度远高于南方地区，主要得益于北方的本底值较高因而去除难度较小且效果更为明显。在 2011 年有 80% 的城市的浓度已经低于 $100~\mu g/m^3$，想要进一步降低浓度的难度将越来越大。

在 2011 年，年均浓度大于 $100~\mu g/m^3$ 的城市仍然有 21 个，前十名的城市为乌鲁木齐（$139.3~\mu g/m^3$），兰州（$138.3~\mu g/m^3$），延安（$121.3~\mu g/m^3$），西安（$119.5~\mu g/m^3$），赤峰（$114.3~\mu g/m^3$），合肥（$113.4~\mu g/m^3$），北京（$112.2~\mu g/m^3$），济宁（$112.0~\mu g/m^3$），洛阳（$110.2~\mu g/m^3$）和湖州（$108.2~\mu g/m^3$）。年均浓度低于 $70~\mu g/m^3$ 的城市有 27 个，

其中浓度低于 50 μg/m³ 的最干净的六个城市为三亚 24.9 μg/m³，海口 40.7 μg/m³，湛江43.5 μg/m³，中山 49.4 μg/m³，珠海 49.7 μg/m³ 和拉萨 40.2 μg/m³。可以看到，污染较重的城市主要位于北方和西部地区，而最干净的城市位于南部沿海以及远离人为源排放的拉萨。造成目前污染空间分布差异性的主要原因有三方面，即人为污染排放强度（Gao et al,2011；Qu et al,2010）、气象条件特别是降水去除（Gao et al,2011；Li et al,2011；Qu et al,2010；Wang and Gao,2008）和沙尘暴的影响（Feng et al,2011；Li et al,2011；Qu et al,2010；Wang and Gao,2008）。首先，大城市和重点工业源都位于我国经济发达的东部，导致东部地区的排放强度远高于其他区域（Zhang et al,2009）。此外，北方供暖季的燃煤排放对污染加重也有重要影响（Gao et al,2011）。降水对可吸入颗粒物中粗颗粒部分去除效果明显，而受亚热带海洋气候影响的南部沿海地区的降水量远高于北方，同时伴随着较高的水平风速和较高的混合层高度，这些都十分有益于污染物的扩散去除。对于沙尘暴的影响，来自新疆和内蒙古的沙团能够在春季给北方城市带来严重污染，尽管对年均浓度的影响不及人为污染排放和气象条件。

图 2-13 给出了我国重点城市可吸入颗粒物浓度的时间变化。在 2001～2011 年间春、夏、秋、冬四个季节的平均浓度分别为 104.4 μg/m³、75.3 μg/m³、94.7 μg/m³ 和 118.4 μg/m³。污染最严重的三个月为 12 月（122.7 μg/m³）、1 月（122.0 μg/m³）和 11 月（109.4 μg/m³），最干净的三个月为 8 月（69.8 μg/m³）、7 月（71.4 μg/m³）和 9 月（76.9 μg/m³）。冬季因为扩散条件差、北方供暖排放增加和缺少降水等因素而成为污染最严重的季节（Yang et al,2006；Ye et al,2008；Yu et al,2012）。相

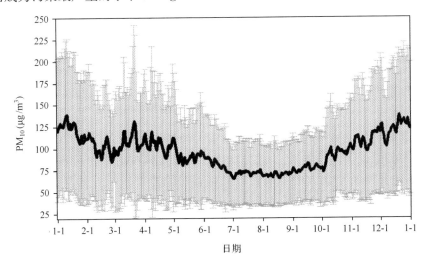

图 2-13　我国重点城市日均可吸入颗粒物浓度变化（2001～2011 年）

黑线代表平均浓度，灰线代表各城市日均值的误差范围

反,夏季由于较好的污染扩散气象条件而成为最干净的季节。在春季,由于来自北方的大风不仅利于沙尘暴的形成和输送,且会使道路和建筑工地的扬尘增大,使得春季成为次重污染的季节。秋季处于夏季到冬季的转换期,颗粒物浓度也从 9 月到 11 月逐渐升高。

2.4.2　长三角地区颗粒物浓度变化

2001~2012 年的监测数据表明,上海市可吸入颗粒物年日均值从 2003 年开始达到旧版国家环境空气质量二级标准 100 μg/m³,可吸入颗粒物污染总体呈下降趋势(图 2-14)。2012 年,上海市可吸入颗粒物浓度范围为 1~370 μg/m³。全市年均值为 71 μg/m³,仍未达到新版的国家环境空气质量二级标准 70 μg/m³。上海市 17 个区县的可吸入颗粒物年均值均达到旧版国家环境空气质量二级标准,普陀区、嘉定区、杨浦区和青浦区未达到新版国家环境空气质量二级标准,其他 13 个区县均达到新版国家环境空气质量二级标准。2012 年,上海市可吸入颗粒物浓度区域分布总体呈西北高、东南低的态势,相对高值区出现在宝山区、青浦区、嘉定区和金山区的个别点位。

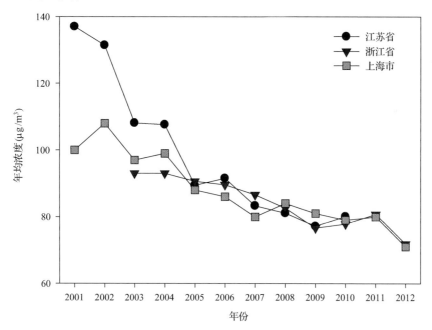

图 2-14　长三角地区两省一市可吸入颗粒物年均浓度变化(2001~2012 年)

2005 年以来,浙江省城市的可吸入颗粒物浓度在 72~91 μg/m³ 之间,总体呈下降趋势。与 2004 年相比,2007 年全省可吸入颗粒物污染严重区域面积明显减少,污染程度降低;2010 年较 2007 年、2012 年较 2010 年可吸入颗粒物浓度高值区域范围进一步缩小;大部分地区可吸入颗粒物浓度呈逐年下降趋势;浙中北地区可吸入颗粒物浓度相对较高。

江苏省城市 PM₁₀ 自 2001 年至 2009 年逐年下降,最大年均浓度出现在 2001 年达到 147 μg/m³,最低年均浓度出现在 2009 年为 91 μg/m³,2010 年则有所上升。从区域分布来看,南京、徐州、盐城、泰州四市年平均污染浓度较高,其中以徐州市超标年数最多,达到 8 年。

此外,值得注意的一个现象是江浙沪两省一市的可吸入颗粒物年均浓度有逐渐归一的趋势,也从侧面说明长三角城市之间的区域性特征愈来愈显著。

细颗粒物由于在 2012 年才纳入新的环境质量标准,开展常规监测的时间较短。图 2-15 给出了长三角地区各地级市 2012 年细颗粒物年均浓度分布,从空间分布上看,总体呈现靠海城市污染浓度相对较低、内陆城市浓度相对较高的分布特征,一定程度上凸显了海陆风等有利污染物扩散的气象条件对污染的减轻作用。

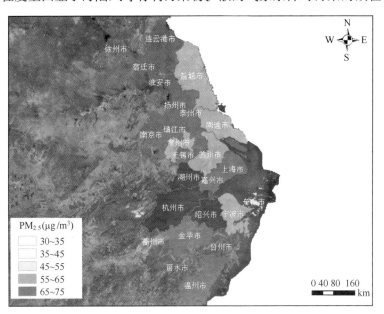

图 2-15　长三角地区各地级市 2012 年细颗粒物年均浓度分布

2012 年,上海市 PM₂.₅ 质量浓度为 56 μg/m³,总体呈西北高东南低的分布特征,主要是由于上海夏季盛行东南风,东南部地区受海上洁净空气的影响 PM₂.₅ 浓度较低,而西北部地区位于城市下风向,排放的气态污染物逐步转化为颗粒物,使得细颗粒物浓度偏高;而冬季主导风向为西北风,受到内陆气团的影响上海市上下风向地区的细颗粒物浓度差异没有夏季大,因此从全年来看 PM₂.₅ 浓度呈现从西北向东南逐渐降低的趋势。同时,PM₂.₅ 浓度的空间分布呈现明显的二次污染特征。一次排放源集中的市中心地区 PM₂.₅ 浓度相对较低,而周边郊区浓度较高,污染源的气态污染物随气团传输形成颗粒物,在周边地区形成颗粒物浓度较高的地区。

2012 年,浙江省的杭州、宁波、温州、嘉兴、湖州、绍兴、金华和舟山等 8 个城市率先发布 $PM_{2.5}$ 监测数据。2012~2013 年,8 个城市 $PM_{2.5}$ 年均浓度范围为 31(舟山)~68 $\mu g/m^3$(杭州和湖州),平均为 58 $\mu g/m^3$;各城市日均浓度超标率范围为 5.3%(舟山)~32.1%(湖州),平均为 23.7%。人口较密集、经济比较发达的浙中北城市 $PM_{2.5}$ 污染较为严重。

根据江苏省 13 个具备 $PM_{2.5}$ 监测能力的空气自动监测站点,2012 年监测结果显示:按新的国家空气质量二级标准的 75 $\mu g/m^3$ 进行评价,$PM_{2.5}$ 日均浓度超标率在 59.0%~84.7%之间,其中淮安最低,苏州最高。$PM_{2.5}$ 年均浓度在 50~77 $\mu g/m^3$ 之间,其中南通、盐城及沿海城市总体浓度相对较低,而徐州和淮安苏北城市浓度较高。

2.4.3 长三角地区气态污染物浓度变化

图 2-16 给出了长三角地区两省一市 2001~2012 年间二氧化硫年均浓度的变化情况。可以看到,两省一市皆呈现了先上升后下降的鞍形变化趋势,但它们出现污染浓度的峰值时间略有差异,上海市在 2005 年达到峰值,而浙江省和江苏省皆为 2007 年,说明燃煤电厂脱硫工程对大气二氧化硫浓度下降有显著作用。

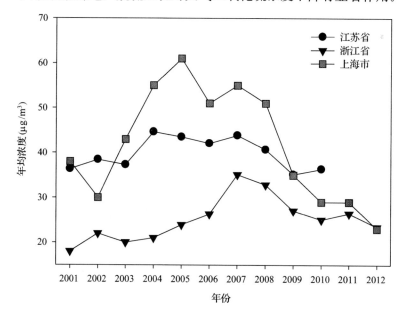

图 2-16 长三角地区两省一市二氧化硫年均浓度变化(2001~2012 年)

2001~2012年的监测数据表明,上海市二氧化硫年日均值均达到旧版国家环境空气质量二级标准,二氧化硫污染总体呈下降趋势。2012年的年日均值达到新版国家环境空气质量二级标准。2012年,上海市二氧化硫浓度范围为5~153 $\mu g/m^3$。全市年日均值为23 $\mu g/m^3$,比2011年下降6 $\mu g/m^3$,17个区县二氧化硫年日均值均达到新版国家环境空气质量二级标准。2012年,上海市二氧化硫浓度整体处于较低水平,东部和西部郊区浓度高于市区,而宝山区二氧化硫浓度较往年明显降低。

2001年以来,浙江省县级以上城市空气二氧化硫浓度在24~35 $\mu g/m^3$之间,2005~2007年间呈上升趋势,2007年之后总体呈下降趋势;与2004年相比,2007年浙江省二氧化硫浓度相对高值区域范围明显增加,污染程度有所加重;2012年较2007年二氧化硫浓度高值区域范围明显减少,污染程度有所减轻;浙江中北部地区二氧化硫浓度相对较高。

江苏省十三个所辖市二氧化硫浓度自2001年至2004年波动上升,其中2003~2004年上升幅度较大,最大年均值出现在2004年达到50 $\mu g/m^3$。2004年后呈波动下降趋势,2007年略有回升,2009年与2010年污染浓度基本持平,二氧化硫浓度总体呈现先扬后抑的趋势,十年均值为35 $\mu g/m^3$。从区域分布来看,以无锡、徐州两市年平均污染浓度最高,其中徐州市超过新的国家二级标准。

图2-17给出了2001~2012年间长三角地区两省一市二氧化氮年均浓度变化,除了上海市呈现缓慢下降的态势,浙江省和江苏省的年均值比较稳定没有显著

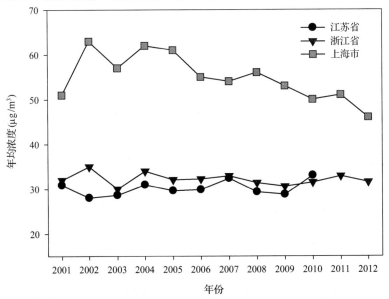

图 2-17　长三角地区两省一市二氧化氮年均浓度变化(2001~2012年)

变化。这一方面与我国针对燃煤电厂脱氮等工程启动较晚,效果还未显现,另一方面也显示出各地机动车保有量迅速增长,一定程度上抵消了工业源脱氮的效果。

2001~2012 年的监测数据表明,上海市二氧化氮年日均值均达到旧版国家环境空气质量二级标准,二氧化氮污染总体呈持平略降趋势。2012 年的年日均值未达到新版国家环境空气质量二级标准。2012 年,上海市二氧化氮浓度范围为 2~187 μg/m³,全市年均值为 46 μg/m³,达到国家旧版环境空气质量二级标准,未达到新版国家环境空气质量二级标准。17 个区县的二氧化氮年日均值均达到旧版国家环境空气质量二级标准,只有崇明县、金山区、浦东新区和青浦区达到新版国家环境空气质量二级标准。2012 年,上海市二氧化氮浓度区域分布总体呈市中心向周边区域递减的趋势,浦西地区二氧化氮浓度总体高于浦东地区。

2001 年以来,浙江省县级以上城市空气二氧化氮浓度在 31~33 μg/m³ 之间,基本保持稳定,二氧化氮浓度相对高值区域面积变化不大,大部分区域在一级标准限值内,浙中北大部分地区二氧化氮浓度相对较高。

江苏省城市地区二氧化氮浓度自 2002 年至 2004 年逐年上升,最大年日均值出现在 2004 年,达到 40 μg/m³,2004~2010 年上下波动变化,年均浓度在 34~37 μg/m³ 之间变化,最低年均浓度出现在 2001 年,为 30 μg/m³,2010 年较 2009 年有上升趋势。从区域分布来看,以南京、苏州两市年平均污染浓度较高,盐城、宿迁两市较低。

2.5　能见度变化趋势成因初探

2.5.1　气象因子和颗粒物浓度的变化趋势

能见度不仅受大气颗粒物的影响,也会受到相对湿度、大雾等气象条件的影响。图 2-18 分别给出了地面 10 m 高的水平风速、大气相对湿度和温度在过去三十年间的变化趋势。对于水平风速,除了 1980~1990 年间从 2.9 m/s 下降到 2.4 m/s,在此后二十年并无显著上升或下降趋势。与之相比,相对湿度和温度的变化趋势较为明显。相对湿度年均值从 1980 年的 79.0%±12.5% 持续下降到 2011 年的 71.7%±13.6%。同时,大气温度从 1980 年的(15.2±8.9)℃上升为 2011 年的(16.5±9.5)℃。持续降低的相对湿度可能是由于气温的升高,将会削弱颗粒物的吸湿效应和大雾天气的发生,无疑有利于能见度的升高。因此,气象因素并不是长三角地区能见度过去三十年显著下降的原因,相反,它的变化趋势有利于能见度的改善。尽管没有这一时间段的颗粒物,特别是对能见度起决定作用的 PM₂.₅ 的长期监测,在排除气象因子的影响的前提下,仍然可以怀疑颗粒物特别是 PM₂.₅ 污染加重是造成能见度下降、霾污染加重的主要原因。

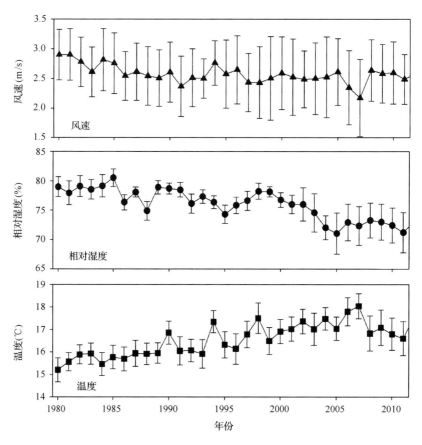

图 2-18　长三角地区六城市平均风速、相对湿度、温度年均值变化趋势

图中点表示年平均值,线表示日均值的标准差

图 2-19 给出了长三角地区六个城市从 2001 年以来年均 PM_{10} 质量浓度的变化趋势。2001~2011 年间,PM_{10} 年均浓度在 66~145 μg/m³ 之间变化,宁波是唯一 PM_{10} 浓度处于上升趋势的城市,十年间增长幅度达到 52%,而其他城市都保持下降趋势,十年的下降幅度为 7%~35%。值得注意的是,各城市 PM_{10} 浓度上升或下降的变化趋势并不和它们的能见度变化趋势(在某个值上下浮动)相吻合,根本原因是 PM_{10} 浓度的下降更多地贡献自一次粗颗粒物的去除(Cheng et al,2013),$PM_{2.5}$ 浓度在过去十年间并无显著下降,甚至可能有所上升(Lin et al,2010),而决定能见度的关键因素是 $PM_{2.5}$ 的浓度。

2.5.2　霾天数的变化趋势

按照我国气象行业对霾天的定义(中国气象局,2010),针对能见度低于 10 km 的天气,若相对湿度低于 80%,则认为霾天;若相对湿度高于 95%,则认为雾天;若

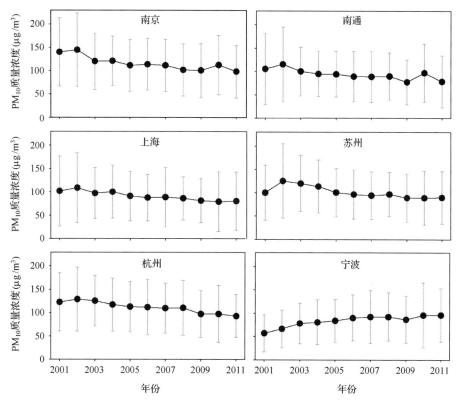

图 2-19 长三角地区六城市 PM_{10} 年均浓度变化趋势（2001～2011 年）

图中黑点表示年平均值，灰线表示日均值的标准差

相对湿度介于 80%～95%，需要更多的参数如 $PM_{2.5}$、PM_1 或消光系数来判断。图 2-20 给出了六个城市各类天数统计的逐年变化。这六个城市按照变化趋势总体可分为三类情形，其中杭州、南京和苏州的霾天数从 1980 年的 50 天、40 天和 20 天持续增长到 2001 年之后的 160 天、140 天、70 天。对于南通和宁波，在 2000 年之前霾天数少于 15 天，而在 2001 年之后增长到超过 50 天。上海的霾天数三十年间保持在 66 天左右，尽管 1985～1995 年间有一个下降后回升的波动。相反，过去三十年六个城市的雾天和相对湿度处于 80%～95% 的未鉴别天并没有显著的变化趋势。相应的，正是由于霾天的增加，各城市能见度好于 10 km 的天数都大幅降低了。从气象行业霾天数的统计也可看出，正是由于较低相对湿度下低能见度天数的增加，而细颗粒物污染浓度的升高无疑是能够合理解释这一变化的唯一成因。

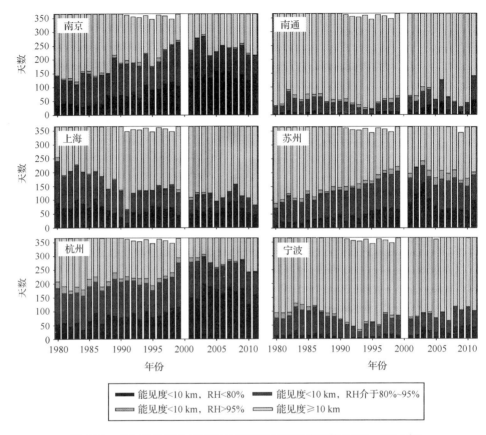

图 2-20　长三角地区六城市气象定义霾天数变化趋势(1980~2011 年)

2.6　小　　结

（1）长三角地区的年均能见度从 1980 年的 15.7 km 下降到 2010 年的 13.2 km，能见度恶化的速率为 0.11 km/a，不同城市表现有所不同，能见度下降最快的时段集中在 1980~2000 年，2000 年之后各城市能见度没有显著的变化。同期相对湿度年均值从 1980 年的 79％持续下降到 2010 年的 72％，2001~2011 年间 PM_{10} 年均浓度除宁波外十年的下降幅度为 7％~35％，而宁波十年间增长幅度达到 52％。按现行气象标准杭州、南京和苏州的霾天数从 1980 年的 50 天、40 天和 20 天持续增长到 2001 年之后的 160 天、140 天、70 天。颗粒物特别是 $PM_{2.5}$ 污染加重是造成长三角地区过去三十年能见度下降、霾污染加重的根本原因。

（2）对江浙沪两省一市的二氧化硫、二氧化氮、可吸入颗粒物长期监测和细颗粒物现状监测结果分析表明，各省市尽管绝对浓度水平有所差异，但表现出一致的变化规律:二氧化硫浓度从 2001 年上升到 2005 年达到峰值后,得益于"十一五"烟气脱硫工作,浓度开始明显下降,且都能达到国家空气质量标准;二氧化氮过去十年没有明显的上升或下降的趋势,归因于没有实施严格的固定源烟气脱氮及机动车控制;可吸入颗粒物出现明显下降的趋势,且大部分城市能够达到国家空气质量标准,主要得益于工业源对一次排放颗粒物的除尘控制;细颗粒物的绝对浓度目前仍然高于国家空气质量标准,将是今后很长时期的控制重点和难点。

参 考 文 献

环境保护部. 1996. 环境空气质量标准 GB 3095—1996. 北京:中国环境科学出版社.

环境保护部. 2011. 环境空气 PM_{10} 和 $PM_{2.5}$ 的测定　重量法 HJ 618—2011. 北京:环境保护部.

环境保护部. 2012. 环境空气质量标准 GB 3095—2012. 北京:中国环境科学出版社.

史军,吴蔚. 2010. 上海霾气候数据序列重建及其时空特征. 长江流域资源与环境,(009):1029-1036.

中国气象局. 2010. 中国气象行业标准:霾的观测和预报等级.

Bi X H, Feng Y C, Wu J H, et al. 2007. Source apportionment of PM_{10} in six cities of northern China. Atmospheric Environment, 41: 903-912.

Chang D, Song Y, Liu B. 2009. Visibility trends in six megacities in China 1973—2007. Atmospheric Research, 94: 161-167.

Che H Z, Zhang X Y, Li Y, et al. 2009. Haze trends over the capital cities of 31 provinces in China, 1981—2005. Theoretical and Applied Climatology, 97: 235-242.

Cheng Z, Jiang J, Fajardo O, et al. 2013. Characteristics and health impacts of particulate matter pollution in China (2001—2011). Atmospheric Environment, 65: 186-194.

Feng X, Wang S, Yang D. 2011. Influence of dust events on PM_{10} pollution in key environmental protection cities of northern China during recent years. Journal of Desert Research, 31: 735-740.

Feng Y Z, Liu Q, Li Y P. 2010. Spatial-temporal distribution characteristics of sandstorm weather in Northwest China in recent 55 years. Journal of Northwest A& F University(Nat. Sci. Ed.), 38: 188-192.

Gao H, Chen J, Wang B, et al. 2011. A study of air pollution of city clusters. Atmospheric Environment, 45: 3069-3077.

Guo J P, Zhang X Y, Wu Y R, et al. 2011. Spatio-temporal variation trends of satellite-based aerosol optical depth in China during 1980—2008. Atmospheric Environment, 45: 6802-6811.

Han B, Bi XH, Xue YH, et al. 2011. Source apportionment of ambient PM_{10} in urban areas of Wuxi, China. Frontiers of Environmental Science & Engineering in China, 5: 552-563.

Huang C, Chen C H, L Li, et al. 2011. Emission inventory of anthropogenic air pollutants and VOC species in the Yangtze River Delta region, China. Atmospheric Chemistry and Physics, 11(9): 4105-4120.

Lei Y, Zhang Q, He K B, et al. 2011. Primary anthropogenic aerosol emission trends for China, 1990-2005. Atmospheric Chemistry and Physics, 11: 931-954.

Li X, Ding X, Gao H, et al. 2011. Characteristics of air pollution index in typical cities of North China. Journal of Arid Land Resources and Environment, 25: 96-101.

Lin J, Nielsen C P, Zhao Y, et al. 2010. Recent changes in particulate air pollution over China observed from space and the ground: Effectiveness of emission control. Environmental Science & Technology, 44: 7771-7776.

Qu W J, Arimoto R, Zhang X Y, et al. 2010. Spatial distribution and interannual variation of surface PM$_{10}$ concentrations over eighty-six Chinese cities. Atmospheric Chemistry and Physics, 10: 5641-5662.

Wang B, Gao H. 2008. Characteristics of air pollution index in coastal cities of China. Ecology and Environment, 17, 542-548.

Wang C Z, Niu S J, Wang L N. 2011. Spatiotemporal characteristics of sand-dust storm change: A contract study based on station-day and station-hour data. Journal of Natural Disasters, 20: 199-203.

Wang H L, Zhuang Y H, Wang Y, et al. 2008. Long-term monitoring and source apportionment of PM$_{2.5}$/PM$_{10}$ in Beijing, China. Journal of Environmental Sciences (China), 20: 1323-1327.

Wang S, Hao J. 2012. Air quality management in China: Issues, challenges, and options. Journal of Environmental Sciences (China), 24: 2-13.

Wang Y, Xin J, Li Z, et al. 2011. Seasonal variations in aerosol optical properties over China. Journal of Geophysical Research, 116: D18209.

Wang Y Q, Zhang X Y, Arimoto R, et al. 2004. The transport pathways and sources of PM$_{10}$ pollution in Beijing during spring 2001, 2002 and 2003. Geophysical Research Letters, 31: L14110.

Yang Y J, Tan J G, Zheng Y F, et al. 2006. Study on the atmospheric stabilities and the thickness of atmospheric mixed layer during 15 years in Shanghai. Scientia Meteorologica Sinica, 26: 536-541.

Ye D, Wang F, Chen D. 2008. Mult-yearly changes of atmospheric mixed layer thickness and its effect on air quality above Chongqing. Journal of Meteorology and Environment, 24: 41-44.

Yu W, Li J, Yu R. 2012. Analyses of seasonal variation characteristics of the rain fall duration over China. Meteorological Monthly, 38: 392-401.

Zhang Q, Streets D G, Carmichael G R, et al. 2009. Asian emissions in 2006 for the NASA INTEX-B mission. Atmospheric Chemistry and Physics, 9: 5131-5153.

第3章 长三角区域大气污染物排放清单

霾属于复合型污染,它与直接排放的颗粒物(如 PM_{10}、$PM_{2.5}$ 等)和气态污染物(如 SO_2、NO_x、VOC、NH_3 等)通过化学转化形成的二次气溶胶都有关系。科学认识这些污染物的排放特征和排放来源是长三角地区灰霾污染控制战略部署和实施的基础和前提。本章重点关注长三角区域二省一市人为源的大气污染物排放,清单建立主要采用"自下而上"的方法,其中工业和交通部门综合考虑了各排放源的设备类型和技术特征,核算污染物排放总量;在此基础上,根据实测和文献调研建立的各典型源 VOCs 和 $PM_{2.5}$ 成分谱,对 VOCs 和 $PM_{2.5}$ 排放进行物种分配;再根据各类污染源排放的时间分布特征和地理位置,对污染物排放进行时空分配,最后生成网格化的排放清单。

3.1 大气污染源清单建立方法

3.1.1 大气污染源分类

科学的排放源分类是开展排放清单研究与编制的基础,也是衡量排放清单分辨率的重要指标之一。只有在科学、有效、高分辨率的排放源分类基础上编制排放清单,才可能准确、细致地表现各类污染源的污染物排放特征。本研究通过参考欧洲、美国排放清单以及我国相关研究的排放源分类方法,提出了排放清单源分类的几个原则:

(1)统一性。即多种污染物排放清单采用同一个排放源分类系统,以便能开展一个区域内同一时空范围,不同污染物的排放水平对比。

(2)全面性。即要求包含所有潜在的、可能带来排放的活动部门。

(3)一致性。即与我国当前已有的行业或产品分类相一致,以便能快速有效地获取相关活动水平信息。

(4)重要性。即对贡献大的排放源,充分考虑不同技术工艺带来的排放特征差异,进行深层源深层次划分;而对贡献很小的排放源,为节省成本,可粗略地合并为一个基本排放单元。

(5)可获得性。主要针对活动水平信息、控制措施应用率等要素,要求能通过统计公报、文献资料、市场调研等方式,获取可靠信息。

(6)可代表性。主要针对排放因子、控制措施去除率等要素,要求基本排放单元具有相似的污染物排放特征,应用于基本排放单元的同一种控制措施具有相似的去除效率。

以我国现有社会经济统计指标为出发点,充分考虑同一行业产业中,不同工艺、原料、燃料等因素对污染物排放特征的影响,建立了如表 3-1 所示的分类系统。

表 3-1　排放源分类系统

第 1 级	第 2 级	第 3 级	第 4 级
固定燃烧源	电力/工业/民用	煤/其他(液态、气态燃料)	
生物质燃烧源	秸秆室内/野外燃烧		
工艺过程源	炼焦业		
	钢铁行业	烧结矿/炼钢/轧制	
	建材行业	水泥/砖/玻璃	
	燃料开采与加工业	原油/天然气开采/原油加工	
	化工行业	无机化工	合成氨
		合成化工	合成橡胶/合成纤维/合成树脂
		有机化工	乙烯/丙烯/苯乙烯/丁二烯
			/乙二醇/纯苯/冰醋酸/甲醛
		精细化工	涂料/油墨
	食品业	食用植物油	萃取/压榨
		白酒/黄酒/啤酒/饲料	
	制药业	化学原料药	
	纺织业	纱/布	
	造纸业	纸浆	
道路交通源	大/中/小/微型载客汽车	汽油/柴油	不同排放标准
	重/大/小/微型载货汽车	汽油/柴油	不同排放标准
	摩托车	汽油	不同排放标准
非道路交通源	铁路/水运/农用机械/建筑机械		
溶剂使用源	涂料/胶黏剂	不同的应用行业	
化石燃料分配源	原油/汽油/柴油	存储/装卸/运输/销售	

3.1.2　排放量计算方法

各类大气污染源排放的测算方法主要采用排放因子法,即根据各类污染源的技术特点、活动水平、燃料类型、排放方式、主要排放污染物、末端治理等相关参数,通过实地测试或文献调研等方式,获取污染源排放因子,结合各类源的活动量,计算污染物排放。大致方法如下式:

$$E_{i,j} = \sum_{j,k} A_{j,k} \mathrm{EF}_{i,j,k} (1 - \eta_{i,j}) \qquad (3\text{-}1)$$

式中,A 为排放源活动水平,如燃料消耗量、产品产量以及车辆行驶里程等;EF 为各类污染源、不同污染物的排放因子;η 为污染源尾气治理设施的污染物去除效率;i,j,k 分别代表污染物、污染源及排放设施技术。

3.1.3　基础数据收集

1. 活动水平

活动水平是影响污染物排放产生的各种人为活动信息,如能源消耗量、工业产品产量、原料使用量等。其可以通过统计信息调查、实地考察、在线监测、文献调研等方式获得。综合考虑数据的可得性和精度要求,本研究在各类统计年鉴、长三角污染调查数据、文献调研的基础上建立长三角地区人为源排放活动水平数据库,如表 3-2 所示。表 3-3 列出了 2010 年长三角地区主要排放部门的活动水平,如电厂燃煤量、工业及民用能源消耗、机动车保有量等。

表 3-2　排放源活动水平相关信息

活动部门	表现形式	计算方式	数据来源
化石燃料燃烧源			
♯各类燃烧源	燃料年消耗量	直接获取	省市统计年鉴 中国能源统计年鉴
生物质燃烧源			
♯秸秆燃烧	秸秆年燃烧量	作物年产量×谷草比 ×燃烧比率×燃烧效率	省市统计年鉴 文献调研
工艺过程源			
♯有机化工	产品年产量	重点企业产量加总	中国化学工业年鉴、中石化集团年鉴
♯原油加工	产品年产量	重点企业产量加总	中石化集团年鉴
♯其他	产品年产量	直接获取	省市统计年鉴 中国化工年鉴

活动部门	表现形式	计算方式	数据来源
道路交通源			
♯9类机动车	行驶里程	车辆保有量 ×年均行驶里程	省市统计年鉴、文献调研
非道路交通源			
♯铁路及水运	燃料年消耗量	客/货周转量 ×燃料平均消耗	省市统计年鉴 文献调研
♯建筑/农用机械	燃料年消耗量	直接获取	省市统计年鉴 中国能源统计年鉴
溶剂使用源			
♯涂料/胶黏剂	溶剂使用量	产品产量×单位溶剂用量 原料用量×单位溶剂用量	省市统计年鉴、中国化工年鉴、文献调研
化石燃料分配源			
♯燃料储存 ♯燃料装/卸载 ♯燃料销售	产量/周转量 周转量 销售量	统计值结合假设计算	省市统计年鉴 中国能源统计年鉴 中石化集团年鉴 中石油集团年鉴 中国港口年鉴

表 3-3 2010 年长三角地区主要排放部门活动水平

	上海	江苏	浙江
电厂			
♯燃煤(万吨)	3421.2	12612.9	8254.1
工业燃烧			
♯燃煤(万吨)	755.7	4848.2	3698.6
♯燃油	500.3	860.4	663.6
♯天然气(亿立方米)	19.6	32.8	7.9
民用燃烧			
♯燃煤(万吨)	147.7	131.1	127.6
♯天然气(亿立方米)	11.8	9.6	6.41
♯液化石油气(万吨)	46.7	94.5	273
工业过程			
♯水泥产量(万吨)	670.8	15647.5	11275.3
♯粗钢产量(万吨)	2214.3	6242.8	1228.5

续表

	上海	江苏	浙江
交通			
♯货车保有量(万辆)	23.8	72.5	87.3
♯客车保有量(万辆)	146.2	472.8	450.8
♯摩托车(万辆)	129.1	807.5	558.4
溶剂使用			
♯胶黏剂(万吨)	9.2	57.5	58.5
♯油墨(万吨)	1.4	2.2	2.7
农业源			
♯氮肥施用(万吨)	6.2	179.5	52.5

2. 排放因子

排放因子,通常是指在正常技术、经济和管理等条件下,某项活动(如工业生产或燃烧过程)的单位活动量向环境排放污染物数量(原始污染物排放系数)的统计平均值。单位活动的含义非常广泛,可以指生产单位产品、创造单位产值、工艺过程消耗单位原材料、燃烧设施消耗单位燃料或机动车行驶单位距离等。一般说来,各种污染物的排放因子与产品生产工艺、规模、原材料、燃料和设备技术水平以及所采取的污染物排放控制措施等密切相关。

在实际应用中,根据所研究的对象和研究目的,排放因子通常有三种表达方式,分别基于以下因素:①燃烧设备,表示某设备每消耗单位燃料(煤、汽油、柴油或天然气等)的污染物排放量,单位通常为 kg/t;②经济部门,表示该部门每创造单位产值(如 GDP)的污染物排放量,单位通常为 kg/万元;③工艺生产过程,表示特定过程每取得单位产品产量的污染物排放量,通常以 kg/t 为单位。

在获得排放因子的各种方法中,实际测量是最为直接,也是最为可靠的方法。近年来,清华大学相关研究小组对于全国电厂、工业锅炉、民用炉灶、机动车等进行了大量的测试,数据结果代表性强、可靠性高,直接应用于本研究。对于其他部门,排放因子的数据则主要来自文献调研。

3. 大气污染物化学成分谱库的建立

除了常规的排放因子,本研究还建立了 $PM_{2.5}$ 和 NMVOC 的化学成分谱库。其中 $PM_{2.5}$ 物种包括 OC,EC,硫酸盐,硝酸盐,H_2O,Na,Cl,NH_4^+,非碳类有机物,Al,Ca,Fe,Si,Ti,Mg,K,Mn 和其他。源谱的建立首先基于中国本土化的研究,如电厂(易红宏,2006),工业燃烧(Wang et al,2009b;Li C et al,2009),民用燃烧(Zhi et al,2008;Chen et al,2006),生物质燃烧(Li et al,2007b),机动车(He et al, 2008;Cheng et al,2010),水泥生产(马静玉,2010),钢铁生产(马京华,2009)和炼焦(李从庆,2009)。其他本土信息缺失的部门则参考了 Reff 等(2009)的研究。最后再应用 Reff 等(2009)中记述的方法形成此化学成分谱,如图 3-1 所示。

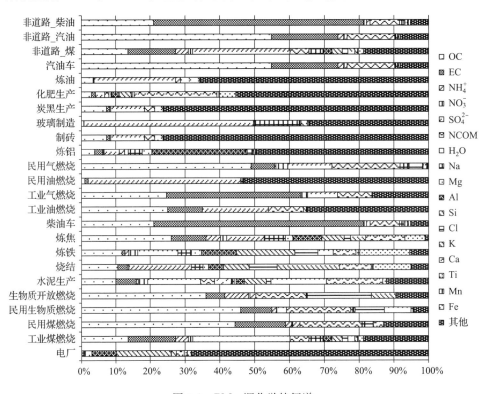

图 3-1　PM$_{2.5}$源化学特征谱

对于 NMVOC,参考魏巍(2008)的研究,将其分为 40 个物种。所采用的源谱数据大都来自于中国本土测试,如生物质燃烧(Wei et al,2008;Li X H et al, 2009),溶剂使用(Yuan et al,2010;Liu et al,2008),机动车挥发(Liu et al,2008; Fu et al,2008;王伯光等,2008;Cai and Xie,2009),民用燃料燃烧(Liu et al,2008; Zhang et al,2000;魏巍,2008),石化行业(Liu et al,2008;王伯光等,2008),炼焦(何秋生等,2005;Jia et al,2009),以及合成革生产(王伯光等,2009)。其他本土信息缺失的部门则参考了美国 SPECIATE 数据库。具体如图 3-2 所示。

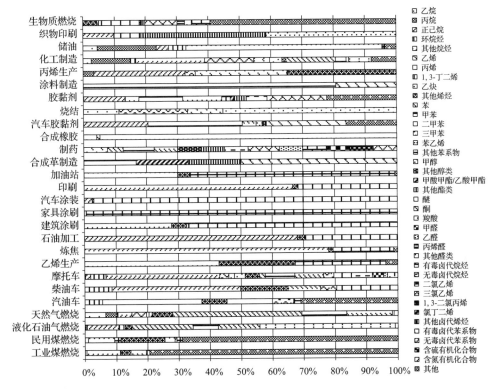

图 3-2　VOC 源化学特征谱

3.1.4　排放量的时空和化学组分分配方法

1. 排放清单的空间分配

排放清单空间分配是将点源、面源及流动源排放定位到网格的过程,点源可通过经纬度坐标直接定位到网格,面源及流动源需要通过空间代用参数将排放进行空间分配。

通常采用的面源网格化方法有空间插值法和人口权重法两种。空间插值法的一般步骤是,首先将各省、市排放量通过代用参数,如人口或国内生产总值(GDP)分配到各县,得到分县排放量;然后利用矢量化的县级行政边界图,用一定大小的网格划分地图,对于每个网格,采用空间插值法获得网格排放量,即对于某个网格,计算出网格属于各县的面积与该县总面积的比值,将该比值作为每个县在该网格的排放占该县总排放的比例,从而求出各县对各网格的贡献;最后将每个网格内的所有县的排放贡献相加,得到每个网格的排放量。空间插值法在区域排放清单网格化中应用比较普遍,SMOKE 模式中即采取这一方法将各个郡(county)的排放插值到网格。人口权重法则直接利用人口分布栅格数据对排放进行网格化,即将每个网格内的人口数占网格所在省的总人口的比例作为权重,将各省面源排放量分摊到网格。由于人口分布栅格数据的空间分辨率很高(30″),人口权重法可获得很高精度的网格排放;而且由于人为源排放基本上都发生在有人类活动的地方,因此该方法能够保证不将排放分配到森林、湖泊等无人区,提高空间分配精度。但缺点是由于工业部门的排放量并不与人口密度成正比,因此在排放量分配上会造成一定的误差。

本研究综合了上述两种方法对面源排放进行空间分配,将各市排放量通过代用参数(人口或 GDP)分配到各县,得到分县排放量,再利用人口栅格数据将各县面源排放量分摊到网格。表 3-4 列出了空间分配所使用的地理信息数据。

表 3-4　用于空间分配的地理信息数据及来源

数据类型	数据描述	数据来源
行政边界	县级行政边界	国家基础地理信息系统
GDP	分县 GDP	各省统计年鉴,中国县市社会经济统计年鉴
人口	分县人口	各省统计年鉴,中国人口统计年鉴
	人口分布栅格,2′	全球人口动态统计分析数据库(Landscan)
土地利用	土地利用栅格,2′	全球人口动态统计分析数据库(Landscan)
道路	全国公路网络	世界数字地图(Digital Chart of the World,DCW)
大点源	每个大点源位置	全国重点源排放数据库

2. 化学组分分配

由于 VOC 和 $PM_{2.5}$ 并不代表单一物种,因此掌握 VOC 和 $PM_{2.5}$ 的排放信息不仅需要排放总量,还需获取其各个组分的排放量,尤其在分析不同的污染源时,某一特定代表组分的排放量对于分析污染特征起着至关重要的作用。

在已有的区域 VOC 和 $PM_{2.5}$ 排放量的基础上,本研究将 VOC 和 $PM_{2.5}$ 的排放量进一步分配到各组分上。在计算时,利用 3.1.3 中所建立的大气污染物化学成分谱库,将某一组分占总 VOC 或 $PM_{2.5}$ 的百分比作为因子与总的 VOC 或 $PM_{2.5}$ 排放量相乘,来获取某一组分的排放量。计算公式如下:

$$E_{p,j,k} = A_{p,j} \times \mathrm{EF}_{p,j} \times r_{k,j} \tag{3-2}$$

式中,E 为 VOC 或 $PM_{2.5}$ 排放量,p 代表市,j 代表排放源,k 为 VOC 或 $PM_{2.5}$ 物种分类系统中的化学组分;A 为排放源的活动水平;EF 为排放源的排放因子;$r_{k,j}$ 为 j 类排放源排放 VOC 或 $PM_{2.5}$ 中 k 化学组分的质量分数。

3.2　固定排放点源的污染排放情况估算

　　基于不同的污染源特征,采用自下而上的方法,建立了基于详细技术信息的重点工业源排放清单,包括电厂、水泥厂、钢铁厂。在此基础上,将区域清单与更精细的典型工业源清单结合起来,形成二级嵌套,用于区域尺度和城市群的空气质量模拟,能够有效改善排放清单的空间精度。长三角地区电厂、水泥厂、钢铁厂的空间分布如图 3-3 所示。

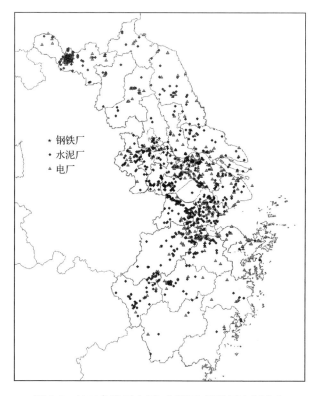

图 3-3　长三角地区电厂、水泥厂、钢铁厂空间分布

3.2.1　电力行业

　　长三角地区是我国电力需求最大的区域之一,2010 年江苏省、浙江省和上海市火力发电量将分别达到 3305 亿千瓦时、2082 亿千瓦时和 942 亿千瓦时,火力发电的煤炭消费总量分别为 12843 万吨、8256 万吨和 3421 万吨。

　　本研究在对长三角地区电厂的排放状况进行逐一详细评估的基础上,通过"基于机组信息"的方法获得燃煤电厂排放清单。通过调研和统计,获得长三角地区燃煤电厂机组的基本信息,包括地理位置(经纬度)、机组容量、锅炉类型和污染控制设施等。通过整理和加工这些信息获得各机组详细的活动水平(即年耗煤量)和排放因子,进而计算得到该机组各类污染物的排放量。

对于给定年份地区 i 内的燃煤电厂,分别使用式(3-3)至式(3-5)计算 SO_2、NO_x 和 PM 的排放量:

$$E_{SO_2,i} = \sum_j A_{j,i} \times Scont_{j,i} \times (1-Sr) \times (1-\eta_j) \qquad (3\text{-}3)$$

$$E_{NO_x,i} = \sum_k \sum_m \sum_n A_{i,k,m,n} \times EF_{NO_x,k,m,n} \qquad (3\text{-}4)$$

$$E_{PM,y,i} = \sum_k \sum_n A_{i,k} \times AC_i \times (1-ar_k) \times f_{k,y} \times C_{k,n} \times (1-\eta_{n,y}) \qquad (3\text{-}5)$$

式中,i、j、k、m、n 分别代表地区、电力机组、锅炉类型/锅炉布置方式、燃料类型,以及污控设施类型;A 为当年的燃煤量;EF 为排放因子(kg/t);C 为某种污染控制技术在当年的应用率(%);η 为污控设施去除效率;Scont 和 AC 分别为燃煤硫分和灰分;Sr 为煤灰中硫的保留率;ar 为灰分进入底灰的比例;y 表示颗粒物一定的粒径区间(如 $PM_{2.5}$,$PM_{10\sim2.5}$ 等);f 为煤燃烧产生颗粒物中粒径范围为 y 的质量分数。

污染物在从生成到排入大气的过程中,受到燃料类型、燃料品质、工艺技术和控制技术等诸多因素的影响。由于上述"基于机组"研究方法对各类数据的可获得性要求很高,难以对每个机组的全部影响因素都准确获取。对于某些机组暂时不能获得的信息,针对缺失信息的特点,选择相应的方法近似估计硫分、灰分等燃料特征数据,采用赵瑜(2008)研究中对应地区机组的燃煤硫分和灰分平均值进行估计;污控设施去除效率、煤灰中硫的保留率、灰分进入底灰的比例、颗粒物粒径分配比例等参数均来自于赵瑜(2008)研究中的结果。脱硫、脱硝设施的安装比例则来自于环境保护部公布的基于机组的数据(http://www.mep.gov.cn/gkml/hbb/bgg/201104/t20110420_209449.htm),而除尘设备的安装比例则参考了电力行业统计资料(中国电力协会,2011)。2010 年,上海、江苏和浙江燃煤机组脱硫设施的安装比例已达 81.3%,85.3% 和 86.9%。脱硝设施(SCR/SNCR)的安装比例为 29.0%,21.9% 和 32.4%。现有燃煤机组均安装了除尘设施,且以静电除尘为主。

经计算,2010 年长三角地区两省一市煤电行业 SO_2、NO_x、PM_{10} 和 $PM_{2.5}$ 的排放量分别为 946 kt、1035 kt、129 kt、70 kt。

3.2.2 水泥行业

长三角地区是我国水泥生产的大户,其中江苏和浙江的 2010 年的水泥产量分别在全国排第一和第四。根据水泥行业协会的统计,2010年长三角地区共有水泥企业704家,其中新型干法水泥厂82家,立窑水泥厂447家,旋窑水泥厂36家,粉磨站139家。由于新型干法生产线一般产量较大,因此从产量看,新型干法(包含采用新型干法熟料的粉磨站)水泥产量占到98%。

本研究中采用雷宇(2008)研究中的方法,将水泥生产分为熟料烧制和熟料加工两个生产阶段,分别计算排放量。其中熟料烧制包括原料破碎、生料和煤的粉磨、熟料烧制、熟料冷却等污染物排放点,排放气态污染物和颗粒物;熟料加工主要包括水泥磨这一排放点,仅排放颗粒物。在此基础上,采用模型计算水泥生产过程中大气污染物排放量的方法如公式(3-6)所示:

$$E_{i,j} = \sum_k (AK_{i,k} \times EF_{j,k}) + (AC_i \times ef) \tag{3-6}$$

式中,i 为企业,j 为污染物种类,k 为熟料烧制工艺;$E_{i,j}$ 为企业 i 的污染物 j 排放量;$AK_{i,k}$ 为企业 i 的熟料烧制工艺 k 所生产的熟料量;$EF_{j,k}$ 为 k 工艺在熟料烧制阶段的污染物 j 排放因子;AC_i 为企业 i 的水泥产量;ef 为熟料加工阶段的颗粒物排放因子。

分省的熟料产量按生产能力分配到各新型干法水泥厂、立窑水泥厂和旋窑水泥厂;水泥产量按生产能力分配到新型干法水泥厂、立窑水泥厂、旋窑水泥厂和粉磨站。经计算,2010年长三角地区两省一市水泥行业 SO_2、NO_x、PM_{10} 和 $PM_{2.5}$ 的排放量分别为89 kt、193 kt、128 kt、72 kt。

3.2.3　钢铁行业

由于投资大、产业链长、工艺复杂、技术要求高等因素,与电力行业和水泥行业相比,钢铁行业具有更高的集中度。根据中国钢铁工业协会(2011)的统计,2010年长三角29个重点大中型钢铁企业的粗钢产量为0.84亿吨,占总产量的87%;生铁产量0.73亿吨,占总产量的91%。

对于大型钢铁联合企业,烧结、炼铁和炼钢是绝大多数大气污染物排放的主要工序,转炉炼钢和电炉炼钢是炼钢的两种主要工艺,因此在计算钢铁行业污染物排放时,采用雷宇(2008)研究中的方法,主要考虑烧结、炼铁、转炉炼钢和电炉炼钢四种工艺。计算方法如公式(3-7)所示:

$$E_i = \sum_m E_{i,m} = \sum_m \sum_n A_{m,n} \times ef_{i,n} \tag{3-7}$$

式中,i 为污染物种类,m 为钢铁企业,n 为生产工艺;$E_{i,m}$ 为钢铁企业 m 的污染物 i 排放量;$A_{m,n}$ 为钢铁企业 m 中,工艺 n 在2010年的产品产量;$ef_{j,n}$ 为2010年长三角地区工艺 n 的污染物 i 平均排放因子。

经计算,2010 年长三角地区两省一市主要钢铁企业 SO_2、NO_x、PM_{10} 和 $PM_{2.5}$ 的排放量分别为 134 kt、13 kt、51 kt、41 kt。

3.3　移动源的污染排放情况估算

移动源包括道路源(如载客汽车、载货汽车、摩托车等)和非道路源(如火车、船舶、农业机械、建筑机械等)。

3.3.1　道路源

近年来,随着经济的发展,机动车保有量越来越大,其带来的污染问题也越来越突出。本部门以各城市总的机动车行驶里程为活动水平,具体计算公式如下所示:

$$\mathrm{VMT}_i = P_i \times \mathrm{VMT}_{ai} \tag{3-8}$$

式中,VMT_i 是车型 i 总的行驶里程;P_i 是车型 i 的保有量;VMT_{ai} 是车型 i 年均行驶里程。

我国的汽车车型分类方法主要包括:《机动车辆及挂车分类》(GB/T 15089—2001)、《汽车和半挂车的术语和定义　车辆类型》(GB/T 3730.1—1988)和公安部车辆登记注册标准等。鉴于汽车保有量、年均行驶里程等数据的可得性,本研究选用公安部车辆登记注册标准的分类方法,将机动车分为大型客车、中型客车、轻型客车、微型客车、重型货车、中型货车、轻型货车、微型货车和摩托车共九大类。从各市统计年鉴上可直接获取各类车型 2010 年的保有量,如图 3-4 所示。长三角地

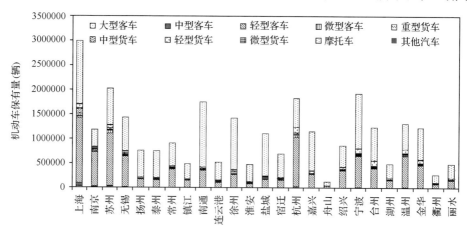

图 3-4　长三角地区各城市机动车保有量

区中,上海、苏州、南通、杭州、宁波等城市的机动车保有量相对较高,从车辆类型来看,摩托车在长三角地区各城市机动车中所占比重相对较高,在 50%~75% 之间;其次为轻型客车,约为 20%~60%。

虽然电动车、生物燃料等发展前景一片大好,但通过调研发现在 2010 年其所占比例还较低,因此本研究只考虑汽油和柴油的消耗。

年均行驶里程的数据来自于文献调研(表 3-5)。He(2005)根据客运量和货运量,结合各车型的运输量得到分车型的年均行驶里程,并以此方法对未来进行了预测。Huo 等(2007)在 He(2005)的基础上,通过国内外汽车年均行驶里程的对比分析对未来进行了预测。林博鸿(2010)结合以上两人的研究以及全国污染普查数据,通过比较筛选得到了各类型载货和载客汽车的年均行驶里程和其发展趋势。本研究采用了林博鸿的研究结果。而对于摩托车的年均行驶里程则参考了其他研究者的结果(车汶蔚等,2009;胡迪峰,2008;程轲,2009)。

表 3-5　各车型行驶里程

	大型客车 (10^3 km)	中型客车 (10^3 km)	轻型客车 (10^3 km)	微型客车 (10^3 km)	重型货车 (10^3 km)	中型货车 (10^3 km)	轻型货车 (10^3 km)	微型货车 (10^3 km)	摩托车 (10^3 km)
上海	38.5	30.5	19.7	19.7	43	24.7	20.7	18.5	8
江苏	38.5	30.5	23.4	23.4	43	24.7	20.7	18.5	8
浙江	38.5	30.5	21.4	21.4	43	24.7	20.7	18.5	8

自 1999 年起,中国开始颁布实施机动车排放标准,这对机动车排放控制影响很大。参照各标准的规定,可得到长三角地区各阶段排放标准实施情况,如表 3-6 所示。

表 3-6　长三角地区机动车保有量

	上海				江苏和浙江			
	轻型汽油车	重型汽油车	重型柴油车	摩托车	轻型汽油车	重型汽油车	重型柴油车	摩托车
国Ⅰ	2000	2003	2001	2004	2000	2003	2001	2004
国Ⅱ	2003	2005	2003	2005	2005	2005	2005	2005
国Ⅲ	2008	2010	2008	2010	2008	2010	2008	2010
国Ⅳ	2010		2010[a]					

a. 仅针对公共车辆

　　某城市某类车的排放因子由该城市 2010 年执行不同排放标准的机动车综合得出,如公式(3-9)所示。

$$EF_i = \sum_k (EF_{i,k} \times P_{i,k}/P_i) \qquad (3-9)$$

式中,EF_i 为 i 类车的综合排放因子;$EF_{i,k}$ 为执行 k 段标准的 i 类车排放因子;P_i 为 i 类车保有量;$P_{i,k}$ 为执行 k 段标准的 i 类车保有量。

　　$P_{i,k}/P$ 采用的是长三角地区 2010 年机动车的注册登记分布。其根据各城市历年机动车保有量、新注册量和报废量,并假设每年淘汰的机动车均为最老的计算获得。而 $EF_{i,k}$ 则综合了美国能源基金会的研究结果及其他文献中的现场测试或模拟数据(车汶蔚等,2009;胡迪峰,2008;程轲,2009;薛佳平,2010;张丹宁等,2004)。

3.3.2　非道路源

　　非道路交通源的排放多来自于发动机的不完全燃烧,且主要以柴油为燃料。本部门中主要涉及铁路运输、内河航运、建筑机械和农用机械。根据数据的可获得性,采用不同的方法计算其活动水平。

　　铁路运输和内河航运的燃料消耗采用货运周转量、客运周转量和燃油经济性计算。如公式(3-10)所示。

$$C_i = N_i \times r_i \qquad (3-10)$$

式中,i(1 或 2)表示铁路运输或内河航运;C 表示柴油消耗量;N 表示客运量或货运量,可从各市的统计年鉴中获得;r 表示燃油经济性,其中 $r_1 = 25.9$ kg/(10^4 t · km),$r_2 = 60$ kg/(10^4 t · km)(张强,2005)。

　　农用机械直接引用各市统计年鉴中的农用柴油消耗量。而统计数据中并没有分市的建筑柴油消耗量,只能采用中国能源年鉴中统计的江苏省、浙江省的建筑柴油消耗量,按各市的建筑面积分配得到。

　　目前,我国关于非道路交通源排放因子的测试工作还较为缺乏。本研究在比较和综合国内外文献(Streets et al,2003;Klimont et al,2002;张礼俊等,2010;傅立新等,2005;EEA,2006)的基础上,结合长三角地区非道路交通源现状得出其排放因子。

　　据计算,长三角地区 2010 年移动源各污染物的排放量如表 3-7 所示。

表 3-7　长三角地区 2010 年移动源各污染物的排放量(kt)

	SO$_2$	NO$_x$	PM$_{10}$	PM$_{2.5}$	VOC
道路交通	44.2	692.0	43.0	43.0	447.0
非道路交通	25.4	134.2	13.6	12.1	62.5

3.4　主要面源的污染排放情况估算

3.4.1　化石燃料燃烧源

化石燃料燃烧源历来都备受关注,但主要是因为其 SO_2、NO_x、PM 等的高排放。此部门主要考虑工业和民用部门的煤炭、液态燃料、气态燃料燃烧。工业部门的各种燃料消耗可从各市的统计年鉴中直接获取。而民用部门的燃料消耗在各市的统计年鉴没有直接的记载,但中国能源年鉴中有统计江苏省、浙江省和上海市的分部门、分燃料的消费情况。在缺少分市的民用燃料消耗数据的情况下,利用各市的人口和 GDP 对全省数据进行分配。

近十几年来,清华大学相关研究小组结合现场测试和文献调研整理了化石燃料燃烧源各污染物的排放因子。本研究中具体使用的排放因子如表 3-8 所示。

表 3-8　化石燃料燃烧源排放因子

	NO_x	PM_{10}	$PM_{2.5}$	VOC
工业燃烧				
煤(g/kg)	7.5/3.9[a,*]	0.90[b,c]	0.59[b,c]	0.04[f]
燃料油(g/kg)	5.84[d]	1.03[e]	0.67[e]	0.12[f]
柴油(g/kg)	9.62[d]	0.50[e]	0.50[e]	0.12[f]
液化石油气(g/kg)	2.63[d]	0.17[e]	0.17[e]	0.10[f]
天然气(g/m³)	2.09[d]	0.17[e]	0.17[e]	0.10[f]
民用燃烧				
煤(g/kg)	3.9/0.91[a,**]	4.5/8.8[e,**]	1.95/6.86[e,**]	4.5[f]
燃料油(g/kg)	1.95[d]	0.75[e]	0.28[e]	0.12[f]
柴油(g/kg)	3.21[d]	0.50[e]	0.50[e]	0.12[f]
液化石油气(g/kg)	0.88[d]	0.17[e]	0.17[e]	6.51[f]
天然气(g/m³)	1.46[d]	0.17[e]	0.17[e]	0.15[f]

＊　分别为流化床、层燃炉

＊＊　分别为层燃炉、小煤炉

a. Zhang 等(2007);b. Wang 等(2009b);c. Li 等(2009);d. 田贺忠等(2001);e. Lei 等(2011);f. Wei 等(2008)

3.4.2　生物质燃烧源

生物质燃烧一般包括森林大火、草原大火、秸秆燃烧和薪柴燃烧,其中以秸秆燃烧的贡献最大。同时因为有关森林大火、草原大火和薪柴燃烧的数据无法获得,因此本研究仅考虑秸秆燃烧。

秸秆燃烧包括野外焚烧和室内燃烧。秸秆燃烧量按如下公式计算:

$$N = P \cdot r \cdot \alpha \cdot \eta \tag{3-11}$$

式中,N 为秸秆野外焚烧或室内燃烧的量;P 为相关农作物的产量;r 为谷草比;α 为秸秆野外焚烧或室内燃烧的比例;η 为燃烧效率。

本研究中主要考虑了稻谷、小麦、玉米、豆类、薯类、其他粮食作物、棉花、麻类、油料和糖料等农作物,其产量均来自于各市的统计年鉴。

各种农作物的谷草比参数通过其他研究者(魏巍,2008;陆丙等,2011;王书肖和张楚莹,2008;江苏省环境科学研究院,2011)的结果获得,具体结果见表 3-9。现在我国还没有关于秸秆野外焚烧和室内燃烧的统计数据,大多数研究者均采用自行估计或抽样调查的方法。在本研究中,秸秆野外燃烧比例采用了王书肖和张楚莹(2008)通过问卷调查获得的结果,而室内燃烧的比例则采用了张鹤丰(2009)的计算结果。关于燃烧效率,秸秆室内燃烧效率一般认为是 1;而野外燃烧效率,本研究综合了其他研究者(Streets et al,2003;陆丙等,2011;王书肖和张楚莹,2008;张鹤丰,2009;Ortizde et al,2005)的结果,见表 3-10。

表 3-9　各种农作物谷草比信息

来源	陆丙等 (2007)	王书肖和张楚莹 (2008)	魏巍 (2008)	江苏省环境科学 研究院(2010)	本研究 (2011)
稻谷	1	1	0.623	0.62	0.62
小麦	1.1	1	1.336	1.37	1.3
玉米	2	2	2	2	2
豆类	1.7	1.5	1.5	1.5	1.5
薯类	1	1	0.5	0.5	0.5
其他粮食作物	1.6	1	2	1	1.5
棉花	3	3	3	3	3
麻类	1.7	0.5	1.7	1.7	1.7
油料	2	2	2	2	2
糖料	0.1	—	0.1	0.1	0.1

表 3-10　秸秆野外燃烧燃烧效率

燃烧效率	来源
79%	Streets 等（2003）
80%	Ortiz 等（2005）
92.50%	陆丙等（2007）
80%	王书肖和张楚莹（2008）
92%～93%	张鹤丰（2009）
90%	本研究（2011）

近年来，越来越多的中国研究者开始关注生物质燃烧源的排放。通过文献调研发现，其排放因子的来源主要是借鉴国外的测试数据，也有研究者进行现场的测试。本研究综合前人的研究成果，优先选用中国本土的测试数据；在缺少测试数据时，选择气候和环境与我国较为相近的国家的测试数据。具体如表 3-11 所示。

表 3-11　生物质燃烧源排放因子

		SO_2	NO_x	PM_{10} *	$PM_{2.5}$	VOC	NH_3
炉灶燃烧	稻谷	0.53[a]	0.42[c]	3.32	1.66[d]	7.36[c]	1.30[e]
	小麦	0.53[a]	0.86[c]	11.22	5.61[d]	13.74[c]	1.30[e]
	玉米	0.53[a]	0.76[c]	4.9	2.45[d]	10.59[c]	1.30[e]
	棉花	0.53[a]	1.29[a]	12.08	6.04[d]	10.56[e]	1.30[e]
	高粱	0.53[a]	0.90[c]	12.54	6.27[d]	0.23[c]	1.30[e]
	其他	0.53[a]	1.29[a]	7.88	3.94[c]	10.56[e]	1.30[e]
开放燃烧	稻谷	0.53[a]	1.29[a]	19.3	9.65[c]	15.70[e]	0.52[e]
	小麦	0.85[b]	3.30[b]	15.2	7.60[b]	7.50[b]	0.37[b]
	玉米	0.44[b]	4.30[b]	23.4	11.7[b]	10.00[b]	0.68[b]
	棉花	0.53[a]	1.29[a]	19.3	9.65[c]	15.70[e]	0.52[e]
	高粱	0.53[a]	1.29[a]	19.3	9.65[c]	15.70[e]	0.52[e]
	其他	0.53[a]	1.29[a]	19.3	9.65[c]	15.70[e]	0.52[e]

* 由于没有针对 PM_{10} 的排放因子，假设 $PM_{10}/PM_{2.5}=2$。（Zhao et al，2012）

a. 田贺忠等（2002）；b. Li 等（2007b）；c. Wang 等（2009b）；d. Li 等（2007a）；e. Lu 等（2011）

3.4.3　其他工艺过程源

此处其他工艺过程源主要考虑了除水泥和钢铁外的工业生产，如炼焦业、建材行业、化工业、食品业等。大部分工业产品的产量均可在各市统计年鉴上直接获得。对于部分没有记载的化工产品，本研究通过重点企业产品产量数据加总获得，这部分信息主要来自于中国石油化工集团公司年鉴和中国化学工业年鉴。

主要部门的排放因子如表 3-12 所示。

表 3-12　主要工艺过程源排放因子

产品名称	SO_2	NO_x	PM_{10}	$PM_{2.5}$	VOC	NH_3
焦炭(g/kg)	2.01[c]	0.02[e]	0.45[a]	0.44[a]	2.40[e]	0.01[f]
砖(g/kg)		0.32[b]	0.71[a]	0.24[a]	0.20[e]	
原油(g/kg)	3.62[d]	0.56[d]	0.12[a]	0.09[a]	2.10[e]	0.16[f]
硫酸(g/kg)	13.46[b]		0.38[d]	0.38[d]		
硝酸(g/kg)		1.38[b]				
化肥(g/kg)			0.40[d]	0.04[d]		2.50[f]
涂料(g/kg)					15.00[e]	
植物油(g/kg)					3.69[e]	
啤酒(g/kg)					0.35[e]	
白酒(g/kg)					24.99[e]	
橡胶(g/kg)					4.69[e]	

a. 雷宇(2008)；b. 张楚莹(2008)；c. Huang 等(2011)；d. Zhao 等(2012)；e. 魏巍(2008)；f. Dong 等(2010)

3.4.4　NMVOC 面源

1. 溶剂使用源

溶剂使用源是重要的 NMVOC 排放源之一,主要涉及涂料、胶黏剂、油墨、工业和民用溶剂使用等过程。该部门涉及的排放源较多,统计数据获取难度大,因此本研究做了一定的简化。按照魏巍(2008)的研究结果,2005 年长三角地区涂料、胶黏剂使用、印刷过程中排放的 NMVOC 占到了溶剂使用源排放的 80% 以上。因此本研究只考虑涂料和胶黏剂使用、印刷过程中的 NMVOC 排放。

涂料,也称油漆。按照形态可分为溶剂型涂料、水性涂料、粉末涂料、UV 涂料等。按照应用领域的不同可分为建筑涂料、汽车涂料、汽车修补涂料、木器涂料、工业防腐涂料等。本研究主要采用文献调研、公式计算等方式获取了长三角地区2010 年各类涂料的使用量。

胶黏剂是指能将同类或不同类的制件表面连接在一起的一类物质。它主要包括三醛胶、水基型胶黏剂、溶剂型胶黏剂、热熔型胶黏剂、反应性胶黏剂等。其应用较广,如建筑装修、包装、木工、纸制品加工、制鞋制衣、交通运输、装配等。但因缺少长三角地区胶黏剂使用的相关统计信息,只能通过相关文献(魏巍,2008；龚辈凡,2008)调研获得中国各类胶黏剂的使用量,再依据相应指标进行分配。油墨的使用量同样通过印刷业产值分配全国用量得到。

针对溶剂使用,我国有相关的排放标准,如针对木器涂料的 GB 18581—2009,内墙涂料的 GB 18582—2001 和 GB 18582—2008,装饰胶黏剂的 HBC 12—2003 和 GB 18583—2008,鞋包胶黏剂的 HBC 12—2003,油墨印刷的 HJT 370—2007 和 HJT 371—2007。基于这些标准以及魏巍(2008)的研究,确定排放因子如表 3-13 所示。

表 3-13　主要溶剂使用源排放因子

溶剂使用源	VOC 排放因子
内墙涂料(g/kg)	120
外墙涂料(g/kg)	580
汽车涂料(g/kg)	460
木器涂料(g/kg)	637
木用胶黏剂(g/kg)	88
鞋用胶黏剂(g/kg)	664
印刷(g/kg)	600

2. 化石燃料分配源

此部门主要涉及化石燃料在采集、储存、运输、销售过程中排放。参考欧洲、中国的一些研究结果,本研究只考虑原油、汽油、柴油的分配排放。因为此类源所涉及的环节较多,为了描述其活动过程,本研究进行了一定的调研和简化。

当前,中国的石油、成品油市场由中石油、中石化、中海油主导。在长三角地区,中石化所占市场份额较大,其次是中石油。长三角地区大型的炼化公司均来自于中石化,包括上海石化、高桥石化、金陵石化、扬子石化和镇海石化等。

原油的运输主要靠管道、水运和铁路运输。涉及长三角地区的原油管道有甬沪宁线(浙江大榭岛—上海—江苏仪征)、仪长线(江苏仪征—湖南长岭)、鲁宁线(山东临邑—江苏仪征)。而长三角地区的原油除少部分来自江苏油田、胜利油田外,大部分依靠进口,主要的原油港口是宁波港和舟山港。

成品油的运输方式主要有管道、水运、铁路运输和公路运输。目前,成品油运输管道还不如原油管道发达,主要有:甬杭线(镇海炼化—杭州康桥)、金嘉湖管线(上海金山—嘉兴　湖州、苏州),以及正在建设的甬金衢管线。长三角地区港口遍布,因此水运是成品油运输的重要方式之一。从中国港口年鉴上可得各港口油品吞吐情况,通过文献调研(马莹,2004;张东平,2005)可得到港口布局的相关情况。成品油到加油站一般采用公路运输。

另外,从中国能源统计年鉴上可得到上海、江苏、浙江的原油、汽油、柴油的进口、出口、调入、调出和消耗数据。

本研究对 3 种燃料的分配过程进行了一定的假设:原油的储存、装卸载排放主要来自于炼化厂和码头。成品油在每个城市进行了 1 次中转,中转油库到加油站靠公路运输。综合以上信息就可计算出各分配环节的活动水平。

此部门的排放因子参考了魏巍(2008)的研究,同时考虑了新的排放标准的限制,如 GB 11085—89,GB 20950—2007,GB 20951—2007 和 GB 20952—2007。具体取值如表 3-14 所示。

表 3-14　主要化石燃料分配过程排放因子

活动	VOC 排放因子
原油分配	
存储_油田/港口/中转站/炼化厂(g/kg)	0.02/0.02/0.02/0.02
装载_油田/港口/中转站(g/kg)	0.24/0.08/0.24
卸载_港口/中转站/炼化厂(g/kg)	0.05/0.03/0.05
汽油分配	
存储_中转站/炼化厂(g/kg)	0.03/0.03
装载_中转站/炼化厂(g/kg)	0.87/0.87
卸载_中转站(g/kg)	0.1
销售/其他(g/kg)	2.44/3.97
柴油分配	
存储_中转站/炼化厂(g/kg)	0.10/0.10
装载_中转站/炼化厂(g/kg)	0.10/0.10
卸载_中转站(g/kg)	0.03
销售/其他(g/kg)	0.07/0.10

3. NH_3 面源

作为最重要的 NH_3 排放源,本研究中估算了畜牧养殖和氮肥施用的 NH_3 排放。其中牛、猪、羊、马、禽、兔的饲养量及含氮化肥的使用量均来自于各市的统计年鉴,排放因子主要参考了 Yin 等(2010)和 Dong 等(2010)的研究。

据计算,长三角地区 2010 年主要面源各污染物的排放量如表 3-15 所示。

表 3-15　长三角地区 2010 年主要面源各污染物的排放量(kt)

	SO_2	NO_x	PM_{10}	$PM_{2.5}$	VOC	NH_3
工业燃烧	655.1	464.2	245.4	146.2	8.9	0.0
民用燃烧	85.1	178.6	139.7	131.4	249.0	0.0
其他工艺过程	161.8	18.5	100.7	80.0	1288.9	27.2
道路交通	44.2	692.0	43.0	43.0	447.0	0.0

续表

	SO_2	NO_x	PM_{10}	$PM_{2.5}$	VOC	NH_3
非道路交通	25.4	134.2	13.6	12.1	62.5	0.0
生物质开放燃烧	7.0	47.9	187.9	73.3	265.5	0.0
溶剂使用	0.0	0.0	0.0	0.0	1426.2	0.0
化石燃料分配	0.0	0.0	0.0	0.0	67.4	0.0
畜牧养殖	0.0	0.0	0.0	0.0	0.0	789.1
化肥施用	0.0	0.0	0.0	0.0	0.0	480.4
其他 NH_3 面源	0.0	0.0	0.0	0.0	0.0	141.9

3.5　长三角区域大气污染物排放特征

3.5.1　各个城市的排放量

2010 年长三角地区(这里包括上海市、江苏省和浙江省所有 25 个城市)SO_2、NO_x、PM_{10}、$PM_{2.5}$、VOC、NH_3 的排放量分别为 2147 kt、2776 kt、1038 kt、669 kt、3822 kt、1439 kt。各城市各种污染物的排放量如表 3-16 所示。

表 3-16　分城市各污染物排放量(kt)

城市	SO_2	NO_x	PM_{10}	$PM_{2.5}$	VOC	NH_3
上海市	259.5	452.7	94.7	66.1	421.7	64.5
南京市	131.8	133.6	57.2	39.5	167.7	38.5
苏州市	275.6	236.2	96.6	65.5	229.0	37.4
无锡市	141.7	151.9	52.5	33.5	147.5	25.7
扬州市	55.5	65.9	33.9	21.3	106.0	45.8
泰州市	49.0	58.1	32.0	20.4	111.7	50.6
常州市	72.4	67.5	32.8	21.4	126.0	29.3
镇江市	68.7	75.6	32.1	19.7	72.8	18.6
南通市	50.1	79.0	45.1	28.1	240.1	112.0
连云港市	32.5	43.3	33.1	21.9	68.9	75.9
徐州市	151.8	179.0	85.6	54.4	125.0	186.5
淮安市	54.6	59.2	43.7	29.0	75.3	83.7
盐城市	26.9	65.8	61.0	38.6	154.4	189.1
宿迁市	15.3	41.7	32.7	22.3	134.1	82.7
杭州市	98.3	155.4	45.1	28.8	278.1	51.2
嘉兴市	120.8	89.4	37.6	21.0	158.9	66.2
舟山市	17.4	13.3	3.4	1.9	131.0	3.9

城市	SO_2	NO_x	PM_{10}	$PM_{2.5}$	VOC	NH_3
绍兴市	53.3	70.2	31.1	19.7	284.3	37.5
宁波市	140.4	262.2	55.3	34.5	176.6	43.0
台州市	92.8	107.1	24.8	15.0	98.5	28.4
湖州市	50.0	93.6	33.4	19.7	156.0	36.4
温州市	29.3	86.9	16.8	11.1	197.7	33.0
金华市	77.6	126.9	31.0	18.6	85.4	40.0
衢州市	51.6	38.1	21.3	12.9	38.8	41.2
丽水市	30.5	23.9	5.5	3.3	36.1	17.5

3.5.2 各个部门的排放量

2010 年长三角地区(这里包括上海市、江苏省和浙江省所有 25 个城市)各污染物的部门分布如图 3-5 所示。可以看到 SO_2 的排放主要来自于电厂、工业锅炉和工艺过程源,分别占到了 44.1%,25.5% 和 17.9%。NO_x 除来自于电厂的 37.3% 外,有 24.9% 来自于道路交通源。对于 PM_{10} 和 $PM_{2.5}$,工艺过程是最大排放源,分别占到了 26.9% 和 28.9%,其他排放源较为分散。工艺过程源和溶剂使用源的 VOC 排放较大,分别为 33.7% 和 37.3%。与其他污染物的排放不同,NH_3 主要来自于畜牧养殖和氮肥施用的排放。

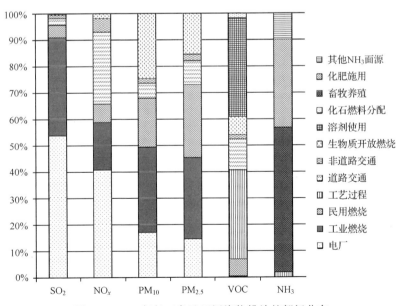

图 3-5　2010 年长三角地区污染物排放的部门分布

3.5.3　排放量空间分布

　　基于污染源的类型及其分布特点,采用不同的落地方法进行处理。对于电厂、水泥厂和钢铁厂等固定燃烧设施,根据其经纬度信息进行定位,并采用自下而上的方法,分配到对应的网格中。对于小型工业企业以及工业无组织排放,统一作为面源处理。道路交通污染源排放主要根据长三角地区的交通路网进行分配。其他污染源主要采用自上而下的方法进行空间分配计算,汇总形成 4 km×4 km 的网格化排放清单(图 3-6)。

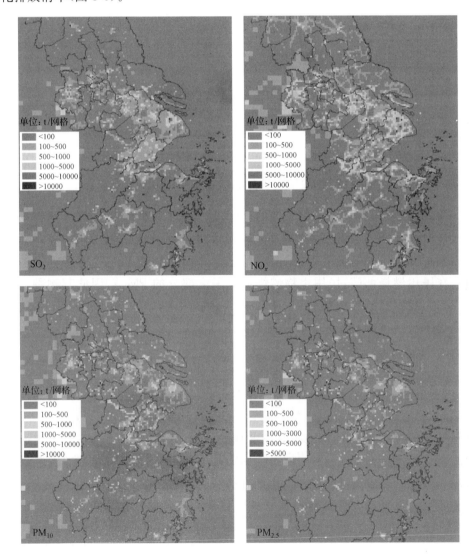

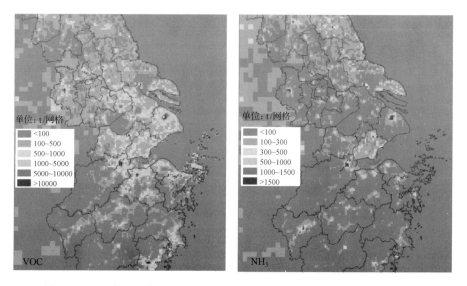

图 3-6　2010 年长三角地区(4 km×4 km)人为源大气污染物排放分布(t/a)

本图另见书末彩图

3.5.4　$PM_{2.5}$ 及 NMVOC 排放量物种分配

基于建立的 $PM_{2.5}$ 及 NMVOC 源谱数据库,进一步计算了其详细物种的排放量。图 3-7(a)给出了各部门的 $PM_{2.5}$ 物种排放特点。电厂中,"其他"组分占到了 68.2%,主要包括某些金属元素、金属氧化物及一些检测不出的物质。在民用燃烧部门,民用生物燃烧贡献了大部分的 $PM_{2.5}$,因此其物种分布特点与生物质开放燃烧类似,主要以 OC、非碳类有机物(NCOM)、Cl 和 K 为主。硫酸盐的排放主要来自于工业燃烧和工艺过程。图 3-7(b)给出了不同城市的 $PM_{2.5}$ 物种排放特点。

图 3-8 是 NMVOC 物种分部门分城市的排放。芳烃(30.4%)和烷烃(20.3%)是主要的 NMVOC 物种。作为最大的 NMVOC 排放部门,溶剂使用部门的 NMVOC 以酮类(41.4%)、芳烃(28.1%)和酯类(27.6%)为主。工艺过程排放的各 NMVOC 物种相对较多且平均。烷烃和芳烃排放占到了交通部门的 51.2% 和 34.1%。不同城市 NMVOC 物种分配特点基本类似,主要是芳烃和烷烃。但也有不同之处,比如在舟山,芳烃占到了 78.5%;在温州,酮类和酯类的贡献较大且基本相等。这都反映了不同城市不同 VOC 来源。

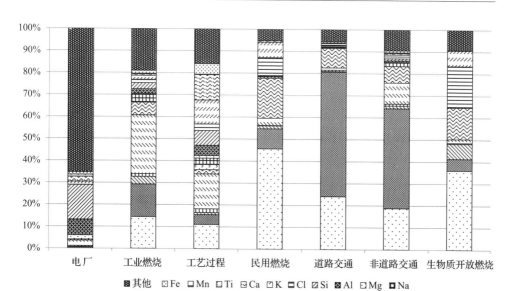

其他　Fe　Mn　Ti　Ca　K　Cl　Si　Al　Mg　Na

H_2O　NCOM　SO_4^{2-}　NO_3^-　NH_4^+　EC　OC

(a) 部门分布

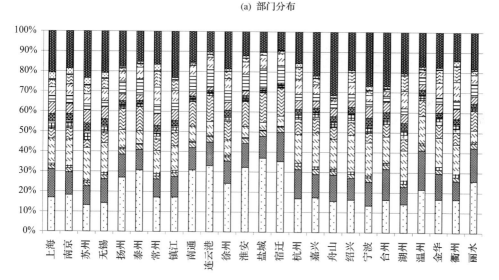

其他　Fe　Mn　Ti　Ca　K　Cl　Si　Al　Mg　Na

H_2O　NCOM　SO_4^{2-}　NO_3^-　NH_4^+　EC　OC

(b) 城市分布

图 3-7　$PM_{2.5}$ 排放的物种分布

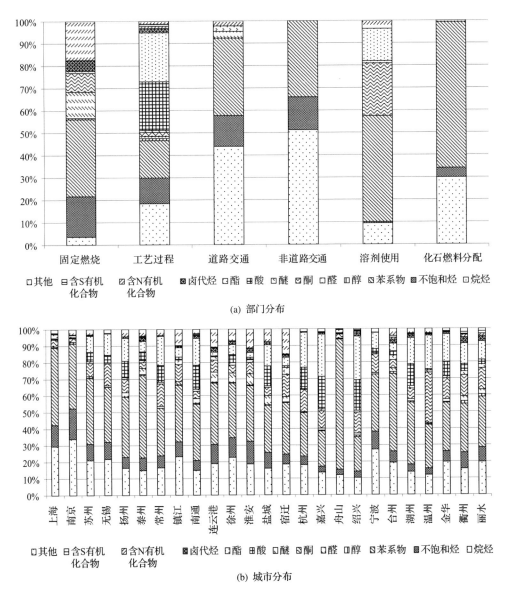

图 3-8　NMVOC 排放的物种分布

3.5.5　与其他清单的比较

除本研究外,还有较多其他的清单研究涉及长三角的排放(Streets et al, 2003;Wei et al,2008;Lei et al,2011;Wang et al,2011)。基于这些结果,图 3-9 给出了长三角区域不同年份排放估计的比较。可以看到,从 2000 年到 2010 年,各污染物排放变化明显。如 SO_2 排放从 2005 年到 2010 年减少了 49％,这反映了"十一五"期间各项 SO_2 减排措施,特别是 FGD 的安装对于 SO_2 控制的贡献。除了 SO_2,中国政府也很关注颗粒物的控制,可以看到 PM 排放量从 2000 年到 2010 年持续下降,这与大气中的 PM_{10} 浓度的变化是相一致的(Cheng et al,2012)。NO_x 排放量变化较小,从 2005 年到 2010 年仅增加了 1.1％。同时,由于中国基本没有对 VOC 进行控制,2000 年到 2010 年 VOC 排放增加了 110％。作为二次污染重要的前体物,NO_x 和 VOC 是未来大气污染控制的关键。

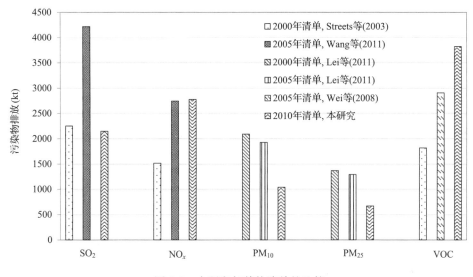

图 3-9　本研究与其他清单的比较

3.5.6　不确定性分析

本研究选择 Monte Carlo 数值分析法来传递各排放基本单元活动水平信息和排放因子信息的不确定性,以获得排放清单的不确定性。假设活动水平和排放因子的不确定性服从对数正态分布,其标准差的估计基于专家判断。通过 10000 次的重复计算,得到 SO_2,NO_x,PM_{10},$PM_{2.5}$,VOC 和 NH_3 在 95％置信区间的不确定度为 −14％～21％,−20％～29％,−27％～41％,−31％～51％,−36％～78％和 −61％～129％。从单个部门看,生物质开放燃烧和非道路交通源是主要的不确定性贡献者。对于 SO_2,NO_x,PM_{10},$PM_{2.5}$ 和 VOC,生物质开放燃烧的不确定性分别为 −71％～155％,−71％～153％,−71％～159％,−80％～207％ 和 −71％～161％。对于 PM_{10},$PM_{2.5}$ 和 VOC,非道路交通源的不确定性分别为 −73％～185％,−77％～221％和 −76％～208％。除此之外,对于 VOC,工业过程和溶剂使用源的不确定性也较大,分别为 −60％～147％ 和 −61％～144％。

3.6 小 结

本研究建立了长三角地区大气污染物排放源四级分类系统。以 2010 年为基准年,基于全国污染源普查资料,通过本地排放数据收集、重点行业调查和文献调研,建立了各类排放源的活动水平数据库。基于现场测试数据和国内外文献数据调研分析,建立了各类源的大气污染物排放因子数据库、$PM_{2.5}$ 和 VOC 源排放化学特征谱库。采用自下而上的方法,建立了基于详细技术信息的典型工业源排放清单,改善了清单准确性,提高了排放的时空分辨率。建立了长三角地区两省一市 SO_2、NO_x、VOC、NH_3、PM_{10}、$PM_{2.5}$ 等与灰霾相关的污染物排放清单,空间分辨率为 4 km×4 km。进一步分析了长三角地区主要灰霾前体物的排放强度、地理分布和行业贡献,结果表明:

(1) 2010 年,上海、江苏和浙江的 SO_2、NO_x、PM_{10}、$PM_{2.5}$、VOC、NH_3 的排放量分别为 2147 kt、2776 kt、1038 kt、669 kt、3822 kt、1439 kt。SO_2、NO_x、PM_{10}、$PM_{2.5}$、VOC 和 NH_3 的平均排放强度分别为 10.06 t/km²、13.01 t/km²、4.72 t/km²、3.01 t/km²、17.91 t/km² 和 6.74 t/km²,是全国平均水平的 3~8 倍。

(2) 电厂、工业锅炉和工艺过程源的 SO_2 排放分别占长三角地区排放总量的 44.1%、25.5% 和 17.9%。NO_x 排放 37.3% 来自于电厂、24.9% 来自于道路交通源。工艺过程是 PM_{10} 和 $PM_{2.5}$ 的最大排放源,分别占 26.9% 和 28.9%。工艺过程源和溶剂使用源的 VOC 排放分别占 33.7% 和 37.3%。NH_3 主要来自于畜牧养殖和氮肥施用。

(3) 上海、南京、苏州、无锡、徐州、杭州和宁波是长三角地区排放量最大的 7 个城市,其 SO_2、NO_x、PM_{10}、$PM_{2.5}$、VOC 和 NH_3 排放分别占区域总排放的 56%、57%、47%、48%、40% 和 31%。

参 考 文 献

车汶蔚, 郑君瑜, 钟流举. 2009. 珠江三角洲机动车污染物排放特征及分担率. 环境科学研究, 22(4): 456-461.

程轲. 2009. 石家庄机动车大气污染物排放及控制对策研究: 硕士学位论文. 陕西: 西北农林科技大学.

傅立新, 程玲琳, 粘桂莲, 等. 2005. 移动污染源大气环境影响研究报告. 北京: 清华大学.

龚辈凡. 2008. 我国大陆胶粘剂市场现状及发展预测. 粘结, 2008. 29(1): 1-5.

何秋生, 王新明, 赵利容, 等. 2005. 炼焦过程中挥发性有机物成分谱特征初步研究. 中国环境监测: 61-65.

胡迪峰. 2008. 宁波市机动车尾气排放特征及污染防治对策研究: 硕士学位论文. 杭州: 浙江大学.

江苏省环境科学研究院. 2011. "十二五"大气污染防治规划.

雷宇. 2008. 中国人为源颗粒物及关键化学组分的排放与控制研究: 博士学位论文. 北京: 清华大学.

李从庆. 2009. 炼焦生产大气污染物排放特征研究：硕士学位论文. 重庆：西南大学.

林博鸿. 2010. 典型区域车用能源消耗和二氧化碳排放现状与趋势分析：硕士学位论文. 北京：清华大学.

林秀丽，汤大钢，丁焰，等. 2009. 中国机动车行驶里程分布规律. 环境科学研究，22(3)：377-380.

刘晓宇. 2007. 典型固定燃烧源颗粒物排放特征研究：硕士学位论文. 北京：中国环境科学研究院.

陆丙，孔少飞，韩斌，等. 2011. 2007 年中国大陆地区生物质燃烧排放污染物清单. 中国环境科学，31(2)：
186-194.

马京华. 2009. 钢铁企业典型生产工艺颗粒物排放特征研究：硕士学位论文. 重庆：西南大学.

马静玉. 2010. 水泥行业大气污染物排放特征研究：硕士学位论文. 邯郸：河北工程大学.

马莹. 2004. 长江三角洲地区港口综合竞争力与功能定位分析：硕士学位论文. 上海：上海海事大学.

田贺忠，郝吉明，陆永琪，等. 2001. 中国氮氧化物排放清单及分布特征. 中国环境科学，21(6)：14-18.

田贺忠，郝吉明，陆永琪，等. 2002. 中国生物质燃烧排放 SO_2、NO_x 量的估算. 环境科学学报，22(2)：204-
208.

王伯光，冯志诚，周炎，等. 2009. 聚氨酯合成革厂空气中挥发性有机物的成分谱. 中国环境科学，29(9)：
914-918.

王伯光，张远航，邵敏，等. 2008. 广州地区大气中 C2～C9 非甲烷碳氢化合物的人为来源. 环境科学学报，
28(7)：1430-1440.

王书肖，张楚莹. 2008. 中国秸秆露天焚烧大气污染物排放时空分布. 中国科技论文在线，3(5)：329-333.

魏巍. 2008. 中国人为源挥发性有机化合物的排放现状及未来趋势：博士学位论文. 北京：清华大学.

薛佳平. 2010. 宁波市机动车污染物排放清单的建立及防治对策研究：硕士学位论文. 浙江：浙江大学.

易红宏. 2006. 电厂可吸入颗粒物排放特征研究：博士学位论文. 北京：清华大学.

张楚莹. 2008. 中国颗粒物、二氧化硫、氮氧化物的排放现状与趋势分析：硕士学位论文. 北京：清华大学.

张丹宁，许立峰，仁毅宏，等. 2004. 南京市机动车排气污染现状分析. 环境监测管理与技术，16(5)：
11-15.

张东平. 2005. 长三角港口布局研究：硕士学位论文. 上海：上海海事大学.

张鹤丰. 2009. 中国农作物秸秆燃烧排放气态、颗粒态污染物排放特征的实验室模拟：博士学位论文. 上海：
复旦大学.

张礼俊，郑君瑜，尹沙沙，等. 2010. 珠江三角洲非道路移动源排放清单开发. 环境科学，31(4)：886-891.

张强. 2005. 中国区域细颗粒物排放及模拟研究：博士学位论文. 北京：清华大学.

赵瑜. 2008. 中国燃煤电厂大气污染物排放及环境影响研究：博士学位论文. 北京：清华大学.

中国电力协会. 2011. 中国电力工业发展报告 2011. 北京：中国市场出版社.

中国钢铁工业协会. 2011. 中国钢铁统计 2011. 北京：中国钢铁工业协会信息统计部.

中国国家环境保护总局，中国国家质量监督检查检疫总局. 2007. 汽油运输大气污染物排放标准.
GB 20951—2007.

Cai H，Xie S D. 2009. Tempo-spatial variation of emission inventories of speciated volatile organic
compounds from on-road vehicles in China. Atmospheric Chemistry and Physics，9：6983-7002.

Cheng Y，Lee S C，Ho K F，et al. 2010. Chemically-speciated on-road $PM_{2.5}$ motor vehicle emission factors
in Hong Kong. Science of the Total Environment，408(7)：1621-1627.

Chen Y，Zhi G，Feng Y，et al. 2006. Measurements of emission factors for primary carbonaceous particles
from residential raw-coal combustion in China. Geophysical Research Letters，33(20).

Dong W X，Xing J，Wang S X. 2010. Temporal and spatial distribution of anthropogenic ammonia emissions
in China：1994—2006. Huanjing Kexue，31(7)：1457-1463.

EEA. 2006. CORINAIR Emission Inventory Guidebook-2006. Copenhagen: European Environment Agency.

Fu X Q, Weng Y B, Qian F Z, et al. 2008. Study of the VOC source profile and benzene compounds emission of various motor vehicles. Acta Scientiae Circumstantiae, 28(6): 1056-1062.

He K. 2005. Oil consumption and CO_2 emissions in China's road transport: Current status, future trends, and policy implications. Energy Policy, 33: 1499-1507.

He L Y, Hu M, Zhang Y H, et al. 2008. Fine particle emissions from on-road vehicles in the Zhujiang Tunnel, China. Environmental Science and Technology. 42: 4461- 4466.

Huang C, Chen C H, Li L, et al. 2011. Emission inventory of anthropogenic air pollutants and VOC species in the Yangtze River Delta region, China. Atmospheric Chemistry and Physics, 11: 4105-4120.

Huo H. Wang M, Johnson L, et al, 2007. Projection of Chinese motor vehicle growth, oil demand, CO_2 emissions through 2050. Journal of the Transportation Research Board, 2038: 69-77.

Jia J H, Huang C, Chen C H, et al. 2009. Emission characterization and ambient chemical reactivity of volatile organic compounds (VOCs) from coking processes. Acta Scientiae Circumstantiae, 29: 905-912.

Klimont Z, Streets D G, Gupta S, et al. 2002. Anthropogenic emissions of non-methane volatile organic compounds in China. Atmospheric Environment, 36(8): 1309-1322.

Lei Y, Zhang Q, He K B, et al, 2011. Primary anthropogenic aerosol emission trends for China, 1990—2005. Atmospheric Chemistry and Physics, 11: 931-954.

Li C, Li X H, Duan L, et al. 2009. Emission characteristics of PM_{10} from coal-fired industrial boiler. Huanjing Kexue, 30: 650-655.

Li X H, Duan L, Wang S X, et al. 2007a. Emission characteristics of particulate matter from rural household biofuel combustion in China. Energy & Fuels. 21: 845e851.

Li X H, Wang S X, Duan L, et al. 2009. Characterization of non-methanehydrocarbons emitted from open burning of wheat straw and corn stover in China. Environment Research Letters, 4.

Li X H, Wang S X, Duan L, et al. 2007b. Particulate and trace gas emissions from open burning of wheat straw and corn stover in China. Environmental Science and Technology, 41: 6052-6058.

Liu Y, Shao M, Fu L L, et al. 2008. Source profiles of volatile organic compounds (VOCs) measured in China: Part I. Atmospheric Environment, 42: 6247-6260.

Lu B, Kong S F, Han B, et al. 2011. Inventory of atmospheric pollutants discharged from biomass burning in China continent in 2007. Journal of Environmental Sciences—China, 31: 186-194.

Ortizde Z I, Ezcurra A, Lacaux J P, et al. 2005. Pollution by cereal waste burning in Spain. Atmospheric Research, 73: 161-170.

Reff A, Bhave P V, Simon H, et al. 2009. Emissions inventory of $PM_{2.5}$ trace elements across the United States. Environmental Science and Technology, 43: 5790-5796.

Streets D G, Bond T C, Carmichael G R, et al. 2003. An inventory of gaseous and primary aerosol emissions in Asia in the year 2000. Journal of Geophysical Research, 108(D21): 8809.

Wang S X, Wei W, Du L, et al. 2009a. Characteristics of gaseous pollutants from biofuel-stoves in rural China. Atmospheric Environment, 43: 4148-4154.

Wang S X, Zhao X J, Li X H, et al. 2009b. Emission characteristics of fine particles from grate firing boilers. Huanjing Kexue. 30: 963-968.

Wei W, Wang S X, Chatani S, et al. 2008. Emission and speciation of non-methane volatile organic compounds from anthropogenic sources in China. Atmospheric Environment, 42: 4976-4988.

Yin S S, Zheng J Y, Zhang L J, et al. 2010. Anthropogenic ammonia emission inventory and characteristics in the Pearl River Delta region. Huanjing Kexue, 31: 1146-1151.

Yuan B, Shao M, Lu S H, et al. 2010. Source profiles of volatile organic compounds associated with solvent use in Beijing, China. Atmospheric Environment, 44: 1919-1926.

Zhang J, Smith K R, Ma Y, et al. 2000. Greenhouse gases and other airborne pollutants from household stoves in China: A database for emission factors. Atmospheric Environment, 34: 4537-4549.

Zhang Q, Streets D G, He K, et al. 2007. NO$_x$ emission trends for China, 1995—2004: The view from the ground and the view from space. Journal of Geophysical Research, 112(D22).

Zhao B, Wang P, Ma J Z, et al. 2012. A high-resolution emission inventory of primary pollutants for the Huabei region, China. Atmospheric Chemistry and Physics, 12: 481-501.

Zhao Y, Wang S X, Duan L, et al. 2008. Primary air pollutant emissions of coal-fired power plants in China: Current status and future prediction. Atmospheric Environment, 42: 8442-8452.

Zhi G, Chen Y, Feng Y, et al. 2008. Emission characteristics of carbonaceous particles from various residential coal-stoves in China. Environmental Science and Technology, 42.

第4章 长三角区域霾观测与模型模拟方法

针对典型霾污染过程的污染特征、形成机制及来源输送,目前常用的研究方法包括基于原位的现场观测、基于数学模型的空气质量模拟两大手段。其中现场观测获取的一手数据资料代表大气真实情况,且测量的准确性较高,但观测资料所覆盖的时段、空间、测量指标都比较有限;第三代空气质量模型基于一个大气的概念将大气中发生的物理、化学过程尽量再现,能够对污染过程的形成原因、输送路径和来源进行系统的分析,缺点是模拟结果取决于输入数据特别是不确定性较大的排放清单数据的准确性。本章将详细介绍这两类方法在本研究中的具体应用。

4.1 长三角区域联合观测

在霾污染历史趋势分析的基础上,本研究依托长三角地区目前已有的环境监测网络,开展了为期一年的区域联合观测,通过在线连续观测和离线采样分析结合的方式,获取了 2011～2012 年长三角地区大气光学性质、颗粒物理化特征及气态污染物、气象条件的完整记录,在此基础上开展三方面的研究工作:总结归纳长三角地区目前霾污染及颗粒物浓度的总体水平及季节变化特征;甄别筛选各季节典型的霾污染事件,开展成因及区域各站点的同异性分析;估算能见度与颗粒物和相对湿度之间的定量关系,为霾污染的定义及快速评价提供科学依据。

4.1.1 观测点位及时段选择

通过长三角地区各城市霾污染的历史趋势分析,我们发现在长三角地区,从区域代表性、人口及城市化水平、排放强度及污染水平上看,上海、南京、杭州、苏州和宁波这五个城市都位居前列。而且,它们在地理位置上相距 100～300 km,能够代表区域观测布点的尺度范围(Chow et al,2002)。考虑已有观测水平基础及人力、物力所限,本研究的联合观测将在上述五城市开展。

如图 4-1 和表 4-1 所示,在五个城市共布设了六个观测点,其中上海市在浦东、浦西各布设一个点,六个站点全部位于城区的商业、居民或教育混合区,周围没有明显的工业点源和扬尘源,与周边主干道保持一定距离,能够代表该城市的平均污染水平。这些站点的海拔在 5～30 m,采样口的高度为 13～20 m。其中南京和杭州的站点由于较其他站点更靠近内陆,且其周围三面环山,最高峰的海拔达到 300～400 m。

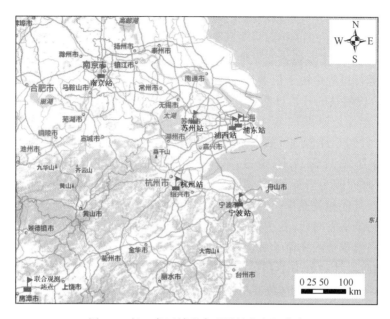

图 4-1　长三角区域联合观测站点空间分布

表 4-1　联合观测各站点详细信息

城市	站点	海拔(m)	采样高度(m)	周围环境
上海	浦东	5	20	位于浦东环境监测站楼顶,商业与居民混合区,周围没有大的工业点源或扬尘源,距离源深路以东 115 m
上海	浦西	8	15	位于上海市环境科学研究院楼顶,商业与居民混合区,周围没有大的工业点源或扬尘源,距漕宝路以北 132 m,沪闵高架路以西 650 m
南京	草场门	30	15	位于南京市环境监测站楼顶,地处大学校园区,周围没有大的工业点源或扬尘源,距离虎踞路以西 123 m
苏州	南门	6	15	位于苏州市环境科学研究院楼顶,商业与居民混合区,周围没有大的工业点源或扬尘源,距离南园南路以西 300 m,环形高架桥以北 360 m
杭州	萧山	14	13	位于杭州市萧山区环境监测中心楼顶,商业与居民混合区,周围没有大的工业点源或扬尘源,距离市心南路以西 275 m
宁波	市监测中心	7	17	位于宁波市环境监测中心楼顶,商业与居民混合区,周围没有大的工业点源或扬尘源,距离柳汀街以南 225 m

联合观测分为在线连续观测及离线颗粒物采样分析两部分。一年期在线连续观测的起止时间为 2011 年 5 月 1 日到 2012 年 4 月 30 日,每天 24 小时运行,时间分辨率为 1 小时,主要包含能见度、气态污染物、气象因子和颗粒物理化性质等指标。实际运行过程中由于仪器故障等方面原因,浦东站的结束日期提前至 2012 年 3 月 20 日,杭州站的开始日期延后至 2011 年 5 月 27 日。离线颗粒物采样分析选择在 2011 年 5 月到 2012 年 4 月间的四个阶段进行。它们分别是第一阶段:2011 年 5 月 20 日到 6 月 30 日;第二阶段:2011 年 7 月 20 日到 8 月 20 日;第三阶段:2011 年 10 月 20 日到 11 月 30 日;第四阶段:2011 年 12 月 20 日到 2012 年 1 月 20 日;每天采样时间为当天 14 时到第二天的 12 时,共 22 小时,中午 12～14 时用于手工换膜及其他相关操作。四个阶段的确定主要根据历史资料的分析及文献调研总结的高污染易发时段,其中第一阶段主要针对春夏秸秆焚烧导致污染,第二阶段针对夏季高温季节的光化学氧化污染,第三阶段针对秋季天气及可能的秋收秸秆焚烧,第四阶段针对冬季不利扩散的影响,四个阶段的平均结果总体可分别代表春、夏、秋、冬四个季节的污染状况。

4.1.2　观测指标及仪器型号

1. 在线观测方法和仪器

表 4-2 列出了联合观测的在线仪器型号,包括了气态污染物、气象因子、颗粒物理化性质以及大气光学性质四大类,所有指标时间分辨率为小时均值。气态污染物包括二氧化硫、一氧化氮、二氧化氮、臭氧等,所用仪器主要来自美国、澳大利亚等国家的国际知名公司;气象因子包括相对湿度、温度、风向风速和压强等,虽然型号有所不同,但气象指标测量技术都已非常成熟,误差很小;颗粒物理化性质包括 PM_{10} 及 $PM_{2.5}$ 的质量浓度,全部基于 TEOM 法(没有加装 FDMS 模块),此外还有部分站点配备了 $PM_{2.5}$ 的化学组分在线仪器,如用于测量黑碳质量浓度的黑碳仪,用于测量无机水溶性离子的气溶胶及气体测量仪(MARGA)系统,用于测量有机碳/元素碳浓度的 Sunset RT-4 碳分析仪;大气能见度主要基于单点前向散射原理,仪器主要来自美国和芬兰的能见度仪,同时在部分站点利用浊度仪对干燥状态下颗粒物的散射消光系数进行了测量。

表 4-2　自动在线观测仪器信息

指标	测量方法	频率	仪器型号(站点)
SO_2	紫外发光	1 h	43I(美国热电公司)(杭州,宁波)
			API100E(美国 Teledyne 公司)(南京,浦东)
			EC9850(澳大利亚 Ecotech 公司)(苏州,浦西)

续表

指标	测量方法	频率	仪器型号(站点)
NO_2、NO_x	化学发光	1 h	42I(美国热电公司)(杭州,宁波) API200(美国 Teledyne 公司)(南京,苏州,浦东) EC9841(澳大利亚 Ecotech 公司)(浦西)
O_3	紫外线光度	1 h	49I(美国热电公司)(杭州,宁波) API400E(美国 Teledyne 公司)(浦东) EC9810(澳大利亚 Ecotech 公司)(南京,苏州,浦西)
温度、相对湿度、风速风向、气压	气象传感器	1 h	Met 气象一体站(美国 Met One 公司)(苏州,宁波,浦西) TH-2009 气象站(武汉天虹公司)(南京) WXT520 气象站(芬兰维萨拉公司)(上海) WS600 气象站(美国 LUFFT 公司)(杭州)
$PM_{2.5}$、PM_{10}	振荡天平 (浦西站:β 射线)	1 h	TEOM1405(美国热电公司,40 ℃加热)(浦东,南京,苏州和杭州) R&P1400a(热电公司,40 ℃加热)(宁波) FH62 C-14(热电公司,40 ℃加热)(浦西)
BC 质量浓度	光吸收 ($PM_{2.5}$切割头)	1 h	AE 31 黑碳仪(美国 Magee 公司)(除浦西站的其他五个站点,浦西站缺失)
OC、EC 质量浓度	热-光透射分析法 ($PM_{2.5}$切割头)	1 h	RT-4 型碳分析仪(美国 Sunset Lab 公司)(浦东,浦西,苏州)
SO_4^{2-}、NO_3^-、NH_4^+	在线离子色谱 ($PM_{2.5}$切割头)	1 h	MARGA ADI2080 (瑞士万通公司)(浦西)
颗粒物散射系数	浊度仪 ($RH \leqslant 60\%$)	1 h	Aurora3000(澳大利亚 Ecotech 公司)(浦东) Aurora1000(澳大利亚 Ecotech 公司)(苏州,宁波,杭州)
能见度	单点式前向散射	1 h	Model6000(美国 Belfort 公司)(杭州,苏州,浦西,宁波) PWD22(芬兰维萨拉公司)(浦东,南京)

2. 离线采样及样品分析方法

除浦西站外,离线颗粒物采样器均为美国热电公司生产的 Partisol 2300 化学组分采样器,进气颗粒物切割粒径为 2.5 μm,采样器通过质量流量计控制采样流量,并会自动记录采样期间每次采样空气的总体积。该采样器共有四个通道,本研究使用其中两个通道,通道一装载 Teflon 滤膜(47 mm,英国 Whatman 公司生产),流量为 16.7 L/min,主要用于采样前后称重确定 $PM_{2.5}$ 总质量浓度,然后通过 X 射线荧光光谱法进行微量元素浓度分析;通道二装载石英滤膜(47 mm,英国 Whatman 公司生产),流量为 10 L/min,主要用于 $PM_{2.5}$ 的无机水溶性离子和含碳组分的测量:先用打孔器取下 0.5 cm² 面积的采样滤膜,用于有机碳/元素碳质量浓度的分析,剩余部分全部用于测定硫酸根、硝酸根、铵根等九种水溶性阴阳离子的质量浓度。浦西站的颗粒物采样器为安德森大流量采样器,流量为 1.13 m³/min,切割粒径为 2.5 μm,单通道装载石英滤膜(8 in×10 in①),采样后用打孔器取下 47 mm 圆周大小滤膜,其中再截取 0.5 cm² 面积的采样滤膜用于有机碳/元素碳的分析,47 mm 滤膜剩余部分全部用于测定硫酸根、硝酸根、铵根等九种水溶性阴阳离子的质量浓度。

有机碳/元素碳的含量通过美国沙漠研究所研发的 DRI2001A 碳分析仪、基于热光分析法的 IMPROVE-A 升温程序进行测量,即先在 He 载气的非氧化环境下逐级升温,其间挥发出的碳被认为是有机碳(还有一部分被炭化),然后再在 He/O_2 载气下逐级升温,此间认为元素碳被氧化分解并逸出。整个的过程都有一束激光打在石英膜上,其透射光(或反射光)在有机碳炭化时会减弱。随着 He 切换成 He/O_2,同时温度升高,元素碳会被氧化分解,激光束的透射光(或反射光)的光强就会逐渐增强。当恢复到最初的透射(或反射)光强时,这一时刻就认为是有机碳、元素碳分割点,即:此时刻之前检出的碳都认为是有机碳,之后检出的碳都认为是元素碳。剩余滤膜全部用超纯水进行超声消解,最后用离子色谱确定硫酸根、硝酸根、铵根等九种水溶性阴阳离子的质量浓度。

滤膜样品送往离子色谱检测前需要超声消解为溶液样品:将滤膜样品用干净镊子夹住,用手术剪刀尽量剪碎,置于一个干净的 30 mL 容量烧杯中,用移液枪加入 15 mL 超纯水(电阻率＞18 MΩ·cm),按住盖子用力摇晃充分溶解,静置 15 min。然后用超声清洗器超声抽提 20 min,注意烧杯的液面稍低于超声清洗器的水面,用医用注射器将烧杯中的液体提取出来,通过 0.45 μm 微孔水系滤膜过滤头注入干净的 50 mL 塑料离心管中。重复上述超声步骤操作一次,将每次得到的滤液合并后将塑料管封紧摇匀,放入冰箱冷冻保存,一周内进行离子色谱分析。阴阳离子分析所用仪器为 Dionex-3000 型离子色谱仪(美国 DIONEX 公司),每个样品检测两次,取平均值。选定若干样品进行精密度和加标回收率的计算。

---

① 英寸,1 in=2.54 cm

　　微量元素质量浓度通过基于 X 射线荧光光谱法的荷兰 PANalytical 公司生产的 EDXRF(E5)进行无损测定,测定元素包含 K、Ca、Ti、Mn、Cu、S、Ni、Cr、Se、Rb、Zn、As、Pb、Fe、Al、Si、Br、Sr 等共 18 种元素。首先检查 EDXRF 仪器的液氮水平、温度和压力等情况。正常情况下仪器温度 35℃,水温<40℃,水流量 1~2 L/min,压力<1 Pa。将滤纸分别放入仪器进样杯,再放入仪器中进行测试(每个样品分析两次,取平均值)。每批样品准备 2~3 个空白滤膜样品进行测量,作为本批样品的空白。依次分析样品后,得到样品初始浓度单位是 $\mu g/cm^2$ 的样品结果,然后根据滤膜面积及采样体积信息,得到最终的微量元素的质量浓度。本仪器通过美国 MicroMatter 公司的薄膜滤纸和 NIST 的 2783 号标准物质进行校正。

　　表 4-3 列出了离线样品实验室分析的仪器型号及相关指标,其中膜称重严格控制在恒温恒湿条件下,以去除水分对结果的影响。所有化学物种的最低检出限 MDL 都远低于环境空气中正常浓度,但少数微量元素如 Rb、Se 和 As 的精确度都高于 50%,显示 XRF 方法对少量微量元素测量的稳定性有待提高。

表 4-3　离线颗粒物采样分析方法及指标

指标	分析方法及仪器型号	频率	化学物种	MDL[a] ($\mu g/m^3$)	精确度[b] (%)
质量浓度	膜称重工具:Toledo XP6 电子天平(瑞士梅特勒公司) 膜平衡条件:RH 为 40%±5%,温度为(20±2)℃,平衡>24 h	22 h	所有物种	—	—
水溶性离子	超声消解+离子色谱:戴安 3000 型离子色谱(美国戴安公司)	22 h	SO_4^{2-}	0.023	0.4
			NO_3^-	0.016	0.3
			Cl^-	0.011	0.4
			NH_4^+	0.028	0.3
			Na^+	0.028	0.1
			K^+	0.025	0.5
			Mg^{2+}	0.020	2.2
			Ca^{2+}	0.024	0.7
OC/EC	热光分析法:DRI Model 2001A 型碳分析仪(美国 Atmoslytic 公司)	22 h	OC	0.78	10
			EC	0.18	10
微量元素	X 射线荧光光谱:Epsilon 5 能量色散型(荷兰 PANalytical 公司)	22 h	Al	0.013	6.3
			As	0.0026	73.7
			Br	0.0024	17.7

续表

指标	分析方法及仪器型号	频率	化学物种	MDL[a]（μg/m³）	精确度[b]（%）
微量元素	X射线荧光光谱：Epsilon 5 能量色散型（荷兰 PANalytical 公司）	22 h	Ca	0.0008	1.9
			Cr	0.0037	8.2
			Cu	0.0018	8.5
			Fe	0.0046	2.5
			Mn	0.0064	13.6
			Ni	0.0012	24.3
			Pb	0.0056	9.1
			Rb	0.0021	90.0
			Se	0.0031	76.3
			Si	0.021	6.3
			Sr	0.0034	32.3
			Ti	0.0015	15.6
			Zn	0.0013	2.4

a. MDL，最低检出限，为仪器检测已知空白样的结果的标准差的 3 倍。每日采样空气体积假定 Teflon 膜为 22 m³，石英膜为 13 m³；

b. 精确度，由同一样品重复测量的平均相对误差计算得到

4.1.3　质量控制与质量保证

由于本研究联合同步观测涉及五个城市六个站点，在线测量与离线分析并存，观测周期较长，因此做好仪器和数据的质量控制与质量保证尤为重要，归纳为以下几个方面：

（1）在线颗粒物浓度的质量控制。定期对颗粒物自动测量仪器进行校准和维护。当出现异常值时立即查看和检查，以排除仪器的故障等因素。针对测量结果，将 PM_{10} 与 $PM_{2.5}$ 的结果进行不同污染类型影响下比值回归分析，并开展与标准膜采样重量法的测量结果比较。图 4-2 和图 4-3 分别给出了 PM_{10} 与 $PM_{2.5}$ 的比值和两种 $PM_{2.5}$ 测量方法结果比较。结果显示，沙尘暴期间 PM_{10} 约为 $PM_{2.5}$ 的 3～6 倍，而非沙尘暴期间约为 1.2～1.8 倍，且它们同步变化的线性较好。由于 TEOM 需要进行 40℃加热，虽然与标准膜称重方法结果线性较好，但测得的 $PM_{2.5}$ 浓度要比膜称重低 10%～40%左右。

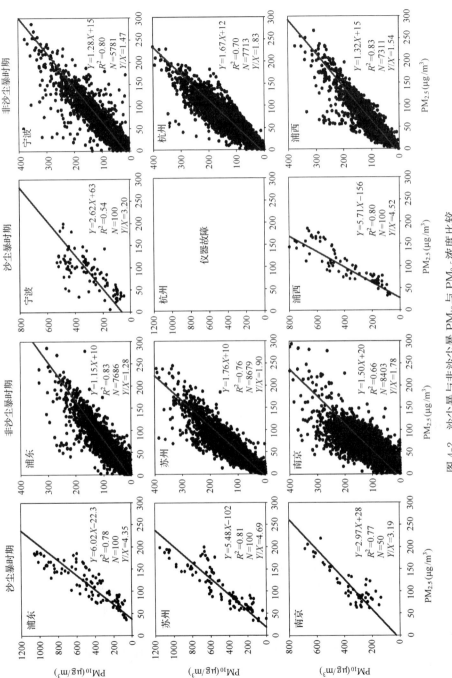

图 4-2　沙尘暴与非沙尘暴 PM_{10} 与 $PM_{2.5}$ 浓度比较

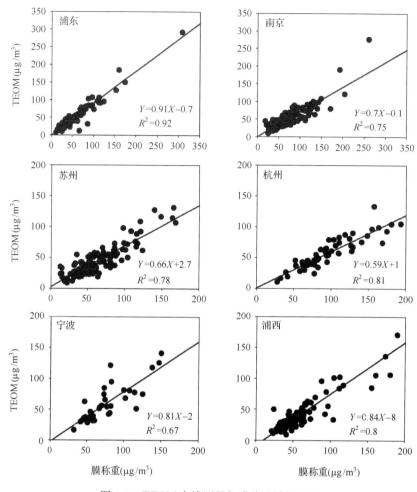

图 4-3　TEOM 在线测量与膜称重结果对比

（2）在线大气能见度测量结果的校正比对。本研究能见度测量使用的两款仪器虽然都是基于前向散射原理,但量程分别为 0～20 km 和 0～60 km,为了使各个站点的结果具有可比性,将每个站点的测量结果日平均后与当地气象站的人工能见度观测结果进行比较,结果发现南京站和浦东站量程为 0～20 km 的能见度自动观测结果与人工观测吻合较好,而量程为 0～60 km 的自动观测数据与人工观测差异较大,在能见度较高时尤其明显。本研究针对浦西、杭州、苏州和宁波四站点量程为 0～60 km 的观测结果依据人工观测结果进行统计拟合校正(谭浩波等,2010),图 4-4 给出了各站点校正拟合公式及校正后的对比图,可见拟合前针对高能见度两种方法差异较大,拟合后回归斜率为 0.91～1.03(R^2＝0.73～0.87)。

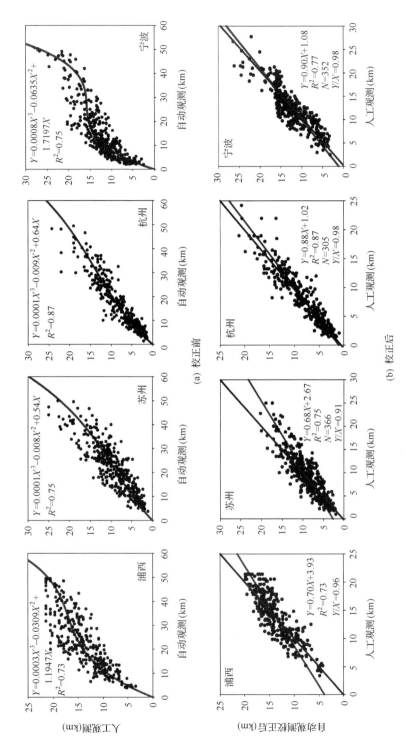

图 4-4 能见度自动观测与人工观测的对比拟合

（3）在线颗粒物化学组分与离线分析结果的误差比较。虽然在线化学组分仪器能够提供较高分辨率的数据结果，但是运行的稳定性及数据结果的可靠性仍有待提高。本研究除了做好在线仪器的日常维护和校核、异常瞬时值的甄别与剔除工作外，还开展了与离线采样分析结果的详细比对，包括主要的水溶性离子硫酸根、硝酸根、铵根以及有机碳、元素碳等化学组分，详见图 4-5。从对比结果可看

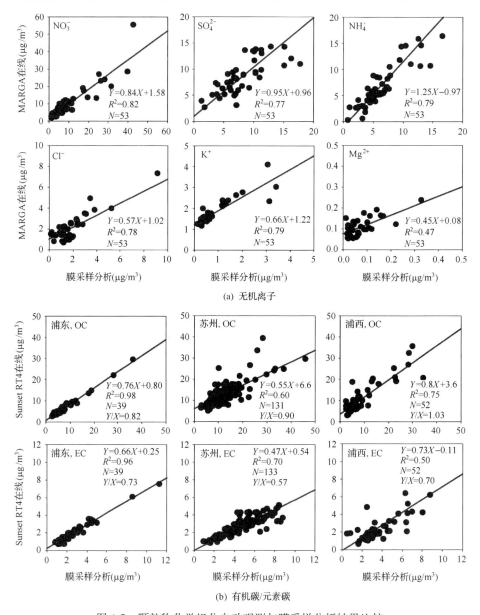

图 4-5　颗粒物化学组分自动观测与膜采样分析结果比较

出,所有化学组分两种方法的线性相关较好,特别是含量较高的组分如硫酸根、硝酸根、铵根和有机碳等,而对于氯离子、钾离子和镁离子等含量较低的组分,在线测量结果有偏低现象,可能与 MARGA 仪器不太擅长识别较低浓度和出峰位置较紧密的离子有一定关系(Makkonen et al,2012)。

　　(4) PM$_{2.5}$采样的统一规范和校准比对。首先制定了统一规范的颗粒物采样操作规范并严格执行,包括滤膜的存储与运输、采样器的擦拭清洁、采样头的清洗与涂脂等全过程操作。所有站点的滤膜的称重和实验室分析工作统一在北京完成以避免系统误差。在每个阶段采样开始前,对每一台采样器利用美国 SENSI-DYNE 公司的 Gilibrator-2 电子皂膜流量计对各站点的采样器流量进行测定与校准,经测量发现实际流量与设定流量的误差范围小于 6%。利用经国家检定的 1~500 mg E2 等级标准砝码对称重所用电子天平进行校准。同时,我们将一台质量保证下的标准颗粒物采样器轮流放在各个站点,与该站点颗粒物采样器同步进行三天采样,去掉第一天不稳定状态,比较剩余两天膜称重和化学分析的结果。如图 4-6 所示,无论是称重获得的总质量浓度,还是化学分析的水溶性离子组分,所有站点的采样器与标准参比采样器的结果误差小于 10%。所有石英膜使用前放置于马弗炉 600℃烘烤 5 h 以上,以去除可能富集的挥发性有机物(Chow et al,2010,Watson et al,2009),所有样品保存在 4℃以下的冷藏冰箱直至化学分析,同步采集约 5%样品数量的现场空白膜模拟运输误差,并在实验室分析结果中扣除这部分现场空白值。

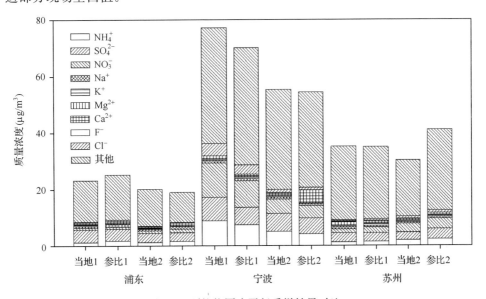

图 4-6　颗粒物同步平行采样结果对比

（5）离线样品实验室分析的统一规范。水溶性阴阳离子利用清华大学分析中心的戴安 ICS 3000 阴阳离子色谱分析。首先保证样品转移过程尽量不受环境情况影响；其次，标准曲线拟合保证在 99.9％以上；在样品的检测中，每隔 20 个左右样品穿插不同浓度标准溶液，以验证检测数据的可靠性，必要时做线性校正。每个样品分析两次，取平均值；OC/EC 利用清华大学环境学院的美国 DRI Model 2001A 型热/光碳分析仪分析，进行分析前对系统气密性进行检查，系统流量平衡调整，定期使用蔗糖和邻苯二甲酸氢钾的标准浓度样品进行校正（Chow et al，2011）；每进行 10 次样品分析，重新分析第一次的样品并比较结果。每次分析样品前后运行仪器自检程序格式输入，与样品分析前的结果进行比较，峰面积相差超过 3％时重新运行命令并比较结果，若结果仍有较大偏差，需重新分析样品，直到结果与第一次相比在误差范围内。确保每次分析的峰面积大于 25000，以保证催化剂的效率维持在稳定的水平；微量元素浓度利用中科院地球环境研究所的荷兰 PANalytical 公司生产的 EDXRF（E5）X 射线荧光光谱（XRF）进行分析。分析前检查仪器的液氮水平、温度和压力等情况，将滤纸分别放入仪器进样杯，再放入仪器中进行测试（每个样品分析两次），分析仪器通过美国 MicroMatter 公司的薄膜滤纸和 NIST 的 2783 号标准物质进行校正。通常认为 XRF 方法测元素虽然方便快捷，但不如电感耦合等离子体质谱仪（ICP-MS）准确，为此，选了不同浓度的 4 个样品，进行了能量色散（ED）和波长色散（WD）两种类型的 XRF 和 ICP-MS 的比对工作，由图 4-7 可看到含量较高的元素浓度误差较低，六种微量元素的误差范围都在一个数量级以内。

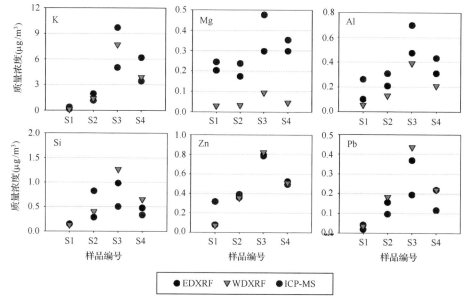

图 4-7　颗粒物微量元素不同分析方法结果比较

4.2 细颗粒物组分消光特征的加强观测

为了评价 IMPROVE 公式给出的化学组分质量消光效率在我国城市地区的误差适用性,估算当前我国颗粒物污染特征下实际的质量消光效率,本研究在长三角联合观测点之一进行了加强现场实验,依托在线高分辨仪器开展了颗粒物理化性质与光学性质的同步观测,并同步进行了离线分级颗粒物采样。

4.2.1 实验地点、时间及仪器

本次加强观测实验地点选在联合观测点之一的浦西站,如图 4-8 所示,位于上海市中心城区徐汇区的上海市环科院培训楼楼顶,东经 121.4°,北纬 31.2°,代表商业与居民混合区,采样高度 15 m,周围没有明显的污染源,距漕宝路以北 132 m,沪闵高架路以西 650 m。观测时段选为 2012 年 10 月 1 日到 2012 年 11 月 30 日连续观测,主要考虑这一时段是秋季典型代表时段,受北方冷空气、秋季大雾及秸秆焚烧等潜在影响,属于霾高污染事件易发时期。

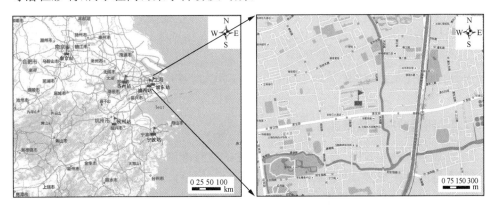

图 4-8　加强观测实验站点位置与周边环境

在线观测的指标分为三大类,如表 4-4 所示,即颗粒物理化性质、颗粒物及大气光学性质和气象要素。颗粒物理化性质包括颗粒物质量浓度、颗粒物粒径谱分布、颗粒物水溶性离子及含碳组分的质量浓度,颗粒物及大气光学性质包括大气能见度和颗粒物散射消光系数,气象要素包括相对湿度、温度、压强等,时间分辨率从 5 min 到 1 h 不等。离线采样包括 PM$_{2.5}$ 多通道和微孔均匀沉降碰撞采样器(MOUDI)两种,PM$_{2.5}$ 多通道为每天一个样品,每个样品采样时间 23 h,MOUDI 多级采样器每两天一个样品,每个样品采样时间 24 h。

表 4-4　加强观测实验所用仪器及频率列表

指标	分析方法及仪器型号	频率
0.04～1 μm 颗粒物化学组分 (OM, SO_4^{2-}, NO_3^-, NH_4^+, Cl^-)	ACSM 气溶胶质谱 (美国 Aerodyne 公司)	15 min
颗粒物粒径谱 (3 nm～20 μm)	自主搭建粒径谱仪(PSD) (进气通过干燥管去湿)	5 min
PM$_{2.5}$无机组分(SO_4^{2-}, NO_3^-, NH_4^+, Cl^-, Ca^{2+}, Mg^{2+}, K^+)	MARGA ADI2080(瑞士万通公司)	1 h
PM$_{2.5}$有机组分 OC、EC	RT-4 型碳分析仪(美国 Sunset Lab 公司)	1 h
PM$_1$/PM$_{2.5}$/PM$_{10}$质量浓度	FH62 C-14 β 射线(美国热电公司)(40 ℃)	1 h
气象因子(RH/风速/风向/温度/压强)	Met 气象一体站(美国 Met One 公司)	1 h
大气能见度	BelfortModel6000(美国公司)	1 h
颗粒物散射消光系数	Aurora3000(澳大利亚 Ecotech 公司)	1 h
颗粒物分级采样 分割粒径:0.18 μm, 0.32 μm, 0.56 μm, 1.0 μm, 1.8 μm, 3.2 μm, 5.6 μm, 10 μm 和 18 μm	MOUDI 100 采样器(美国 MSP 公司)	23 h
PM$_{2.5}$离线采样	Partisol 2300 采样器(美国热电公司)	23 h

4.2.2　质量控制与数据比对

　　在加强观测实验中,为了确保各项数据的质量准确性,除了严格按照自动观测仪器本身的操作规范,定期做好维护校准,颗粒物采样器和化学分析严格按照联合观测的质量控制与质量保证外,还对各种方法、各种仪器获得的原始数据进行了对比,以评估不同仪器不同方法之间的差异大小。

　　针对 PM$_{2.5}$质量浓度,比较了标准膜称重方法和 β 射线自动测量仪的结果误差,如图 4-9 所示,它们的线性关系非常好($R^2=0.98$),但膜称重方法结果平均比 β 射线高22%左右,原因主要是 β 射线测量仪为去除水分影响将进气加热到40 ℃,使一部分有机颗粒物有所挥发。

　　同时也对 MARGA 在线颗粒物组分与膜采样的分析结果进行了对比(图 4-10),发现两种方法测得的主要的水溶性离子硫酸根、硝酸根和铵根以及有机碳、无机碳的质量浓度线性关系良好($R^2>0.8$),绝对浓度 MARGA 以及 Sunset 碳分析仪比膜采样分析结果系统性偏低约14%～31%。由于 MARGA、Sunset 等在线仪器并没有自动加热装置,因此理论上两种测量方法的颗粒物采样不会有太大差异,本研

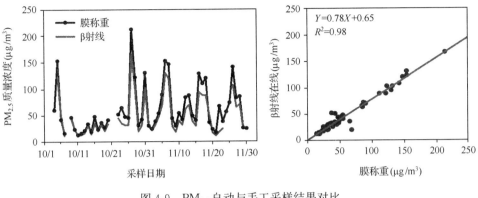

图 4-9　PM$_{2.5}$自动与手工采样结果对比

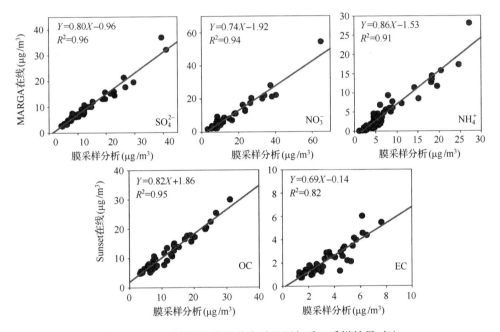

图 4-10　PM$_{2.5}$主要化学组分自动监测与手工采样结果对比

究的比对结果与 Makkonen 等(2012)的比对结果类似,造成误差的原因可能来自系统误差,还需要进一步深入分析。

　　针对颗粒物粒径谱数据,本研究通过调研颗粒物密度相关资料,将 PSD 中各仪器测定的粒径类型统一,并根据浓度结果反演每个粒径段的颗粒物质量浓度,最后对粒径段加和与 PM$_1$、PM$_{2.5}$ 和 PM$_{10}$ 进行比较。对比结果显示,除少数几个高污染时刻 PSD 由于粗粒径段数值异常过高而被剔除外,大部分时刻都与在线的颗粒物质量浓度测量结果有着良好的一致性。

颗粒物散射消光系数是本研究的关键指标参数,因此在实验开始前用一台美国 Radiance 公司的 M903 浊度仪开展平行观测,发现两台浊度仪的重现性很好,斜率和 R^2 分别为 1.03 和 0.99。同时开展了 MOUDI 样品分析结果水溶性离子的电荷守恒评估,发现除个别异常样品的正负电荷相差较大剔除外,绝大部分样品基本保持电荷平衡。

4.3 区域大气污染的模拟与验证

4.3.1 空气质量模型的配置

为了定量评估各类源对污染过程中污染物浓度的贡献,本研究使用美国气象研究与预测模型(WRF)和通用多尺度空气质量模型(CMAQ)对重污染过程进行模拟及源解析工作。其中 WRF 模型为 3.3 版本,初始猜测场来自于美国国家环境预报中心的全球分析资料,客观分析采用自动化数据处理的全球地表和高空观测资料,进行网格四维数据同化。CMAQ 模型为 4.7.1 版本,化学及气溶胶机制分别采用 CB05 和 AERO5,模拟采用如图 4-11 所示三层网格嵌套,外层粗网格为内部网格提供初始及边界场。最外层网格空间分辨率为 36 km×36 km,覆盖整个东亚,第二层网格空间分辨率为 12 km×12 km,覆盖我国东部地区,最内层为

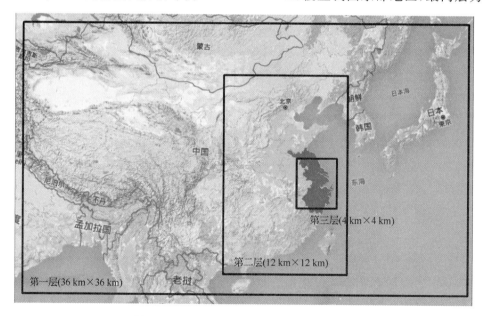

图 4-11 三层网格嵌套的 CMAQ 模拟区域

4 km×4 km 网格,包括整个长三角地区,网格数为 160×136。本研究的模拟域在垂直方向上分为 14 层,层顶高度为 100 mbar[①]。每个时段提前 5 天开始模拟,排除初始条件的影响。

用于模拟的人为源排放清单来自中国及长三角地区各行政区划的 2010 年能耗统计资料,并根据工业源位置、人口等信息进行空间分配,相关的详细数据来源及处理方法、排放清单结果见第 3 章详述。生物质燃烧的时空分配根据 FIRMS 资料(Davies et al,2009)进行,天然源的排放直接使用美国天然源排放模型(MEGAN)的结果(Guenther et al,2006)。

4.3.2 卫星与气象观测资料

为了对霾污染过程的气象条件有更深入的了解,本研究通过美国国家海洋和大气管理局(NOAA)开发的全球数据同化系统(GDAS)模型下载污染时段的混合层高度和降水量数据(Rolph,2013)。GDAS 模型每天 00:00,06:00,12:00 和 18:00 时运行,并同时给出三小时后的预测值。混合层高度为每三小时一个瞬时值,通过与雷达观测结果对比验证了其有效性(Huang et al,2012),降水量为每三个小时的累积值。

利用 NOAA 开发的拉格朗日混合单粒子轨道模型 HYSPLIT 进行后向轨迹模拟(Draxler and Rolph,2001;Rolph,2013),该模型目前已在全球的气体输送轨迹中得到广泛应用。利用美国 Terra 和 Aqua 卫星携带的中等分辨率成像分光计(MODIS)传感器火点信息开发的火点信息资源系统(FIRMS)(Davies et al,2009),直接下载污染时段火点空间分布、时间及亮度的地理信息档案,以得到秸秆焚烧期间的火点燃烧信息。从韩国气象局网站下载每天东亚地区的地面及高空 500 hPa 的天气形势图片(http://web.kma.go.kr/eng/weather/images/),以得到污染时段的天气形势图。

4.3.3 空气质量模拟结果校验

1. 气象场模拟验证

气象场模拟的准确性是空气质量模拟的前提,本研究采用 NCDC 数据集中长三角区域的地表气象观测资料对 WRF 系统模拟的气象参数进行了验证。图 4-12 为四个时段风速、风向、温度与相对湿度的模拟结果。其表明模拟系统基本可以很好地反映出主要气象参数的变化特征。

---

① 毫巴,1 mbar=100 Pa

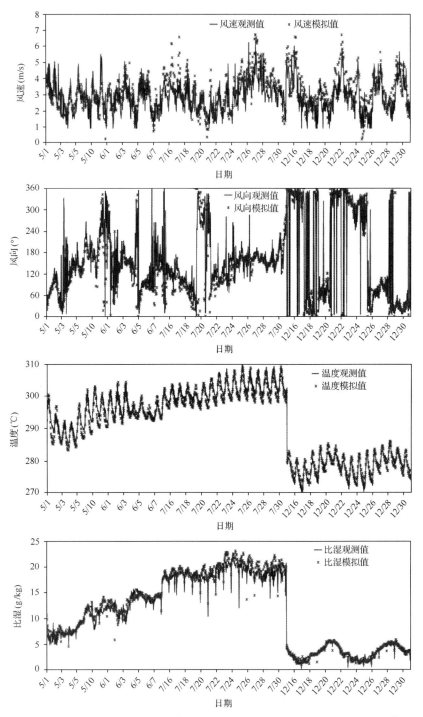

图 4-12　WRF 模拟结果与观测值比较(风速、风向、温度、相对湿度;小时均值)

2. 空气质量模拟结果验证

为了检验模型模拟的可靠性,本研究将上海、南京、苏州三个站点四个污染时段(2011 年 5 月 1 日至 5 月 6 日;5 月 30 日至 6 月 7 日;7 月 15 日至 7 月 30 日;12 月 15 日至 12 月 30 日)PM$_{2.5}$浓度的模拟值和观测值作比较,如图 4-13 所示。研究采用了标准平均偏差(Normalized Mean Bias,NMB)这一统计指标评估模拟值与观测值之间的差异,其定义如下式所示:

$$\text{NMB} = \frac{\sum_1^N (S_i - O_i)}{\sum_1^N O_i}$$

式中,S_i 为第 i 个时间点的模拟值;O_i 为第 i 个时间点的观测值;N 为时间点总个数。

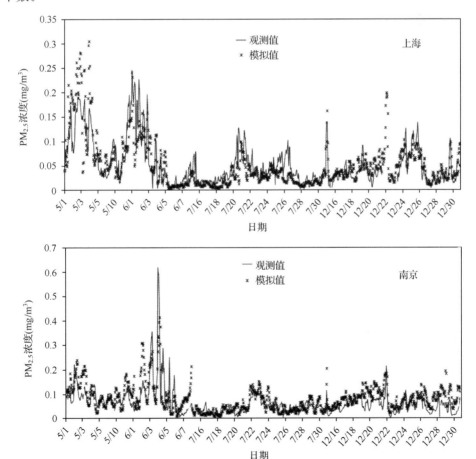

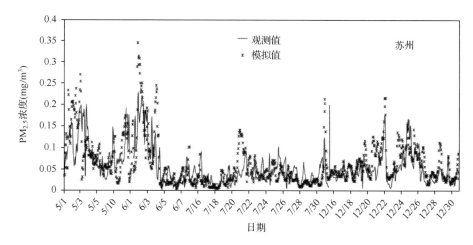

图 4-13　CMAQ 模拟的 $PM_{2.5}$ 浓度与观测数据比较(小时均值)

上海、南京、苏州三个站点 $PM_{2.5}$ 模拟结果的 NMB 分别为 -4.9%、22.4% 和 11.4%；相关系数 R 值分别为 0.79、0.67 和 0.69。

4.4　小　　结

(1) 在长三角地区开展了五个城市的六个观测站点的联合同步观测,包括一年期的连续在线观测和典型季节时段的离线采样分析,包含颗粒物质量浓度、化学组分、粒径谱、消光系数、前体气态污染物浓度、大气能见度等各项指标。对观测过程进行了全程质量控制和保证,并对结果进行了全面比较验证。

(2) 基于美国第三代模型 CMAQ,结合 WRF 气象模型和长三角地区排放清单,对长三角区域的霾污染过程进行了再现模拟,并与观测资料进行比对验证,为后续的成因机制及输送路径研究奠定基础。

(3) 为深入研究颗粒物组分对大气消光能力,在上海市依托超级观测站开展了细颗粒物组分消光特征的加强观测,旨在分析我国高浓度背景下细颗粒物组分质量消光效率的特征规律,为进一步建立能见度与颗粒物组分浓度的定量关系奠定基础。

参 考 文 献

谭浩波,陈欢欢,吴兑,等. 2010. Model 6000 型前向散射能见度仪性能评估及数据订正. 热带气象学报,
　　(06)：687-693.

Chow J C, Engelbrecht J P, Watson J G, et al. 2002. Designing monitoring networks to represent outdoor
　　human exposure. Chemosphere, 49(9)：961-978.

Chow J C, Watson J G, Chen L W, et al. 2010. Quantification of $PM_{2.5}$ organic carbon sampling artifacts in

US networks. Atmospheric Chemistry and Physics, 10(12): 5223-5239.

Chow J C, Watson J G, Robles J, et al. 2011. Quality assurance and quality control for thermal/optical analysis of aerosol samples for organic and elemental carbon. Analytical and Bioanalytical Chemistry, 401 (10): 3141-3152.

Davies D K, Ilavajhala S, Wong M M, et al. 2009. Fire information for resource management system: Archiving and distributing MODIS active fire data. IEEE Transactions on Geoscience and Remote Sensing, 47(1): 72-79.

Draxler R R, Rolph G D. 2001. HYSPLIT (HYbrid Single-Particle Lagrangian Integrated Trajectory) Model access *via* NOAA ARL READY Website. [EB/OL], http://ready. arl. noaa. gov/HYSPLIT. php.

Fu X, Wang S, Zhao B, et al. 2013. Emission inventory of primary pollutants and chemical speciation in 2010 for the Yangtze River Delta region, China. Atmospheric Environment, 70: 39-50.

Guenther A, Karl T, Harley P, et al. 2006. Estimates of global terrestrial isoprene emissions using MEGAN (Model of Emissions of Gases and Aerosols from Nature). Atmospheric Chemistry and Physics, 6(11): 3181-3210.

Huang K, Zhuang G, Lin Y, et al. 2012. Typical types and formation mechanisms of haze in an Eastern Asia megacity, Shanghai. Atmospheric Chemistry and Physics, 12(1): 105-124.

Makkonen U, Virkkula A, Mäntykenttä J, et al. 2012. Semi-continuous gas and inorganic aerosol measurements at a Finnish urban site: Comparisons with filters, nitrogen in aerosol and gas phases, and aerosol acidity. Atmospheric Chemistry and Physics, 12(12): 5617-5631.

Rolph G D. 2013. Real-time Environmental Applications and Display System (READY) Website. http:// ready. arl. noaa. gov.

Wang S, Xing J, Chatani S, et al. 2011. Verification of anthropogenic emissions of China by satellite and ground observations. Atmospheric Environment, 45(35): 6347-6358.

Watson J G, Chow J, Chen L W, et al. 2009. Methods to Assess Carbonaceous Aerosol Sampling Artifacts for IMPROVE and Other Long-Term Networks. Journal of the Air & Waste Management Association, 59(8): 898-911.

第 5 章 典型霾事件的污染特征与形成机制

尽管高强度的污染排放是长三角地区霾污染的本质原因,但污染减排是一项长期而系统的工作。从保护敏感人群健康和改善能见度来考虑,减少重污染事件的发生频次和减轻其污染程度显得非常重要并且立竿见影,而弄清这些重污染事件的污染特征和形成机制是科学基础。本章将就长三角地区一年联合观测资料中甄别的四次不同季节发生的区域性高污染过程,对其污染特征和形成机制进行深入的分析和讨论。

5.1 长三角区域霾污染特征及典型事件甄别

5.1.1 能见度和颗粒物污染总体特征

根据 2011 年 5 月 1 日至 2012 年 4 月 30 日的联合观测结果,表 5-1 统计了六个城市和长三角地区总体平均的能见度、颗粒物浓度和相对湿度等指标的年均值。对于能见度来说,长三角地区平均值为 10.8 km,处于 10 km 的警戒线边缘,其中南京和杭州已经低于 9 km,上海两个站点和宁波在 12~13 km。对于颗粒物质量浓度,长三角年均 PM_{10} 浓度为 86 μg/m³,$PM_{2.5}$ 浓度为 50 μg/m³,分别是世界卫生组织公布的空气质量准则的 8.6 和 5 倍,也远超出我国最新颁布的国家空气质量标准的二级标准(环境保护部,2012 年)。各城市间以杭州的颗粒物浓度最高(PM_{10}:105 μg/m³、$PM_{2.5}$:56 μg/m³),以浦东的颗粒物浓度最低(PM_{10}:64 μg/m³、$PM_{2.5}$:43 μg/m³)。由于长三角地区受副高压和海洋气候的共同影响,相对湿度也比内陆地区相对较高,长三角地区的平均水平为 68%,其中杭州和宁波达到 70%以上。由此可见,高浓度的颗粒物浓度和高湿气象条件是长三角地区能见度偏低的主要原因。根据第 1 章 1.2 节给出的关于长三角地区主要城市 $PM_{2.5}$ 浓度的其他研究成果,上海在 50~100 μg/m³ 范围波动,杭州和南京处于 50~150 μg/m³ 范围,总体比本研究的测量结果偏高一些,可能的原因有两个,一是时间范围的差异,其他研究成果的测量年份均在 2007 年之前,与本研究的测量年份 2011 年时间差别明显,且只在一年中代表性季节进行测量;二是测量方法的差异,其他研究的主要方法为标准的滤膜样品采样和称重,而本研究的 TEOM 振荡天平法没有加载 FDMS 模块,会有一些挥发性颗粒组分的损失。针对能见度,第 2 章 2.3 节给出的 2011 年各城市气象观测网人工观测结果分别为上海 12.2 km、南京 8.2 km、苏州

10 km、杭州 7.5 km 和宁波 12.1 km,均与表 5-1 的结果非常接近。

表 5-1　长三角地区各站点霾相关指标年均浓度(平均值±标准差[a])

站点	能见度(km)	$PM_{10}(\mu g/m^3)$	$PM_{2.5}(\mu g/m^3)$	相对湿度(%)
浦东	12.7±5.3	63.8±65.4	43.3±29.5	66.2±12.1
浦西	13.7±3.6	76.9±67.0	45.9±29.0	60.8±11.9
南京	8.8±4.7	93.1±52.3	47.7±25.9	65.9±22.2
苏州	9.0±3.8	92.8±65.1	45.5±25.8	64.9±12.2
杭州	8.0±4.5	104.5±50.7	56.3±31.2	70.0±15.9
宁波	12.2±4.5	83.0±48.4	48.0±24.3	73.0±12.0
长三角平均[b]	10.8±4.9	86.1±59.7	50.0±30.0	67.5±14.2

a. 标准差指日平均值变化的标准差；b. 长三角平均指六个城市所有数据记录的平均水平

将联合观测期间各季化学组分分析结果平均后进行重构,得到五个站点的 $PM_{2.5}$ 化学组分质量分担率(表 5-2)。重构后分为有机物、元素碳、硫酸盐、硝酸盐、铵盐、其他水溶性离子、土壤尘、微量元素和未鉴别组分共九大类,其中有机物是由有机碳浓度乘以 1.55 的系数得到(Huang et al,2012);元素碳、硫酸盐、硝酸盐和铵盐为直接测量结果;其他水溶性离子包括钠离子、镁离子、钾离子、钙离子、氯离子;土壤尘由地壳相关元素加权累计得到(Hand,2011),即 2.2[Al]+2.49[Si]+1.63[Ca]+2.42[Fe]+1.94[Ti];微量元素为经 XRF 分析的微量元素 As、Br、Cr、Cu、Mn、Ni、Pb、Rb、Se、Sr 和 Zn 之和(Yang et al,2011);未鉴别组分为膜称重结果减去前述八大类已鉴别组分。

总体来看,五个站点的化学组分结果差异不大,就长三角地区平均水平而言,有机物比重最大达 28%(24%~32%),硫酸盐次之为 17%(14%~20%),铵盐和硝酸盐分别为 15%(12%~17%)和 14%(12%~14%),元素碳和其他水溶性离子各占 7%(6%~8%)和 5%(3%~7%),土壤尘和微量元素为 4% 和 1%,未鉴别成分比例为 10%。与第 1 章 1.2 节的早期长三角地区主要城市 $PM_{2.5}$ 化学组分其他研究结果比较,有机物的比例仍然最高,虽然绝对比例略有差异,硫酸盐的质量比例有所下降,硝酸盐和黑碳的质量比例有所上升,从侧面一定程度反映出近些年脱硫工程取得的效果以及各城市机动车贡献的加大。由于硫酸盐、硝酸盐和铵盐主要来自二次气态污染物的氧化反应,有机物也有将近一半来自可挥发性有机物的氧化而成,而这些化学组分都有较强的消光效率,因此可以推断影响长三角地区能见度及霾污染的主要化学组分均来自有机物和无机水溶性离子,而这些组分主要来自气态前体物的光化学氧化产物。此外,占总质量 7% 的黑碳由于其较强的吸光效率对大气消光系数和太阳辐射的贡献影响也不容忽视。

表 5-2　长三角地区各观测点及平均 PM$_{2.5}$ 化学组分质量分数(%)

观测点	浦东	南京	苏州	杭州	宁波	长三角
有机物(1.55OC)	24	27	29	32	26	28
元素碳	6	6	7	8	8	7
硫酸根	20	18	17	15	14	17
硝酸根	13	14	14	14	12	14
铵根	15	15	12	17	15	15
其他离子	3	4	7	7	6	5
土壤尘	4	3	6	4	3	4
微量元素	1	1	1	1	1	1
未鉴别	15	12	7	3	13	10

5.1.2　能见度和颗粒物浓度的季节变化特征

将 2011～2012 年联合观测霾相关指标的结果按月平均,考察其季节变化规律。表 5-3 和图 5-1 给出了六个站点在线观测的能见度、PM$_{2.5}$ 质量浓度和相对湿

表 5-3　长三角地区六站点霾相关指标季节平均浓度(平均值±标准差)

指标	站点	春	夏	秋	冬
能见度	浦东	10.4±6.3	11.8±6.5	14.1±6.1	12.8±6.2
	浦西	13.9±8.4	14.6±10.3	15.7±10.0	12.0±7.7
	南京	9.39±5.87	8.6±5.7	10.0±6.1	6.6±4.1
	苏州	8.7±4.9	8.8±5.6	9.8±5.4	9.2±5.4
	杭州	4.4±2.7	11.5±8.2	6.5±5.9	6.6±5.6
	宁波	14.9±11.1	24.0±16.3	12.7±11.2	8.5±6.4
PM$_{2.5}$	浦东	52.3±39.9	41.5±33.7	40.5±38.0	45.6±34.6
	浦西	53.2±38.1	33.6±20.4	43.6±47.6	61.1±46.6
	南京	51.9±27.6	51.3±52.5	43.1±24.1	48.9±26.4
	苏州	47.0±29.6	41.8±30.6	44.7±33.2	47.6±32.4
	杭州	111.1±105.9	52.0±37.6	57.1±33.2	57.1±35.2
	宁波	73.7±43.8	37.1±24.1	49.0±35.0	78.8±46.5
相对湿度	浦东	63.5±16.7	71.5±12.4	65.9±14.4	62.5±15.8
	浦西	55.4±16.9	68.0±12.5	64.5±14.0	54.4±14.1
	南京	60.0±24.6	75.7±17.2	70.9±18.5	65.1±19.4
	苏州	61.2±17.2	72.2±12.1	65.2±14.0	60.5±16.1
	杭州	81.7±18.7	71.0±21.2	73.6±17.8	73.3±18.4
	宁波	67.9±17.9	76.0±13.1	75.9±14.1	72.1±16.2

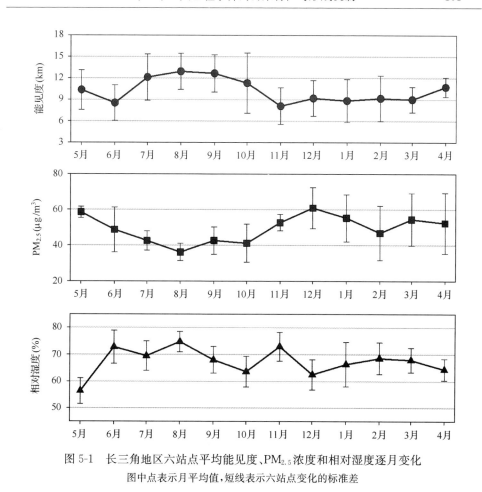

图 5-1   长三角地区六站点平均能见度、PM$_{2.5}$浓度和相对湿度逐月变化

图中点表示月平均值，短线表示六站点变化的标准差

度的季节平均值和逐月变化规律。对于能见度,夏季的 7、8 月及秋季的 9 月能见度最高且都大于 12 km,夏季的 6 月和从 11 月开始一直到次年的 3 月能见度最低且都在 9 km 左右,总体呈现出盛夏和初秋最好,深秋及整个冬天最差的季节变化规律。就 PM$_{2.5}$浓度而言,春季的 5 月和冬季的 12 月最高达到 60 μg/m^3,5 月容易受到北方沙尘暴和秸秆焚烧的双重影响,12 月则受供暖造成的能耗增加以及冬季不利扩散条件双重影响,夏季 7 月和 8 月及秋季的 9 月和 10 月浓度最低为 40 μg/m^3 左右,主要原因归结于夏秋季边界层高度和风速较高、降水丰富等有利的扩散条件。相对湿度也是影响能见度的关键因素。从月变化分布看,夏季的 6 月、7 月和 8 月、秋季的 11 月的相对湿度最高且都在 70％以上,夏季的高湿度主要和气温较高及丰富的降水有关,特别是 6 月份涵盖了南方梅雨季节,天气闷热相对湿度很高,而 11 月的高相对湿度更多和大雾的频繁发生有一定关系,根据历史资料长三角地区 11 月份大雾发生的频次是全年最高(余庆平和孙照渤,2010)。正

是在较高的相对湿度和 $PM_{2.5}$ 浓度的双重影响下,能见度在 6 月、11 月及整个冬季会比其他时段显著偏低。

5.1.3　典型霾事件甄别

在季节变化分析的基础上,本研究针对一年联合观测期资料,从中筛选出典型代表性的区域性霾事件,深入分析每个霾事件的重污染形成过程、成因及污染特征。

图 5-2 给出了能见度、$PM_{2.5}$ 质量浓度和相对湿度三个关键指标在 2011～2012年的逐日变化规律。不难看出,若以 $PM_{2.5}$ 质量浓度 100 μg/m³ 为界限,共有五个区域性污染过程的最大日均值显著高于这一浓度,同时它们对应的最低日均能见度全部小于 10 km,甚至小于 5 km,分别是事件Ⅰ:2011 年 5 月 1～5 日;事件Ⅱ:2011 年 5 月 28 日至 6 月 6 日;事件Ⅲ:2011 年 10 月 4～10 日;事件Ⅳ:2011 年 11月 10～15 日;事件Ⅴ:2011 年 12 月 9～16 日。从事件发生时间上看,事件Ⅰ和Ⅱ

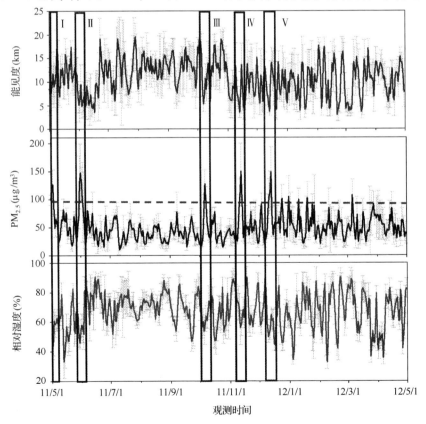

图 5-2　长三角地区六站点平均能见度、$PM_{2.5}$ 浓度和相对湿度逐日变化

发生在春夏之交,事件Ⅲ和Ⅳ发生在秋季,事件Ⅴ发生在冬季,这五次区域重污染事件具有较好的季节代表性。

事件Ⅰ(5 月 1～5 日):平均能见度为 9.0 km,最小日均能见度为 7.6 km,$PM_{2.5}$ 质量浓度为 97 $\mu g/m^3$,最大日均值为 126 $\mu g/m^3$,相对湿度平均值为 53%。考虑到本次污染事件发生在 5 月初,且在 $PM_{2.5}$ 质量浓度将近 100 $\mu g/m^3$ 的情况下能见度保持在 9 km,加上相对湿度低于平均值,因此考虑此次污染事件代表典型的北方沙尘暴传输影响过程。

事件Ⅱ(5 月 28 日至 6 月 6 日):平均能见度为 8.2 km,最小日均能见度为 4.8 km,$PM_{2.5}$ 质量浓度为 78 $\mu g/m^3$,最大日均值为 147 $\mu g/m^3$,相对湿度平均值为 62%。本次污染事件发生在 5 月底、6 月初,和文献中长三角地区历次夏收农作物秸秆焚烧事件非常一致,因此考虑此次污染事件属于区域性秸秆焚烧导致的霾类型。

事件Ⅲ(10 月 4～10 日):平均能见度为 10.8 km,最小日均能见度为 5.3 km,$PM_{2.5}$ 质量浓度事件期间平均为 69 $\mu g/m^3$,最大日均值为 127 $\mu g/m^3$,相对湿度平均值为 63%。本次污染事件发生在 10 月初,并无外来源的影响,属于典型的初秋高污染的霾类型。

事件Ⅳ(11 月 10～15 日):平均能见度为 7.6 km,最小日均能见度为 3.5 km,$PM_{2.5}$ 质量浓度事件期间平均为 89 $\mu g/m^3$,最大日均值为 149 $\mu g/m^3$,相对湿度平均值为 63%。本次污染事件发生在秋季的 11 月中旬,一般该时段可能会受到秋季静稳天气、秋收秸秆焚烧或者大雾天气的影响。

事件Ⅴ(12 月 9～15 日):平均能见度为 9.2 km,最小日均能见度为 3.7 km,$PM_{2.5}$ 质量浓度事件期间平均为 80 $\mu g/m^3$,最大日均值为 148 $\mu g/m^3$,相对湿度平均值为 56%。本次污染事件发生在 12 月中旬,通常也无外来源的显著影响,属于典型的冬季高污染霾类型。

由于事件Ⅲ和事件Ⅳ都发生在秋季,前者的污染程度较其余四个事件较轻,性质成因与事件Ⅳ有相似之处,因此本书下一章将对事件Ⅰ、Ⅱ、Ⅳ和Ⅴ四个代表性事件进行深入分析,以识别长三角地区不同季节不同类型霾的污染特征。

5.2　春季北方沙尘暴传输

春季是我国北方沙尘暴和扬沙等灾害性天气的高发时段。长三角地区距离沙源地较远,直接产生沙尘、扬沙天气的可能性小,通常是北方产生沙尘暴等天气,悬浮于大气中的浮尘随气流运动南下而影响长三角地区,导致大气能见度显著下降。长三角地区受北方沙尘暴影响通常集中在每年 3 月至 5 月,空气质量会受到严重影响,颗粒物浓度会异常升高。本节将对 2011 年 5 月初的一次严重影响长三角地区的沙尘暴输送污染过程进行详细描述,包括能见度、颗粒物污染特征和沙尘暴传输路径两个方面。

5.2.1　能见度及颗粒物污染特征

从图 5-3 给出的 5 月 1 日在上海拍摄的照片看,不管从高空还是地面,看远方的高楼大厦全部处于灰蒙蒙的一片,在阳光的照射下折射出土黄色沙尘的颜色。图 5-4 显示了 5 月 1 日到 5 月 5 日长三角地区各站点颗粒物质量浓度和能见度变化。整个污染时段各站点 $PM_{2.5}$ 的平均浓度为 97 $\mu g/m^3$(宁波:83,浦东:104 $\mu g/m^3$),PM_{10} 的平均浓度为 359 $\mu g/m^3$(南京:254,苏州:434 $\mu g/m^3$),能见度平均为 8.5 km(苏州:5.4 km,宁波:14.5 km)。从时间序列看,浦东、浦西和苏州三个站点一致性较好,从 5 月 1 日早上 6 点左右污染一直持续到 1 号夜间,$PM_{2.5}$ 小时峰值在 150 $\mu g/m^3$ 左右,PM_{10} 小时峰值在 600 $\mu g/m^3$ 左右,从 5 月 2 日上午开始到 5 月 3 日中午结束是一次更严重的过程,$PM_{2.5}$ 小时峰值在 200 $\mu g/m^3$,PM_{10} 小时峰值在 900 $\mu g/m^3$ 左右,整个污染时段能见度低至 5~7 km,$PM_{2.5}/PM_{10}$ 的比例低至 20%~35%。宁波和南京两站的 PM_{10} 浓度比其他三个站点显著低,整个污染时段小时峰值在 300~600 $\mu g/m^3$,但 $PM_{2.5}$ 小时峰值也达到 150~200 $\mu g/m^3$,相应的能见度也低至 5~10 km。

图 5-3　2011 年 5 月 1 日拍摄的上海能见度状况

数据来自 http://www.jnan.com.cn/news/2011-05-03/6275.html

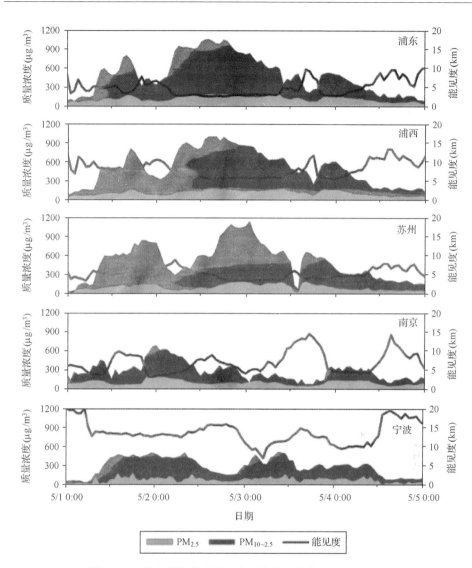

图 5-4 各站点颗粒物质量浓度及能见度变化(5 月 1～5 日)

　　图 5-5 给出了浦西站在线 PM$_{2.5}$(水溶性离子及含碳化学组分)以及浦东站离线 PM$_{2.5}$样品组分分析结果。浦东站虽然只有三个离线样品,但第一个样品日期为 4 月 30 日,作为污染前的状况,第二个样品日期为 5 月 2 日,代表污染时的状况,第三个样品日期为 5 月 4 日,代表污染后的状况。很明显看到,在污染发生期间,无论是在线还是离线结果,PM$_{2.5}$ 的主要成分有机碳、元素碳、硫酸盐、硝酸盐和铵盐浓度都不同程度下降,特别是水溶性离子下降幅度较大,而在线观测显示未鉴别的其他组分占据 PM$_{2.5}$ 绝对主导比例,离线分析显示地壳土壤尘的主要元素铝、

钙、铁等增长迅速,进一步相互验证天然源的沙尘是此次污染颗粒物的主要成分。

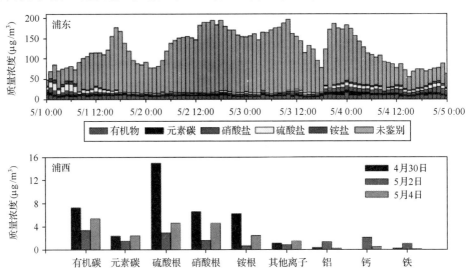

图 5-5　上海两站点 $PM_{2.5}$ 在线和离线化学组分质量浓度

5.2.2　沙尘暴输送路径

据气象部门报道,2011 年 4 月 28～30 日,我国南疆盆地、西北部地区东部、内蒙古中西部、华北大部、东北地区西部相继出现沙尘天气,主要源于受较强冷空气和蒙古气旋影响。从图 5-6 所示卫星观测(http://www.nsmc.org.cn)的沙尘区域分布看,5 月 1 日沙尘区分布在华北渤海海域,5 月 2 日传输到东海-西太平洋海面。通过收集我国国家空气监测网的所有国控点在这一时段的 PM_{10} 时均浓度,并通过空间插值方法,得到图 5-7 所示的空间分布图。从图中污染气团的变化轨迹

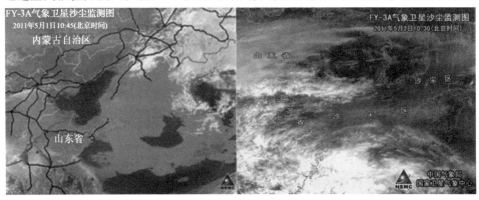

图 5-6　风云气象卫星 5 月 1 日、2 日沙尘监测图

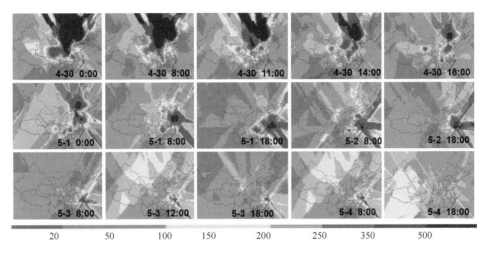

20　　50　　100　　150　　200　　250　　350　　500

图 5-7　全国国控点 PM_{10} 时均浓度空间分布图(4 月 30 日至 5 月 4 日)

可看出,在 5 月 1 日,到达长三角地区的沙尘气团虽然已影响到上海等地,但其中心位于东海海面上,到 5 月 2~3 日,由于风向的改变中心气团向西移动,使得上海、苏州等地经历了比 5 月 1 日更严重的一次污染过程。

从浦东、南京、宁波三个站点 500 米高空 5 月 1~4 日每日中午 12 点的 24 小时后向轨迹(如图 5-8 所示)进一步验证了这一推断。5 月 1 日三个站点的主要气团来自北偏西方向传播,5 月 2 日变为北方长途传输后改为东风,到了 5 月 3 日进一步演变为东北方向,而这一方向恰好是海上沙尘气团的位置。5 月 4 日又回归为西南气流。值得注意的是 5 月 3 日和 4 日的轨迹线长度都较短,表明这两天的空气水平传输并不活跃,也造成沙尘污染团在长三角地区特别是上海一带累积迟迟不能散去。

5.2.3　沙尘排放、输送及影响模拟

采用美国环保局最新开发的 CMAQ5.0 模型,嵌入在线沙尘计算模块(In-line windblown dust model),对沙尘的排放和输送进行模拟。为了适应中国的情况,根据本地的研究结果对模型中部分参数进行了修改,详见 Fu 等(2014)。

如图 5-9 所示,此次沙尘事件源起自新疆和蒙古地区,4 月 28~30 日排放的沙尘颗粒(PM_{10})达 695 kt。4 月 28 日,由于强劲的西北风的作用,在新疆和蒙古西南部形成大量的沙尘排放(约 145 kt)。29 日,沙尘排放进一步增加,最高排放密度达 7 t/km^2。30 日,沙尘排放开始减弱,仅 35 kt。

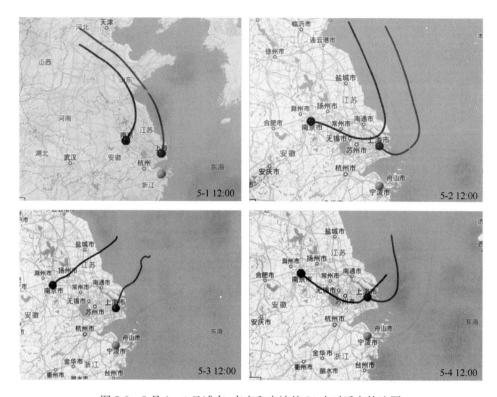

图 5-8　5 月 1～4 日浦东、南京和宁波的 24 小时后向轨迹图

　　图 5-10 是沙尘排放对 PM$_{10}$ 浓度影响的时空变化图,有助于了解此次沙尘事件的传输过程及其对 PM$_{10}$ 浓度的影响。可以看到,4 月 28、29 日,源区排放的沙尘混合在一起并朝东南方向移动,源区附近的站点(如甘肃兰州)的 PM$_{10}$ 浓度可达 5000 μg/m³。30 日,沙尘开始影响中国东部和中部,如天津的 PM$_{10}$ 浓度从 50 μg/m³ 上升到 1100 μg/m³。5 月 1 日,一部分沙尘带到达长三角地区,上海的 PM$_{10}$ 浓度从 50 μg/m³ 上升到 640 μg/m³,到 2 号最高可达 1000 μg/m³。另一部分沙尘带到达了韩国、日本地区,由于西南风的作用,3 日又返回到长三角区域。4 日开始,沙尘对于长三角地区的影响开始减弱。如表 5-4 所示,5 月 1～6 日,沙尘对于长三角地区表面 PM$_{10}$ 浓度的贡献为 78.9%,此结果与 2009 年一次沙尘暴事件中上海的观测值 76.8% 是可比的(Huang et al,2012)。从长三角地区各个站点看,5 月 1～3 日,沙尘对 PM$_{10}$ 的贡献率达到了 80% 以上,其中 5 月 2 日更是达到了 90% 以上。

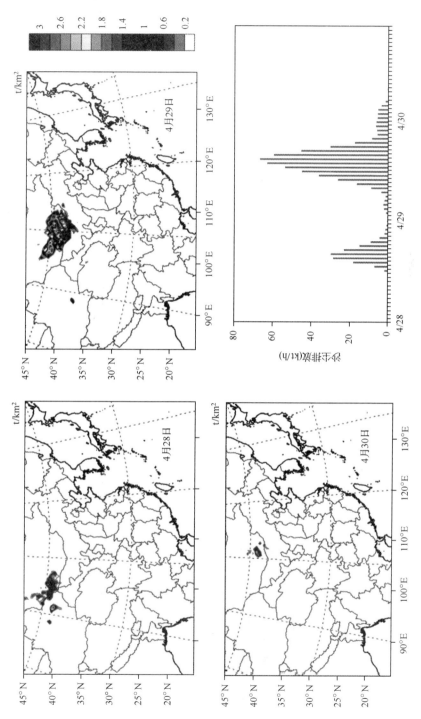

图 5-9　4 月 28 日～30 日沙尘排放时空分布图

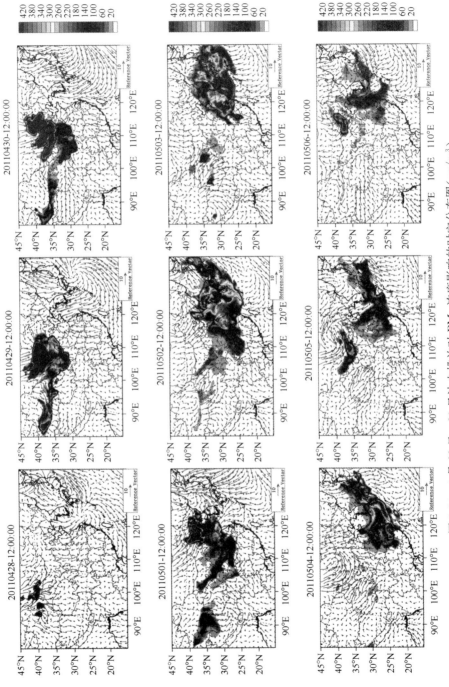

图 5-10　4 月 28 日～30 日沙尘排放对 PM$_{10}$ 浓度影响的时空分布图（μg/m^3）

表 5-4 沙尘排放对各监测站点 PM$_{10}$ 浓度的贡献分析

	5月1日	5月2日	5月3日	5月4日
浦西	84%	94%	88%	67%
浦东	82%	95%	88%	70%
杭州	80%	88%	88%	63%
宁波	79%	94%	90%	72%
苏州	82%	94%	88%	80%
南京	88%	87%	81%	59%

5 月 1～6 日,整个区域 PM$_{10}$ 的干沉降、湿沉降和总沉降分别为 184.7 kt, 172.6 kt 和 357.32 kt。如图 5-11 所示,受 PM$_{10}$ 浓度的影响,江苏和上海的干沉

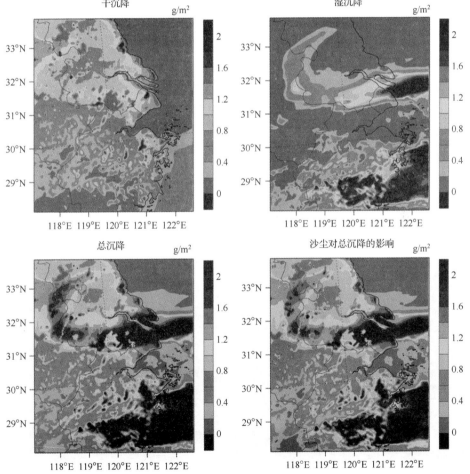

图 5-11 5 月 1～6 日长三角区域 PM$_{10}$ 沉降图

本图另见书末彩图

降大于浙江。湿沉降主要发生在东海海域、上海和浙江南部,除 PM_{10} 浓度外,这也与降水和云的分布有关。由于沙尘暴的影响,整个区域 PM_{10} 的总沉降增加了 1082%,其中干沉降增加了 2398%,湿沉降增加了 655%。

5.3　夏季生物质秸秆焚烧

由于生物质秸秆在每年的夏收后集中燃烧,虽然全年排放量和工业源比较起来偏低,但每年特定时期所造成的污染却异常严重。本章将就上一章提及的 5 月底至 6 月初一次霾污染过程的观测结果进行深入分析,包括污染特征、气象条件及传输路径以及秸秆焚烧对颗粒物质量浓度的定量贡献评估等三方面。由于浦西站点仪器故障,数据缺失,故未纳入本次过程的分析。

5.3.1　能见度及颗粒物污染特征

图 5-12 展示了本次污染期间上海浦东的能见度状况,从楼顶向左端的上海环球金融中心大楼望去,只有模糊的轮廓,即使近在咫尺的上海科技馆也并不清晰。图 5-13 为 5 月 28 日至 6 月 6 日整个污染时段从 TEOM 在线测量仪得到的 PM_{10} 和 $PM_{2.5}$ 时均浓度变化。整个时段各站点的 PM_{10} 浓度在 136 μg/m³(浦东)~204 μg/m³(苏州)之间,$PM_{2.5}$ 浓度在 106 μg/m³(宁波)~134 μg/m³(杭州)之间。平均的 $PM_{2.5}/PM_{10}$ 的质量比在 58%(苏州)~69%(上海)之间。各站点污染期间最高的 PM_{10} 和 $PM_{2.5}$ 日均浓度分别为浦东的 208 μg/m³ 和 182 μg/m³,苏州的 271 μg/m³ 和 180 μg/m³,南京的 292 μg/m³ 和 217 μg/m³,宁波的 238 μg/m³ 和 181 μg/m³ 以及杭州的 300 μg/m³ 和 220 μg/m³,这些最高日均值的发生日期依次

图 5-12　2011 年 6 月 1 日上午 10 时在浦东观测点拍摄的能见度状况

为杭州的 5 月 31 日,然后是宁波和上海的 6 月 1 日,苏州的 6 月 2 日,最后是南京的 6 月 3 日,总体上与秸秆焚烧从南到北的规律相吻合。和污染发生前的 5 月 20～27 日比较,$PM_{2.5}$ 和 PM_{10} 的浓度分别增长了 1.9～2.0 倍和 1.5～1.9 倍。

将此次污染事件划分为三个阶段:①污染开始前(5 月 28 日 0 时到 5 月 30 日 23 时);②污染形成并持续(5 月 31 日 00 时到 6 月 3 日 12 时);③污染清除(6 月 3 日 12 时到 6 月 6 日 12 时)。对于南京,第二阶段污染中的时间比其他站点晚一天,为 6 月 2 日 00 时到 6 月 5 日 00 时。表 5-5 列出了各个阶段各站点平均的 PM_{10}、$PM_{2.5}$ 及其组分、能见度以及气象要素。与第一阶段污染前相比,第二阶段

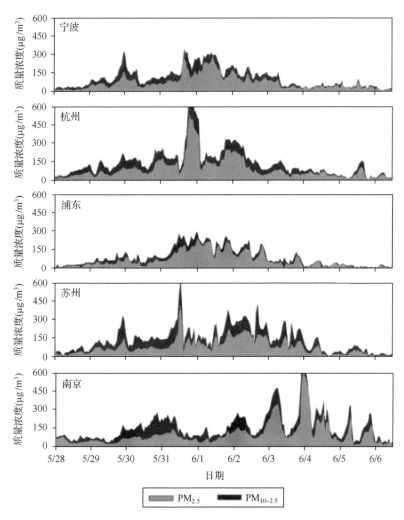

图 5-13　长三角地区各站点颗粒物质量浓度变化(5 月 28 日至 6 月 6 日)

表5-5　污染时段各阶段颗粒物质量浓度、能见度和气象要素

指标	阶段	观测站点				
		宁波	杭州	浦东	苏州	南京
颗粒物质量（μg/m³）	I	PM₁₀:91,PM₂.₅:51	PM₁₀:115,PM₂.₅:64	PM₁₀:60,PM₂.₅:37	PM₁₀:109,PM₂.₅:55	PM₁₀:114,PM₂.₅:60
	II	PM₁₀:176,PM₂.₅:125	PM₁₀:225,PM₂.₅:157	PM₁₀:160,PM₂.₅:128	PM₁₀:220,PM₂.₅:139	PM₁₀:240,PM₂.₅:180
	III	PM₁₀:41,PM₂.₅:32	PM₁₀:58,PM₂.₅:41	PM₁₀:28,PM₂.₅:25	PM₁₀:73,PM₂.₅:40	PM₁₀:99,PM₂.₅:64
PM₂.₅化学组分（μg/m³）	I	未采样	未采样	K⁺:0.3,OC:12,EC:2	K⁺:1.5,OC:23,EC:4	K⁺:3.2,OC:31,EC:5
	II	未采样	未采样	K⁺:4.5,OC:43,EC:6	K⁺:5.3,OC:42,EC:4	K⁺:14,OC:82,EC:10
	III	未采样	未采样	K⁺:0.6,OC:10,EC:2	K⁺:1.7,OC:16,EC:3	K⁺:3.5,OC:35,EC:4
能见度（km）	I	13.9	6.2	13.5	8.5	11.0
	II	10.0	5.0	3.7	3.8	5.4
	III	10.4	4.9	8.7	4.9	4.2
RH（%）	I	58	59	56	56	50
	II	65	65	61	61	50
	III	84	96	79	78	77
边界层高度（m）	I	458	505	461	541	489
	II	240	391	295	399	582
	III	248	283	319	405	627
风速（m/s）	I	1.6	1.6	1.3	1.3	1.5
	II	0.9	2.5	1.1	1.4	1.4
	III	0.9	1.2	1.4	1.4	1.9

的 PM_{10} 和 $PM_{2.5}$ 浓度分别增长了 1.9~4 倍和 2.5~3.5 倍。由图 5-13 看出第二阶段各站点 PM_{10} 和 $PM_{2.5}$ 的最大时均浓度分别达到 299~660 $\mu g/m^3$ 和 244~614 $\mu g/m^3$。从颗粒物的化学组分浓度看,第二阶段的有机碳、无机碳分别比第一阶段增长了 1.8~3.6 倍和 1~3 倍,第二阶段非土壤水溶性钾离子为第一阶段的 3.5~15 倍。由图 5-14 的 $PM_{2.5}$ 化学组分平衡结果看出,逐日增长的 $PM_{2.5}$ 主要来自有机物浓度的增长,有机物的最大日均值达到 44~105 $\mu g/m^3$,占 $PM_{2.5}$ 质量的 35%~43%。非土壤水溶性钾离子虽然对 $PM_{2.5}$ 质量的贡献不高,但各站点在第二阶段也达到了最大日均值 5.4~18.3 $\mu g/m^3$,其他水溶性离子在第二阶段的增长幅度相对较小,其中硫酸根增长了 1.2~2.5 倍,最大日均值为 19~20 $\mu g/m^3$,而硝酸根增长了 1.3~4.3 倍,最大日均值达到 19~42 $\mu g/m^3$。秸秆焚烧的示踪物非土壤钾离子、有机物以及其他与秸秆焚烧关系不大的硫酸盐、硝酸盐的同步增长,表明此次污染形成除了秸秆焚烧的显著贡献外,不利的天气扩散条件可能是另一大原因。

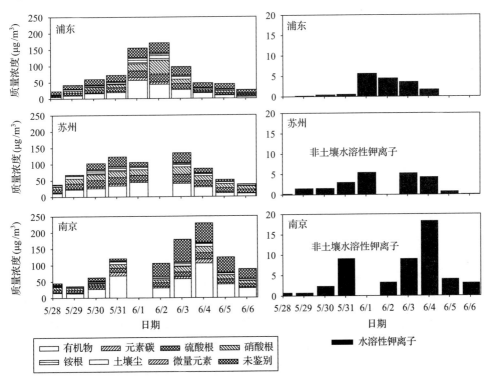

图 5-14 污染期间各站点污染时段 $PM_{2.5}$ 化学组分质量浓度

5.3.2 气象条件及污染传输路径

图 5-15 为污染期间的天气形势图。长三角地区 5 月 29~30 日,地面为大陆高压控制,且高压中心向东移动,并出海。在此过程中,华东华北地区,以晴朗高温天气为主。从 5 月 31 日起,南海有热带低压,黄渤海有低压,西太平洋上副高且稳定,华南华北为大陆高压,因此在华东地区形成一个鞍形场,且该天气形势相对稳定。直到 6 月 2 日随着热带低压减弱,向东北移动减弱为低压,最后消亡,该天气形势才得到改变。6 月 3 日至 6 月 4 日,西风短波槽活动频繁,地面图上,长三角各站点受降水影响。从对污染的影响来看,6 月 1 日的鞍形场促进了秸秆焚烧的小范围传输,6 月 2 日的高压系统使得污染物累积而不能扩散。从 6 月 4 日开始的大强度降水,对本次污染的清除起了积极作用,尽管由于云量的增多对边界层高度的降低有一定影响。

表 5-5 给出了各个阶段的气象要素平均值,同时图 5-16 和图 5-17 给出了相对湿度、能见度、降水量、风向风速、边界层高度等物理量的变化图。对三个阶段的气象条件总结如下:

第一阶段(污染开始前):该阶段几乎没有降水,平均的能见度为 6.2~13.9 km,相对湿度为 50%~61%,边界层高度为 458~505 m,风速为 1.3~1.6 m/s。风速的变化和边界层高度的时间变化相吻合。

第二阶段(污染形成并持续):降水量为 2~5 mm,除了南京外其他站点相对湿度比第一阶段增长了 5%~7%,南京站与第一阶段相比几乎没有变化。能见度为 3.7~10 km,比第一阶段下降了 1.2~9.8 km,边界层高度为 240~399 m,比第一阶段降低了 114~218 m。南京站的边界层高度为 582 m,比第一阶段高出了 93 m。浦东、南京、宁波的风速分别比第一阶段低了 0.2 m/s、0.1 m/s 和 0.7 m/s,苏州和杭州反而比第一阶段高了 0.1 m/s 和 0.9 m/s。在 6 月 1 日早晨,苏州和杭州的风速甚至超过 3 m/s,有利于水平输送扩散,对应图 5-13 中两地的颗粒物浓度在 6 月 1 日上午有明显的下降。

第三阶段(污染清除):该阶段除南京外其他站点的降雨量多达 10~18 mm,比前两个阶段显著升高,南京站的降水量低于 5 mm 且有轻雾发生。各站点的平均相对湿度为 77%~96%,尽管本阶段各站点的颗粒物浓度很低,$PM_{2.5}$ 浓度只有 25~64 $\mu g/m^3$,但南京发生的轻雾和其他站点的大雨都会使能见度保持在 4.2~10.4 km 这样一个较低的水平。

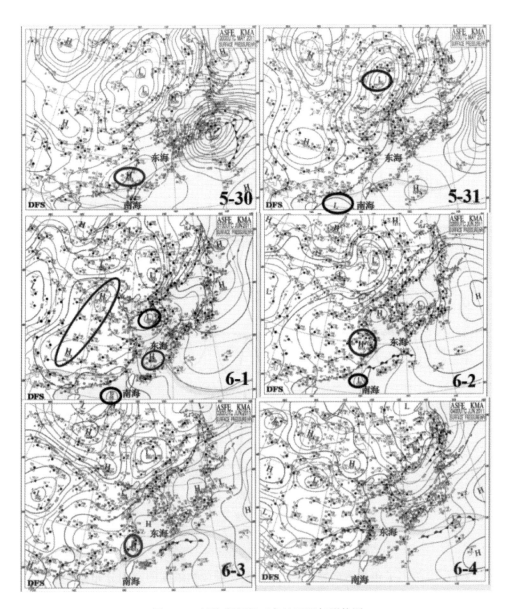

图 5-15　污染期间长三角地区天气形势图

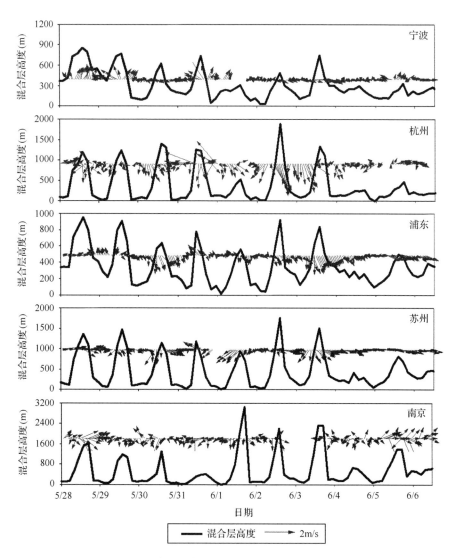

图 5-16　污染期间各站点边界层高度与风向风速变化

　　图 5-18 给出了包含后向轨迹、火点位置和颗粒物浓度的空间分布图。注意到 6 月 1 日和 6 月 4~5 日长三角地区有较厚的云层覆盖,可能会使卫星火点数量有所遗漏(http://modis-atmos.gsfc.nasa.gov/IMAGES)。从后向轨迹看到主导风向从 5 月 31 日的南风逐步转变为 6 月 1 日的西风,并在 6 月 2 日处于静稳状态。火点主要集中于浙江东北部的杭州湾、上海市的南边郊区和江苏省南部太湖旁。综合分析,浦东和苏州站主要受到来自浙江北部杭州湾区域的秸秆焚烧传输,杭州

和宁波则主要受到浙江北部的杭州湾及东南角落的农业区影响。南京则主要受到安徽省中部区域的秸秆焚烧影响。

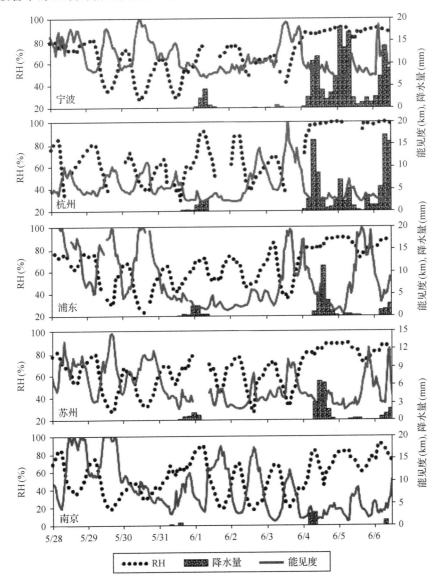

图 5-17　污染期间各站点相对湿度、降水量及能见度变化

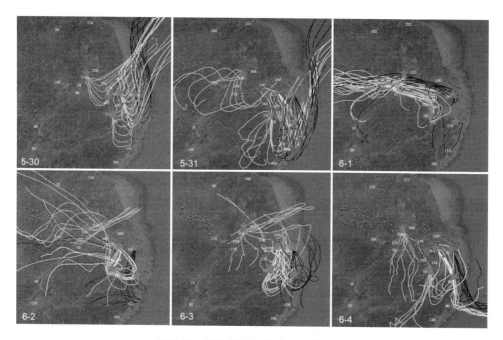

图 5-18　污染期间各站点后向轨迹图

图中五角星代表站点位置,每种颜色线代表某一个站点的后向轨迹,红点代表卫星探测到的火点位置,

白色数字代表该日 PM$_{10}$ 平均浓度,单位为 μg/m^3

本图另见书末彩图

5.3.3　秸秆焚烧贡献定量评估

　　两种不同的方法用于估算秸秆焚烧对颗粒物浓度的定量贡献,它们分别为基于示踪物的化学质量平衡(CMB)受体模型(Watson et al,2008)和基于情景模拟的空气质量模型,空气质量模型选用前述的 WRF/CMAQ 模型。针对基于示踪物的化学质量平衡模型,常用于生物质燃烧的示踪物包括水溶性钾离子(Cheng et al,2013;Duan et al,2004)、左旋葡聚糖(Sullivan et al,2008;Wang et al,2007)和不同波长对黑碳光吸收能力的差异(Wang et al,2011)等。本研究选用非土壤水溶性钾离子作为示踪物,通过源谱中富集组分的质量比乘以大气颗粒物非土壤水溶性钾离子的浓度,估算大气中 PM$_{2.5}$、有机碳和无机碳来自秸秆焚烧的贡献大小和比例。表 5-6 总结了全球生物质燃烧的源谱测量相关研究的 PM$_{2.5}$、有机碳和无机碳与水溶性钾离子的比例。可以看到它们的结果差异很大,即使同一种生物质类型如小麦秸秆或水稻秸秆,其源谱的变化范围也会达到 1.4～4.9 倍,这可能和燃料选用、燃烧条件控制和测量方法都有关系。由于长三角地区 5～6 月以小麦秸秆焚烧为主,而 Li 等(2007)的测量地山东最接近长三角地区,因此本研究的源谱

数据选用小麦秸秆焚烧测量结果,即 $PM_{2.5}/K^+$、OC/K^+ 和 EC/K^+ 质量比分别设定为 10.1、3.9 和 0.8,在此基础上乘以离线采样非土壤水溶性钾离子分析结果即得秸秆焚烧的贡献浓度。

表 5-6　生物质焚烧排放颗粒物富集组分与标志物质量比相关研究汇总

指标	生物质类型	测量地点	质量比	参考文献
$PM_{2.5}/K^+$	小麦秸秆	中国山东	10.1	Li et al,2007
		美国华盛顿	4.07	Hays et al,2005
	水稻秸秆	南亚	50	Sheesley et al,2003
		美国华盛顿	175.4	Hays et al,2005
	玉米秸秆	中国山东	11.8	Li et al,2007
	农作物秸秆	美国加州	14.2	SPECIATE4.3,2009
		全球平均	9.1~30	Andreae and Merlet,2001
OC/K^+	小麦秸秆	中国山东	3.9	Li et al,2007
		美国华盛顿	0.8	Hays et al,2005
	水稻秸秆	南亚	26.3	Sheesley et al,2003
		美国华盛顿	121.1	Hays et al,2005
	玉米秸秆	中国山东	3.9	Li et al,2007
	农作物秸秆	美国加州	5.5	SPECIATE4.3,2009
		全球平均	7.7~25.8	Andreae and Merlet,2001
EC/K^+	小麦秸秆	中国山东	0.8	Li et al,2007
		美国华盛顿	0.5	Hays et al,2005
	水稻秸秆	南亚	1.6	Sheesley et al,2003
		美国华盛顿	2.3	Hays et al,2005
	玉米秸秆	中国山东	0.4	Li et al,2007
	农作物秸秆	美国加州	1.6	SPECIATE4.3,2009
		全球平均	1.6~5.3	Andreae and Merlet,2001

WRF/CMAQ 空气质量模型的情景模拟包括了针对五个子区域的六次情景模拟。五个子区域为浙江省、上海市、江苏省、安徽省和东部其他省份的行政区划范围。基础情景为所有区域所有类型源都打开的情景,主要用于污染现状过程的模拟和验证,剩余的五个情景对应每个子区域的秸秆焚烧源关闭的模拟结果,基础情景与这五个情景中某个情景的浓度结果之差即认为是某个子区域的秸秆焚烧贡献的污染浓度,五次浓度结果之差的加和即认为是区域所有地区的秸秆焚烧总的贡献浓度,提取五个监测点所在受体网格的对应结果即得每个监测点受不同区域及所有区域的秸秆焚烧贡献。图 5-19 比较了基础情景模拟 $PM_{2.5}$ 结果与各站点在

线 TEOM 的观测结果对比。可以看到,模拟和观测结果之间的变化趋势及绝对值吻合得较好,误差较明显的是杭州和宁波的部分时段。杭州在 6 月 1 日的模拟峰值结果比观测结果低两倍左右,直接导致归一化的平均误差模拟值比观测值低38%。尽管宁波的归一化平均误差只有 7%,但 6 月 1 日观测到的持续性累积的污染高峰没有完全模拟出来,而后面几日模拟出的日变化峰值在观测数据中并不

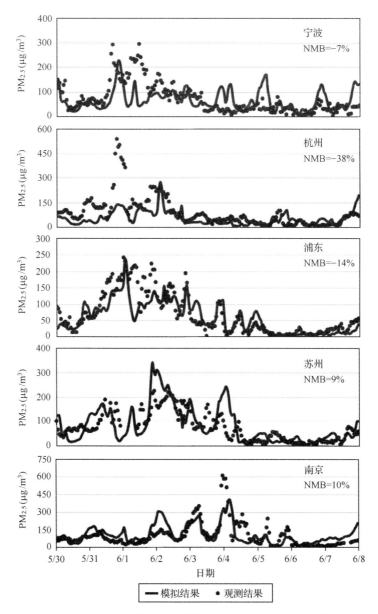

图 5-19　模型模拟结果与观测结果 PM$_{2.5}$浓度验证比较

明显。由于其他站点较好的模拟结果,基本排除了气象条件和人为工业源具有较大误差,导致杭州和宁波两个站点明显偏差可能与秸秆焚烧源的绝对排放量或空间分配的误差有关。

表5-7比较了污染时段利用模型和观测数据两种方法估算得到的各站点受秸秆焚烧贡献的$PM_{2.5}$、有机碳和无机碳的绝对值及与大气浓度的质量百分比。对模型方法的结果和观测估算结果进行了比较,南京的模拟和观测结果最为接近,除了$PM_{2.5}$观测比模拟结果高约10 μg/m^3,有机碳和无机碳的误差分别为3 μg/m^{3}和0.3 μg/m^3;浦东两种方法的三项指标误差都不高,$PM_{2.5}$、有机碳和无机碳的误差分别为1 μg/m^3、5 μg/m^{3}和1 μg/m^3;苏州的模拟结果比观测结果总体要高,模拟结果的$PM_{2.5}$、有机碳和无机碳分别比观测结果高14 μg/m^3、15 μg/m^{3}和3 μg/m^3。尽管两种方法都有自身的误差因素,但两种方法所给出的来自秸秆焚烧的颗粒物浓度贡献绝对值和质量比都非常显著,说明秸秆焚烧对此次污染形成起到重要作用。

表5-7　各站点不同方法计算得到的秸秆焚烧颗粒物浓度贡献

站点	方法	$PM_{2.5}$（平均值±标准差）		OC（平均值±标准差）		EC（平均值±标准差）	
		绝对值（μg/m^3）	质量比（%）	绝对值（μg/m^3）	质量比（%）	绝对值（μg/m^3）	质量比（%）
宁波	模型	30.0±8.0	41.4±5.3	18.1±4.1	85.7±5.4	3.7±0.9	70.9±8.6
杭州	模型	17.6±16.5	23.4±12.7	7.8±8.8	55.7±27.5	1.5±1.8	37.8±25.8
浦东	观测	29.2±23.4	25.8±14.9	10.4±8.3	47.7±26.0	2.1±1.7	43.7±27.3
	模型	28.1±10.4	34.9±4.9	15.2±4.5	68.9±7.8	3.1±0.9	67.8±9.3
苏州	观测	35.7±21.2	30.1±12.5	12.7±7.5	59.6±22.3	2.5±1.5	56.2±35.2
	模型	49.2±28.0	43.2±7.6	28.2±14.5	85.5±6.6	5.8±3.0	77.5±9.3
南京	观测	74.9±48.4	46.7±18.9	26.6±17.2	70.8±15.7	5.3±3.4	69.8±22.1
	模型	64.5±26.7	47.9±8.1	29.4±13.3	82.7±6.9	5.6±2.8	60.7±13.3

不同站点受秸秆焚烧影响的程度也有所不同,严重程度依次为南京、苏州、上海和宁波,杭州所受影响最小。对于南京站,秸秆焚烧贡献了47%~48%(65~75 μg/m^3)的$PM_{2.5}$、71%~83%(27~29 μg/m^3)的有机碳和61%~70%(5~6 μg/m^3)的元素碳。江苏和安徽两省广泛分布的秸秆焚烧源使得处于中心地理位置的南京受影响最大。苏州站受秸秆焚烧影响依次为$PM_{2.5}$:30%~43%(36~49 μg/m^3),有机碳:60%~86%(13~28 μg/m^3),元素碳:56%~78%(3~6 μg/m^3)。苏州站位于长三角地区的中心地带,浙江省、江苏省和上海市的秸秆焚烧都有可能会影响到苏州的空气质量。对于宁波和浦东站,26%~41%(28~

30 μg/m³）的 PM$_{2.5}$、48%～86%（10～18 μg/m³）的有机碳和 44%～71%（2～
4 μg/m³）的元素碳都来自秸秆焚烧贡献，它们都位于东海边上，更多的是受到浙江
省和上海市的秸秆焚烧传输影响。对于杭州站，只有 23%（18 μg/m³）的 PM$_{2.5}$、
56%（8 μg/m³）的有机碳和 38%（2 μg/m³）的元素碳来自秸秆焚烧。由于这只是
模型模拟结果，如图 5-19 所示，杭州站的现状模拟比真实观测结果要显著偏低，因
此杭州站的模拟贡献也相应地会被低估。

　　图 5-20 显示了模拟结果给出的不同子区域的秸秆焚烧对各站点的 PM$_{2.5}$ 质量
浓度贡献比例。可以看出，浦东站 PM$_{2.5}$ 主要受上海市（16.4%）和浙江省
（10.8%）影响，其他区域之和只有 6.4%。宁波、苏州和杭州主要受到浙江秸秆源
的输送影响，PM$_{2.5}$ 的贡献率分别为 28.9%、27.2% 和 17.3%。对南京站来说，江
苏和安徽两省的贡献最为显著，分别为 27.4% 和 14.5%。不难看出，秸秆焚烧已
经不仅仅影响局地区域的空气质量，它在合适的气象输送条件下能够跨城市、甚至
跨省地影响其他区域的空气质量。

　　综上所述，秸秆焚烧对此次污染的 PM$_{2.5}$ 浓度贡献在 23%～48%，尽管它的年
排放量只有所有源 PM$_{2.5}$ 排放的 11%（Fu et al,2013），且大气中大部分 PM$_{2.5}$ 并不
是工业源直接排放而是气态污染物氧化生成，但它在短时间内的集中高强度排放
可以带来 PM$_{2.5}$ 浓度的快速上升，降低能见度而导致霾污染发生，若遇上不利的扩
散条件污染程度将非常严重。

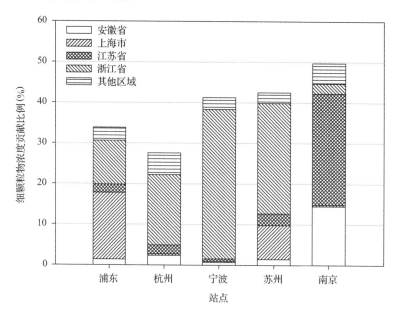

图 5-20　各站点来自秸秆焚烧贡献的 PM$_{2.5}$ 质量浓度的区域分担图

5.4　秋季典型霾过程的影响因素和来源解析

秋冬季是长三角地区霾高污染频发季节,秋季可能受多种因素影响。一方面由于气温持续下降,辐射逆温等静稳天气条件时有发生,另一方面秋收秸秆焚烧经常会在 10 月底、11 月初对长三角地区空气质量产生严重影响。还有一个不利因素是大雾的发生,历史统计 11 月份是长三角地区大雾发生最多的月份,大雾不仅直接降低能见度,而且也经常同步伴随不利扩散条件。所以秋季虽不是污染最重的季节,却是不利影响因素最多的季节。本节将对前述 11 月中旬的一次重污染过程展开分析,评估各要素对本次污染的影响贡献。

5.4.1　能见度及颗粒物污染特征

图 5-21 给出了各站点污染时段的 $PM_{2.5}$、$PM_{10\sim2.5}$ 的逐时质量浓度,污染时段

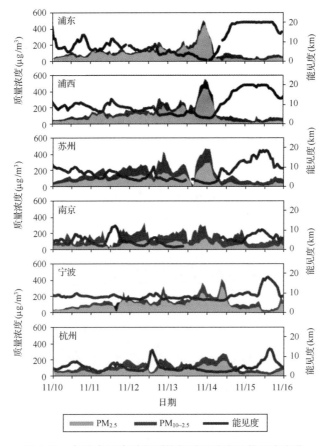

图 5-21　各站点污染时段颗粒物质量浓度及能见度变化

平均的 PM₁₀ 质量浓度分别为 145 μg/m³（杭州：126 μg/m³，苏州：171 μg/m³），
PM₂.₅ 为 89 μg/m³（南京：63 μg/m³，浦西：106 μg/m³），污染期间 PM₁₀ 最大日均浓
度为 223 μg/m³（杭州：159 μg/m³，浦西：275 μg/m³），PM₂.₅ 为 149 μg/m³（南京：
91 μg/m³，浦西：215 μg/m³），均发生在 11 月 13 日。所有站点平均能见度为
7.6 km，最小日均能见度为 1.6 km。各站点总体呈现同步发展趋势，即从 11 月
10 日开始，污染物浓度逐步累积，然后在 11 月 14 日达到顶峰，11 月 15 日快速回
落。但各站点的表现具有一定差异。浦东、浦西、苏州在 11 月 14 日快速升高然后
快速下降，而宁波和杭州在 14 日更像污染的继续累积抬升，南京则整个过程都是
保持典型日变化规律基础上缓慢整体累积抬升至 14 日，然后 15 日整体下降。

　　图 5-22 给出了各站点污染时段气态污染物质量浓度变化。污染时段中 SO₂，
NO₂ 以及 O₃ 浓度范围分别为 30～80 μg/m³，30～150 μg/m³ 和 30～50 μg/m³。气

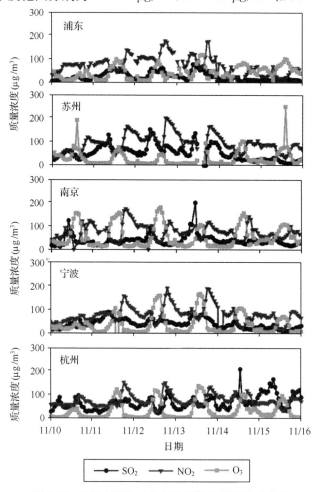

图 5-22　各站点污染时段气态污染物质量浓度变化

态污染物浓度的峰值出现在颗粒物浓度峰值之前,表明气态污染物的转化过程对细颗粒大量生成有重要影响。各站点的 SO_2 与 NO_2 质量浓度的昼夜变化趋于一致。单日 SO_2 的质量浓度峰值均出现在日间。此前有研究表明,2005～2009 年间长三角地区 SO_2 质量浓度昼夜变化的峰值出现在午夜,而 2009～2010 年 SO_2 质量浓度的峰值出现在日间(Qi et al,2012)。各站点 NO_2 质量浓度的峰值均出现在夜间,谷值出现在日间。由此推测,可能是日间人为排放的 NO 在夜间不利扩散条件下在近地面累计,转化为 NO_2 造成的。臭氧浓度在污染时段并未有显著变化,光化学过程在污染期间对颗粒物的生成可能并无重要作用。

从图 5-23 给出的各站点 $PM_{2.5}$ 化学组分浓度构成看,有机物和水溶性阴阳离子是 $PM_{2.5}$ 的主要成分,浦西站的在线结果显示,有机物从污染开始时的 14 $\mu g/m^3$($PM_{2.5}$ 质量的 35%)增加到污染高峰期的 102 $\mu g/m^3$($PM_{2.5}$ 质量的 24%),硫酸盐、硝酸盐和铵盐分别从污染初期的 5.8 $\mu g/m^3$($PM_{2.5}$ 的 14%)、7.1 $\mu g/m^3$($PM_{2.5}$ 的 19%)、4.4 $\mu g/m^3$($PM_{2.5}$ 的 11%)增加到污染高峰期的 79 $\mu g/m^3$($PM_{2.5}$ 的 19%)、90 $\mu g/m^3$($PM_{2.5}$ 的 22%)、55 $\mu g/m^3$($PM_{2.5}$ 的 14%),元素碳也从 1.4 $\mu g/m^3$($PM_{2.5}$ 的 3.3%)增加到 7.8 $\mu g/m^3$($PM_{2.5}$ 的 2%);对于其他站点的日均浓度而言,有机物从 20 $\mu g/m^3$(34%)增加到 64 $\mu g/m^3$(27%),硫酸盐、硝酸盐和铵盐分别从 7 $\mu g/m^3$(11%)、9 $\mu g/m^3$(16%)和 6 $\mu g/m^3$(10%)增加到 41 $\mu g/m^3$(17%)、43 $\mu g/m^3$(18%)、24 $\mu g/m^3$(10%),元素碳从 3 $\mu g/m^3$(5%)增加到 10 $\mu g/m^3$(4%)。就化学组分的质量百分比而言,污染高峰期和污染初期并没有特别大的改变,只有二次组分硫酸盐、硝酸盐等污染高峰期小幅度升高,而一次组分元素碳和一、二次并存的有机物相应有小幅度下降。一次组分和二次化学组分的同步增长,说明不利的气象扩散不仅造成了一次组分的堆积增长,也大大促进了二次粒子的生成概率。

5.4.2　污染来源解析

本章采用化学质量平衡法(CMB)对长三角地区本次秋季灰霾时段颗粒物化学组分进行源解析。化学平衡受体模型由线性方程构成(朱坦等,2000),表示每种化学组分的受体浓度等于各种排放源的成分谱中这种化学组分的含量值和各种排放源类对受体的贡献浓度值乘积的线性和。CMB 模型定量给出主要源对污染物的贡献,目前已得到广泛运用。

化学质量平衡法主要假设如下:

(1) 存在对受体中的大气颗粒物有贡献的若干源类;

(2) 各源排放颗粒物化学组分有显著差别;

(3) 各源排放颗粒物间无相互作用,在传输过程中变化可忽略。

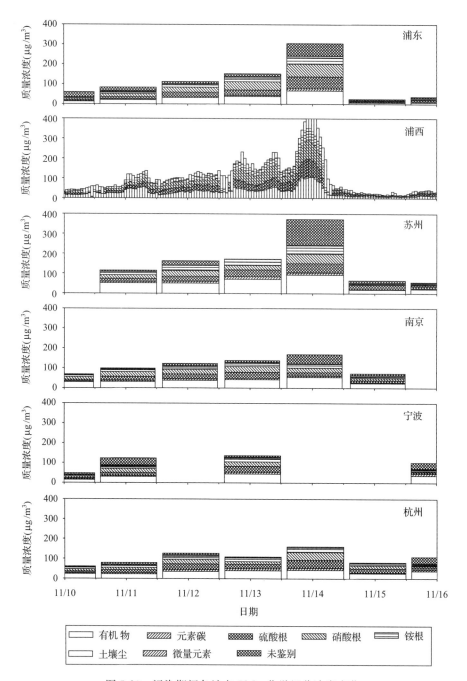

图 5-23　污染期间各站点 PM$_{2.5}$化学组分浓度变化

在该假设下,受体总物质浓度是各源贡献值的线性和,即:

$$C_i = \sum_{j=1}^{J} F_{ij} \cdot S_j \quad i = 1, 2, \cdots, I; j = 1, 2, \cdots, J$$

式中,C_i 为颗粒物化学组分 i 质量浓度测量值,$\mu g/m^3$;F_{ij} 为第 j 类源颗粒物化学组分 i 的测量值百分含量,%;S_j 为第 j 类源贡献的质量浓度计算值,$\mu g/m^3$;J 为源数目;$j = 1, 2, \cdots, J$;I 为化学组分数,$i = 1, 2, \cdots, I$。

$$源 j 的贡献率:\eta = (S_j/C) \times 100\%$$

利用美国环境保护署(EPA)开发的 CMB 8.2 模型进行分析。本研究采用九类源,分别为工业煤燃烧、民用天然气燃烧、民用生物质燃烧、工业钢铁生产、机动车排放、沙尘、开放性生物质燃烧、硝酸盐二次生成、硫酸盐二次生成,通过文献调研建立源成分谱,受体成分谱为观测值。

表 5-8 为各站点源解析结果。颗粒物的二次生成对 $PM_{2.5}$ 浓度贡献最大,对于南京,上海和苏州三个城市,二次生成过程贡献超过 50%,对宁波贡献超过 40%。不同城市一次排放源的贡献大小各有不同。机动车污染贡献占 22% 是宁波市最大的一次污染来源。对于南京,上海和苏州,生物质燃烧(包括民用生物质与开放性生物质燃烧)是最大的一次排放源,分别贡献 16%,16% 与 26%。

表 5-8　污染期间各站点 $PM_{2.5}$ 来源解析结果(%)

站点	上海	苏州	南京	宁波
工业用煤	11	7	5	5
民用天然气	4	0	0	5
民用生物质	11	21	11	7
钢铁制造业	1	4	5	2
机动车	8	6	15	22
沙尘	2	7	4	2
开放性生物质燃烧	5	4	5	14
硫酸盐二次生成	25	26	25	22
硝酸盐二次生成	33	24	30	21

对于颗粒物不同化学组分,源解析结果也有所不同(表 5-9)。对于有机颗粒物,民用生物质燃烧与机动车贡献最为显著。同时,机动车也是元素碳的主要贡献源。二次无机离子主要来源于颗粒物的二次生成过程,尤其对硝酸盐的贡献,超过 97%。四个城市中,颗粒物的二次生成过程在上海的颗粒物污染中贡献最高。这

一结果与颗粒物污染特征结果一致,进一步解释了上海较低的气态污染物浓度而较高的颗粒物浓度。此外,生物质燃烧的贡献也解释了污染过程中 K^+ 浓度的迅速升高。

表 5-9   颗粒物不同化学组分源解析结果平均值(%)

	PM$_{2.5}$	OC	EC	NH$_4^+$	NO$_3^-$	SO$_4^{2-}$
工业用煤	7.13	5.61	14.14	1.94	0.43	9.19
民用天然气	2.23	5.68	2.22	0.08	0.39	1.37
民用生物质	12.63	33.15	15.52	1.23	0.06	1.61
钢铁制造业	2.93	1.82	0.78	0.16	0.15	2.10
机动车	12.55	35.94	32.68	1.60	0.10	0.49
沙尘	3.65	4.38	29.34	0.04	0.13	0.17
开放性生物质燃烧	7.26	13.41	5.33	3.83	0.16	0.60
硫酸盐二次生成	24.85	0.00	0.00	50.52	0.00	84.47
硝酸盐二次生成	26.77	0.00	0.00	40.62	98.58	0.00

5.4.3　气象条件及成因分析

根据其他研究对本次污染过程的天气形势的分析结果(吴珂等,2012),长三角地区污染开始阶段高空主要受偏西气流影响,地面则由贝加尔湖高压底前部的较弱气压场所控制,大气处于静稳状态,一直持续到 13 日下午,随着地面高压中心不断增强并逐渐东移南下,到 14 日早上,受较强冷空气南下影响,扩散条件迅速变好,污染也较快地被消除。图 5-24 所示的边界层高度与风向风速变化也显示了相似的变化规律。平均风速从 11 月 10~11 日的 >1.5 m/s 下降到 11 月 12~13 日的 <0.6 m/s,与此同时边界层高度从 413~709 m 下降到 244~422 m,并在 11 月 12 日和 13 日清晨杭州、南京和苏州的边界层高度接近于 0。

图 5-25 给出了上海、杭州和南京三个气象站探空数据的温度垂直分布情况。在 11 月 10 日,逆温层都在 1000 m 以上发生,到 11 日,南京的接地逆温已比较明显,上海和杭州初露端倪,12 和 13 日三个站点都表现出较强的接地逆温,14 日只有杭州和南京还有已不明显的接地逆温,直至 15 日三个站点逆温全部消失。从天气形势、水平风速和垂直温度分布及边界层高度综合分析,静稳的不利扩散是此次污染的主要原因,它一方面增加了一次颗粒物在边界层内的累积,另一方面增大了气态前体物的接触概率,使得更多的气态前体物通过各种途径氧化为二次颗粒物。

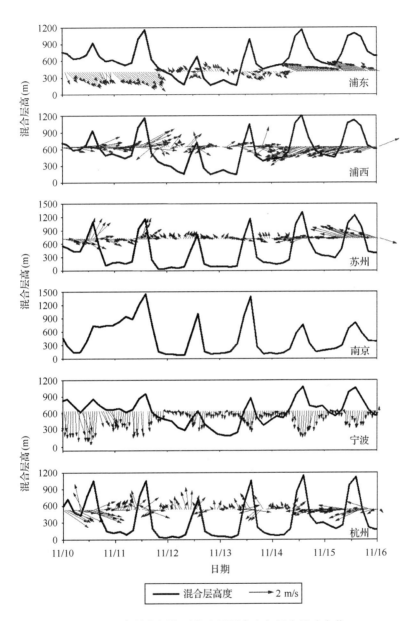

图 5-24　各站点污染时段边界层高度与风向风速变化

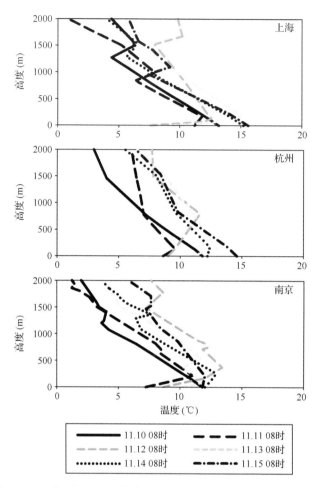

图 5-25   上海、杭州、南京气象站污染时段每日 08 时垂直温度分布

通过化学组分分析发现,图 5-26 所示的水溶性钾离子在此次污染过程也有轻微升高,从 1 $\mu g/m^3$ 升高到 2～3 $\mu g/m^3$,按照 5.3 节的方法及系数进行简单估算,秸秆焚烧贡献的 $PM_{2.5}$ 浓度也从 10 $\mu g/m^3$ 升高到 20～30 $\mu g/m^3$,占 $PM_{2.5}$ 的质量浓度比例为 10%～20%,比夏收秸秆焚烧的影响贡献降低明显。必须指出的是,本次污染过程的时间为 11 月中旬,已经过了秋季秸秆焚烧的高峰期 10 月底 11 月初,所以不能由此推断秋季秸秆焚烧对空气质量的影响不大,事实上关于秋收秸秆焚烧导致长三角地区空气重污染屡有报道(孙燕等,2010;朱佳雷等,2011)。

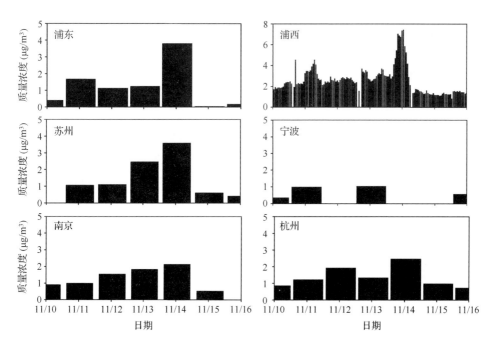

图 5-26 各站点污染时段 PM$_{2.5}$ 非土壤水溶性钾离子浓度变化

此外,针对 11 月 14 日上午的突发浓度峰值,气象网站及媒体报道当天凌晨在上海、苏州等地有严重大雾发生(图 5-27)。图 5-28 为 11 月 13、14 日的气团后向轨迹图。后向轨迹模拟显示,相较于 11 月 13 日气流从西北一带输送至观测站点,11 月 14 日的气团方向已转为东北,由海上输送至长三角地区。虽然从前面的扩散参数变化得到,11 月 14 日的扩散条件比 11 月 12、13 日有所好转,但海上输送的气团带来的丰富的水汽,十分有利于气态前体物通过液相氧化化学反应进入颗

图 5-27 11 月 14 日清晨大雾时上海的现场照片

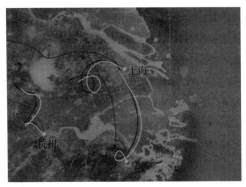 

(a) 11月13日的后向轨迹图　　　　　　　(b) 11月14日的后向轨迹图

图 5-28　污染时段内气团后向轨迹图

本图另见书末彩图

粒态,同时有助于水溶性离子等组分的吸湿增长。另一方面,气象上虽然将 11 月 14 日归为雾天,但从颗粒物浓度看它也是一个重污染天,实际上也同时属于霾污染,单纯的雾天定义会削弱人们对污染的识别,从而降低了人们的污染防范意识而对人群造成更大的健康损害。11 月 14 日的气团输送自海上,空气清洁,当日扩散条件好转,午后污染物浓度显著下降。

5.5　冬季静稳天气对 $PM_{2.5}$ 和能见度的影响

冬季是长三角地区乃至全国霾重污染高发季节。虽然南方没有北方因供暖燃煤排放显著上升的排放影响,但冷空气南下和夜间辐射逆温静稳是形成冬季高污染的两大因素。北方冷空气的南下虽然通常伴随着大风、边界层较高等有利条件,但也会把沿途的污染气团带到长三角地区。在冷空气过境后,长三角地区迅速转为静稳条件下本地排放累积造成污染。由于北方冷空气的周期性形成及南下影响,整个冬季基本就在冷空气输送和局地区域性静稳这两种天气类型下循环变化。本节将针对前述的 12 月中旬的一次区域性霾污染,详细分析其污染特征以及气象影响的过程,并对北方污染传输的影响做了定量评估。

5.5.1　能见度及颗粒物污染特征

图 5-29 给出了 12 月 14 日上海和南京拍摄的能见度照片。从上海浦西外滩向浦东陆家嘴金融区望去的照片,天空中一片混浊,主要建筑物群的轮廓模糊,同样在南京电视塔周围的建筑物也几乎浑浊一片。图 5-30 给出了各站点污染时段的 $PM_{2.5}$、PM_{10} 的逐时质量浓度,污染时段平均的 PM_{10} 质量浓度分别为 144 μg/m³

图 5-29　12 月 14 日上午拍摄于上海和南京市区能见度状况

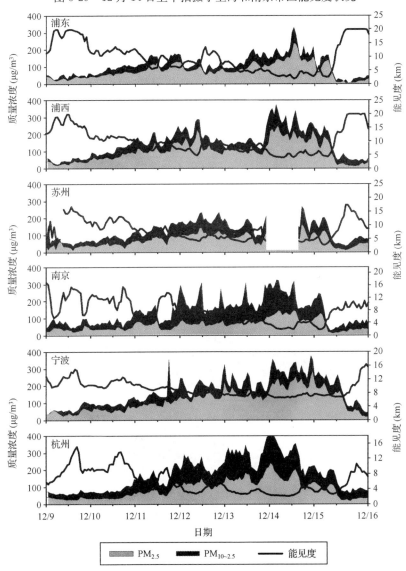

图 5-30　各站点污染时段颗粒物质量浓度及能见度变化

（浦东：109 μg/m³，杭州：175 μg/m³），PM$_{2.5}$为 85 μg/m³（南京：57 μg/m³，宁波：116 μg/m³），污染期间 PM$_{10}$最大日均浓度为 233 μg/m³（苏州：179 μg/m³，宁波：291 μg/m³），PM$_{2.5}$为 149 μg/m³（苏州：105 μg/m³，宁波：215 μg/m³），均发生在 12 月 14 日。所有站点平均能见度为 8.4 km，最小日均能见度为 4.3 km。各站点的时间变化表现出总体一致性，即从 12 月 9 日开始逐步累积，至 12 月 14 日凌晨达到峰值，之后开始较快下降至 16 日恢复污染前水平。值得注意的是浦东、浦西和苏州三站在 12 月 12 日中午至 13 日中午污染浓度几乎保持不变，13 日下午开始快速上升。

图 5-31 只给出了浦西和苏州两个站点 PM$_{2.5}$化学组分在线时均浓度变化。有机物和水溶性阴阳离子仍然是 PM$_{2.5}$的主要成分，对于浦西站而言，有机物从污染开始时的 8 μg/m³（PM$_{2.5}$质量的 26％）增加到污染高峰期的 65 μg/m³（PM$_{2.5}$质量的 36％），硫酸盐、硝酸盐和铵盐分别从污染初期的 7 μg/m³（PM$_{2.5}$的 23％）、6 μg/m³（PM$_{2.5}$的 18％）、5 μg/m³（PM$_{2.5}$的 15％）增加到污染高峰期的 28 μg/m³（PM$_{2.5}$的 15％）、43 μg/m³（PM$_{2.5}$的 25％）、25 μg/m³（PM$_{2.5}$的 14％），元素碳也从 0.6 μg/m³（PM$_{2.5}$的 2％）增加到 9 μg/m³（PM$_{2.5}$的 5％）。苏州站的有机碳和元素碳也表现出了和浦西站相似的变化特征。虽然污染高峰期各种组分的绝对质量浓度上升显著，但二次水溶性离子的质量百分比或者在下降或比一次组分上升比例低，这与秋季污染时段情况有所不同。

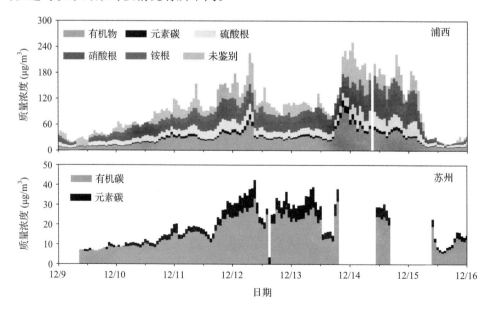

图 5-31　浦西和苏州两站点污染期间在线 PM$_{2.5}$化学组分浓度变化

5.5.2　气象成因分析

本次污染过程的主要成因为气象扩散条件的影响。如图 5-32 给出的天气形势图所示，在污染初期的 12 月 9 日，长三角地区主要受大范围的北方冷高压的远距离控制，但从 11 日到 13 日，逐渐被本地的高压中心所控制，直到 14 日重新恢复了北方冷高压的控制。从图 5-33 给出的气温随时间变化也能看出，9 日中午冷空气前锋已经到达长三角地区，各站点的气温开始下降，直到 10、11 日各站点先后到达最低温度，而后冷空气影响结束，气温升高，污染累积的过程开始。此次污染过程各站点几乎没有降雨，相对湿度在污染前后没有明显的变化。

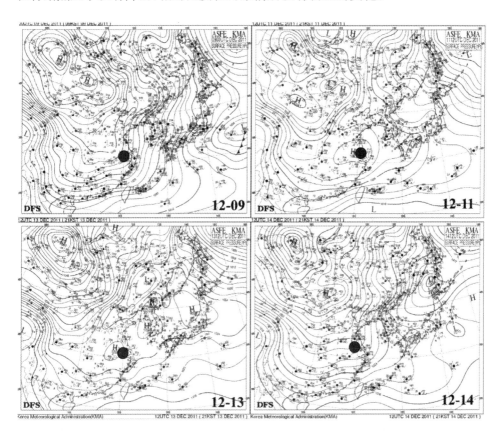

图 5-32　污染时段典型日长三角地区天气形势图(黑点表示长三角区域所在位置)

图 5-34 所示的边界层高度与风向风速时间变化也随冷空气的到来而变化。平均风速从 12 月 9～10 日的 >1.9 m/s 下降到 12 月 11～13 日的 <0.6 m/s，与此同时边界层高度从 871～928 m 下降到 146～391 m，并在 12 月 12 日和 13 日清

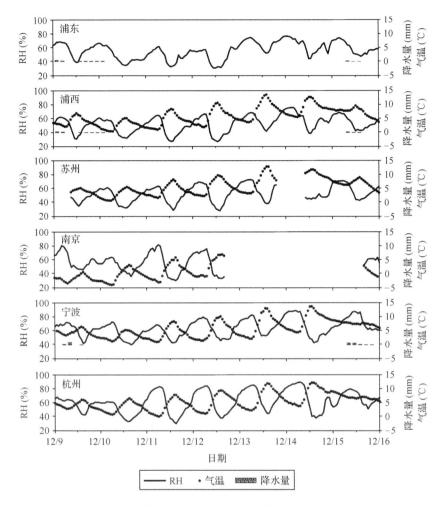

图 5-33　污染时段各站点气温、相对湿度和降雨量变化

晨杭州、南京和苏州的边界层高度接近于 0 m。图 5-35 给出了上海、杭州和南京
三个气象站的探空数据的温度垂直分布情况。在 12 月 9～10 日,逆温层发生高度
都在 1500 m 以上发生,到 12 月 11 日,三地的接地逆温已初露端倪,12～14 日三
个站点都表现出较强的接地逆温,直至 15 日三个站点逆温全部消失。从天气形
势、水平风速和垂直温度分布及边界层高度变化综合分析,冷空气过境后的区域性
静稳天气是此次污染的主要原因,且逆温持续时间比秋季更为持久。

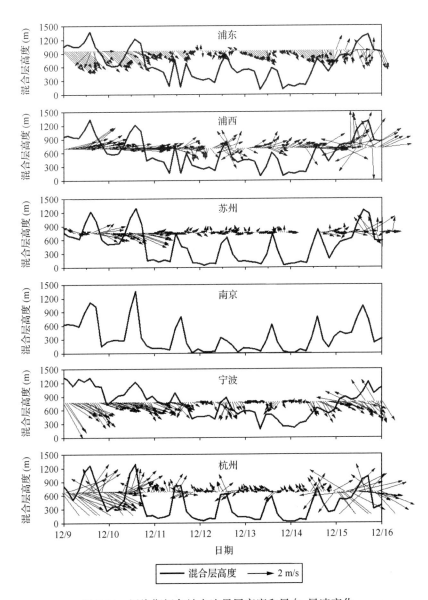

图 5-34　污染期间各站点边界层高度和风向、风速变化

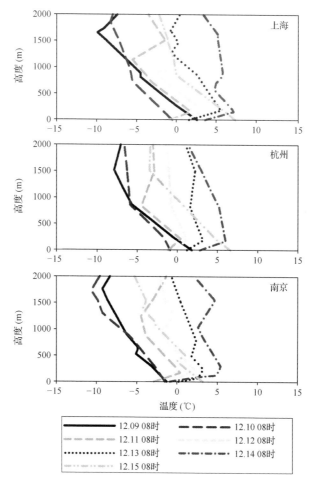

图 5-35　污染期间上海、杭州和南京每日 08 时的温度垂直廓线

5.5.3　本地及区域贡献

为了更好的描述此次污染过程的本地及区域特征及贡献,利用空气质量模型进行情景模拟,定量评估大气颗粒物浓度来自北方各省及本地排放的贡献比例。图 5-36 显示各站点模拟浓度与实测值吻合较好,模型总体再现了此次污染过程。图 5-37 描述了 12 月 10～15 日 PM$_{2.5}$浓度的空间变化,图 5-38 定量给出了不同区域对各站点 PM$_{2.5}$的浓度贡献。可以看到,14 日之前由于静稳天气的控制,本地贡献占主导,12～13 日南京、苏州、上海、杭州和宁波的本地贡献分别为 66.2%,77.4%,41.4%,47.5%和 53.4%。14 日开始,本地高压开始减弱,北部冷空气南下,江苏对上海和浙江的贡献显著增加,14～15 日江苏对上海、杭州和宁波的贡献为 42.8%,39.6%和 36.2%,可见长三角地区内部城市之间的传输已经不可忽视。

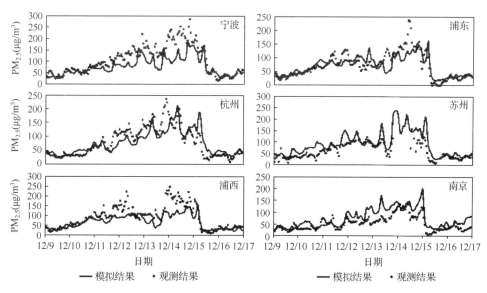

图 5-36　污染期间各站点 PM$_{2.5}$浓度模拟与观测值对比

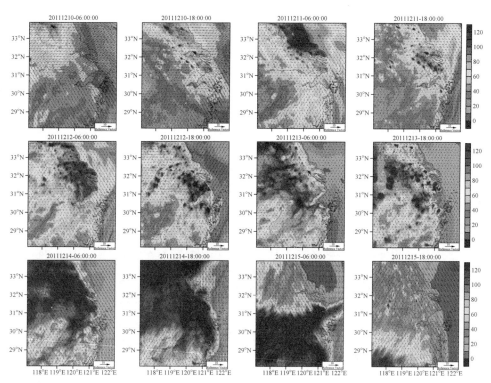

图 5-37　PM$_{2.5}$浓度分布图（μg/m³）

本图另见书末彩图

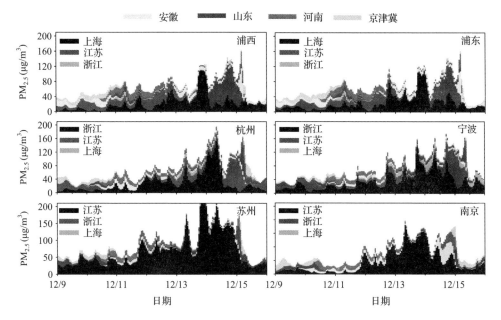

图 5-38 污染期间各站点 PM$_{2.5}$浓度各省份贡献分担率

本图另见书末彩图

5.6 小 结

(1) 2011～2012 年一年期的联合观测表明,长三角地区平均能见度为 10.8 km,PM$_{10}$年均浓度为 86 μg/m^3,PM$_{2.5}$为 50 μg/m^3,相对湿度平均为 68%。PM$_{2.5}$样品的化学分析结果表明,有机物质量比重达 28%,硫酸盐为 17%,铵盐和硝酸盐分别为 15%和 14%,元素碳和其他水溶性离子各占 7%和 5%,土壤尘和微量元素为 4%和 1%,未鉴别成分比例为 10%。二次无机离子占总质量的 51%,表明气态污染物的氧化是 PM$_{2.5}$的主要来源。

(2) 长三角地区能见度总体呈现出盛夏和初秋最好,深秋及整个冬天最差的季节变化规律,PM$_{2.5}$浓度在春季的 5 月和冬季的 12 月最高达到 60 μg/m^3,夏季 7 月和 8 月及秋季的 9 月和 10 月浓度最低为 40 μg/m^3 左右,相对湿度在夏季的 6 月、7 月和 8 月、秋季的 11 月最高且都在 70%以上。基于一年联合观测结果,筛选出了区域性严重霾污染的代表性事件,它们分别发生在春季、春夏之交、秋季、冬季,分别代表了沙尘暴、夏收秸秆焚烧、秋季气象与秸秆混合影响和冬季静稳不利扩散四种类型。

(3) 5 月 1 日～5 日为沙尘暴传输类型,整个污染时段各站点 PM$_{10}$ 和 PM$_{2.5}$ 的平均浓度分别为 359 μg/m^3 和 97 μg/m^3,能见度平均为 8.5 km。PM$_{2.5}$化学组分

中有机物、硫酸盐和硝酸盐的浓度不同程度下降,土壤元素铝、钙、铁等的浓度迅速增长。全国监测网和轨迹分析显示此次沙尘暴从内蒙古经河北、山东等地传输至长三角地区,且停留在东海的沙尘团通过风向改变对上海等地造成二次沙尘污染。

(4) 5 月 28 日～6 月 6 日为夏收秸秆焚烧类型,长三角地区各站点 PM_{10} 和 $PM_{2.5}$ 平均浓度分别为 136～204 $\mu g/m^3$ 和 106～134 $\mu g/m^3$,能见度平均为 7.8 km。水溶性钾离子和含碳组分的快速上升验证了此次主要由秸秆焚烧导致,同时高压天气形势导致的不利扩散条件对此次污染形成起了重要作用。监测结果和模型模拟结果表明,秸秆焚烧分别贡献了 23%～48% 的 $PM_{2.5}$、48%～86% 的有机碳和 38%～78% 的元素碳。后向轨迹显示杭州和宁波主要受浙江北部秸秆焚烧传输影响,而上海和苏州则受到浙江北部和上海南部郊区的影响,南京则主要受到江苏南部和安徽中北部秸秆焚烧的影响。

(5) 11 月 10 日～15 日为秋季典型污染过程,污染期间 PM_{10} 和 $PM_{2.5}$ 平均质量浓度分别为 145 $\mu g/m^3$ 和 89 $\mu g/m^3$,最大日均浓度分别为 223 $\mu g/m^3$ 和 149 $\mu g/m^3$。所有站点平均能见度为 7.6 km,最小日均能见度为 1.6 km。$PM_{2.5}$ 的一次和二次颗粒物组分同时增长迅速,同步观测资料分析显示,接地逆温为代表的静稳天气,秋收秸秆焚烧和大雾天气都对本次污染的形成和持续起了重要作用。

(6) 12 月 9 日～15 日为冬季典型污染过程。污染期间 PM_{10} 和 $PM_{2.5}$ 平均质量浓度分别为 144 $\mu g/m^3$ 和 85 $\mu g/m^3$,最大日均浓度分别为 233 $\mu g/m^3$ 和 149 $\mu g/m^3$。所有站点平均能见度为 8.4 km,最小日均能见度为 4.3 km。气象资料和模拟结果显示,冷空气从北方传输风速较大,北方沿途的污染气团对长三角地区影响有限,冷空气过境后紧接着的静稳天气有利于污染物的累积,本地排放和相邻省份排放为主要贡献来源,整个冬季大部分时间处于这两个过程的交替影响中。

参 考 文 献

孙燕, 张备, 严文莲, 等. 2010. 南京及周边地区一次严重烟霾天气的分析. 高原气象, (03): 794-800.

吴珂, 汪婷, 曾山佰, 等. 2012. 2011 年秋末冬初苏州一次霾天气过程分析. //强化科技基础　推进气象现代化——第 29 届中国气象学会年会, S6 大气成分与天气气候变化. 中国辽宁沈阳, 2012-09-12.

余庆平, 沈照渤. 2010. 长三角地区 11 月大雾频次变化的天气气候背景. 大气科学学报, (02): 205-211.

朱佳雷, 王体健, 邢莉, 等. 2011. 江苏省一次重霾污染天气的特征和机理分析. 中国环境科学, 31(12): 1943-1950.

朱坦, 白志鹏, 朱先磊, 等. 2000. 源解析技术在环境评价中的应用——区域大气污染物总量控制. 中国环境科学, 20(S): 2-6.

Andreae M O, Merlet P. 2001. Emission of trace gases and aerosols from biomass burning. Global Biogeochemical Cycles, 15: 955-966. doi: 10. 1029/2000GB001382.

Cheng Y, Engling G, He K B, et al. 2013. Biomass burning contribution to Beijing aerosol. Atmospheric Chemistry and Physics, 13: 7765-7781.

Duan F K, Liu X D, Yu T, et al. 2004. Identification and estimate of biomass burning contribution to the urban aerosol organic carbon concentrations in Beijing. Atmospheric Environment, 38(9): 1275-1282.

Fu X, Wang S X, Cheng Z, et al. 2014. Source, transport and impacts of a heavy dust event in the Yangtze

River Delta, China, in 2011. Atmospheric Chemistry and Physics, 14: 1239-1254.

Fu X, Wang S, Zhao B, et al. 2013. Emission inventory of primary pollutants and chemical speciation in 2010 for the Yangtze River Delta region, China. Atmospheric Environment, 70: 39-50.

Hand J L, 2011. Spatial and seasonal patterns and temporal variability of haze and its constituents in the United States. Cooperative Institute for Research in the Atmosphere (CIRA), Colorado State University.

Hays M D, Fine P M, Geron C D, et al. 2005. Open burning of agricultural biomass: Physical and chemical properties of particle-phase emissions. Atmospheric Environment, 39: 6747-6764.

Huang X F, He L Y, Xue L, et al. 2012. Highly time-resolved chemical characterization of atmospheric fine particles during 2010 Shanghai World Expo. Atmospheric Chemistry and Physics, 12(11): 4897-4907.

Li X, Wang S, Duan L, et al. 2007. Particulate and trace gas emissions from open burning of wheat straw and corn stover in China. Environmental Science & Technology, 41: 6052-6058.

Qi H, Lin W, Xu X, et al. 2012. Significant downward trend of SO_2 observed from 2005 to 2010 at a background station in the Yangtze Delta region, China. Science China Chemistry, 55(7):1451-1458.

Sheesley R J, Schauer J J, Chowdhury Z, et al. 2003. Characterization of organic aerosols emitted from the combustion of biomass indigenous to South Asia. Journal of Geophysical Research: Atmospheres, 108: 4285.

SPECIATE4. 3. 2009. Agricultural Burning - Composite: http://cfpub. epa. gov/si/speciate/ehpa_speciate_browse_details. cfm? ptype=P&pnumber=91103, SPECIATE 4. 3, United States.

Sullivan A P, Holden A S, Patterson L A, et al. 2008. A method for smoke marker measurements and its potential application for determining the contribution of biomass burning from wildfires and prescribed fires to ambient $PM_{2.5}$ organic carbon. Journal of Geophysical Research, 113: D22302, doi: 10. 1029/2008 JD010216.

Wang G, Chen C, Li J, et al. 2011. Molecular composition and size distribution of sugars, sugar-alcohols and carboxylic acids in airborne particles during a severe urban haze event caused by wheat straw burning. Atmospheric Environment, 45(15): 2473-2479.

Wang Q, Shao M, Liu Y, et al. 2007. Impact of biomass burning on urban air quality estimated by organic tracers: Guangzhou and Beijing as cases. Atmospheric Environment, 41(37): 8380-8390.

Watson J G, Chen L W, Chow J, et al. 2008. Source apportionment: Findings from the US Supersites Program. Journal of the Air & Waste Management Association, 58(2): 265-288.

Yang F, Tan J, Zhao Q, et al. 2011. Characteristics of $PM_{2.5}$ speciation in representative megacities and across China. Atmospheric Chemistry and Physics, 11(11): 5207-5219.

第6章　颗粒物对霾污染影响的定量表征

影响大气消光系数的因素很多,既有气态分子的瑞利散射和吸收,也有颗粒物的米散射和吸收,而且颗粒物的粒径谱分布、化学组分以及混合状态的改变都会显著影响光的散射和吸收效应。本章将针对颗粒物对霾污染影响的定量表征,首先通过干状态颗粒物整体的质量消光效率的估算,评估颗粒物的消光贡献及其吸湿效应,并推算能见度低于 10 km 的颗粒物质量浓度的阈值;通过上海细颗粒物组分质量消光效率的加强观测,评估美国 IMPROVE 公式在长三角地区的应用误差,基于观测数据估算本地的细颗粒物主要组分的质量消光效率,并分析细颗粒物各组分对长三角地区大气消光系数的贡献。

6.1　霾污染定量表征的相关指标及计算方法

6.1.1　能见度和消光系数

霾作为一种看得见的污染,"大气能见度"是其最直接的表征指标。所谓"大气能见度",是指正常视力的人在当时气象条件下,从天空背景中识别或分辨出目标物的最大水平距离(WMO,2008)。科学家 Koschmieder 在 1924 年发现了大气能见度与大气光透射率成正比,由此建立的能见度与消光系数之间的关系也被称为 Koschmieder 公式(Larson and Cass,1989)。所谓"消光系数",是指单位长度距离光的衰减程度,它是一个可以直接由仪器测量的物理量。式(6-1)中,b_{ext} 为消光系数,单位为 km^{-1},Vis 为能见度,单位为 km;ε 为对比阈值。标准大气能见度定义为 0.02,世界气象组织为航空飞行安全起见,定义为 0.05(WMO,2008),它们对应的公式分别为式(6-2)和式(6-3)。

$$b_{ext} = \ln\varepsilon/Vis \tag{6-1}$$

$$b_{ext} = 3.912/Vis \tag{6-2}$$

$$b_{ext} = 2.996/Vis \tag{6-3}$$

此外,美国区域霾条例定义了分视指数作为霾污染的表征指标,它和大气能见度及消光系数都有明确的数学换算关系(Watson,2002)。在我国,霾污染表征指标主要选用大气能见度或消光系数(白志鹏等,2006)。为了找到影响能见度(或消光系数)的主要影响因子,最直接的方法就是通过统计方法考察它与潜在影响因子之间的统计学相关性,或者直接建立它们之间的数学统计关系。这些潜在的影响因子包括:颗粒物浓度如 PM_{10}、$PM_{2.5}$ 以及颗粒物化学组分浓度;气态污染物如二氧化硫、二氧化氮、臭氧的浓度;气象因子如边界层高度、风速风向、相对湿度、温度、大气压强等。

对厦门(Du et al,2013)、台湾(Wen and Yeh,2010)和南京(Deng et al,2011)的长期观测发现能见度与风速成正比,而与相对湿度、颗粒物及气态污染物浓度成反比,与降水量无明显相关。济南(Yang et al,2007)、天津(边海等,2012)、香港(梁延刚等,2008)、苏州(张剑等,2011)、上海(段玉森等,2005)、杭州(Xiao et al,2011)的观测发现能见度与相对湿度、PM_{10} 和 $PM_{2.5}$ 浓度显著相关,特别是相对湿度和 $PM_{2.5}$ 浓度,远大于与其他要素如温度和风速的相关性。由此可见,影响能见度的最直接因素是颗粒物浓度和相对湿度,其中颗粒物浓度以 $PM_{2.5}$ 的影响为主,而其他要素如风速、气态污染物浓度是通过污染过程的形成与消失,保持了与颗粒物浓度的同步变化,进而影响到能见度的变化。表 6-1 列举了对北京、广州、合肥、苏州和深圳五个城市的能见度、相对湿度和颗粒物浓度之间数学表达式的统计拟合。不难看出,由于统计方法和数据处理的差异,它们之间并无可比性,虽然统计相关系数较高,但表达式本身没有明确的物理意义。

表 6-1　能见度与颗粒物浓度及相对湿度统计关系研究汇总

地点/日期	统计表达式	参考文献
北京 2008 年 7～9 月	$[Vis]=0.6977[PM_{2.5}]^{0.9517}$,$RH\leqslant70\%$,$r^2=0.78$ $[Vis]=0.3628[PM_{2.5}]^{1.028}$,$70\%<RH\leqslant80\%$,$r^2=0.90$ $[Vis]=0.2957[PM_{2.5}]^{0.9463}$,$80\%<RH\leqslant90\%$,$r^2=0.81$	陈义珍等(2010)
广州 2008～2009 年	$[Vis]=0.43[RH]-1.35[PM_{2.5}]+0.94$,$r^2=0.51$ $[Vis]=0.36[RH]-1.34[PM_{10\sim2.5}]+0.94$,$r^2=0.19$ $[Vis]=0.43[RH]-1.64[PM_{10}]+0.94$,$r^2=0.42$	陈义珍等 (2010)
合肥 2010 年 8～9 月	$[PM_{10}]=146.2-5.03[Vis]$,$RH<80\%$,$r^2=0.64$ $[PM_{10}]=141.5e^{-0.14[Vis]}$,$RH>80\%$,$r^2=0.23$	张敬巧等(2012)
苏州 2009～2010 年	$[Vis]=26.31-1.48[BC]-42.78[PM_{10}]$ $+0.82[BC][PM_{10}]+11.82[BC][RH]$ $+0.17[PM_{10}][RH]+9.18[BC]^2$ $+0.02[PM_{10}]^2-2.54[RH]^2$,$r^2=0.75$	张剑等(2011)
深圳 2007 年	$b_{ext}=1.747\left(\dfrac{1-RH}{100}\right)^{-1.07}[PM_{2.5}]$ $+2.048[PM_{2.5}]$,$r^2=0.75$	林云等 (2009)

6.1.2　颗粒物整体质量消光效率

通过上述能见度与影响因子的相关性分析,发现能见度(或消光系数)主要由颗粒物及相对湿度共同决定,其中颗粒物主要包含对光的散射与吸收效应,相对湿度主要以颗粒物的吸湿效应或雾雨等气象事件表现。在研究中,通常将它们分离开来讨论,即颗粒物在干状态下的消光效应和相对湿度的消光吸湿增长效应。针对干状态下的颗粒物的消光效应,常用的一个概念是单位质量消光效率(MEE),如果只关注对光的散射或吸收部分,则称为单位质量散射效率(MSE)或单位质量吸收效率(MAE)。单位质量消光(散射,吸收)效率,即单位质量颗粒物的消光截面或单位质量浓度颗粒物的消光(散射,吸收)系数,单位为 m^2/g(Hand and Malm,2007)。顾名思义,若求得单位质量消光效率,其乘以颗粒物的质量浓度即可得到干状态下颗粒物总的消光系数。它是一个可以基于观测数据计算得到的物理量,常用的测量计算方法主要有三种:理论计算、直接测量和多元回归。

理论计算的方法根据颗粒物化学组分之间混合状态分为内混与外混两种情况,其中内混是假定每个粒子内部完全均匀混合,根据化学组成得到颗粒物统一的等效折射指数,然后基于颗粒物粒径谱的观测数据,利用米理论程序计算每个粒径段的消光系数,最后根据定义得到 $PM_{2.5}$ 或 PM_{10} 的单位质量消光效率,计算表达式如(6-4)所示,式中,d_p 为颗粒物直径;λ 为入射波长;$\widetilde{m}$ 为等效折射率;$n(d_p)$ 为直径 d_p 的颗粒物数浓度;$Q_{ext(sca,abs)}$ 为通过米理论公式计算得到的消光(散射,吸收)效率;spe 和 i 为颗粒物化学组分的种类和编号;m_i 为化学组分 i 的折射率,$n_i(d_p)$ 为化学组分 i 在直径 d_p 的数浓度。

$$b_{ext(sca,abs)} = \int_0^\infty \frac{\pi d_p^2}{4} Q_{ext(sca,abs)}(d_p,\lambda,\widetilde{m}) n(d_p) dd_p,\ \widetilde{m} = \frac{\sum_i^{spe}\int_0^\infty \frac{\pi d_p^3}{6} m_i n_i(d_p) dd}{\sum_i^{spe}\int_0^\infty \frac{\pi d_p^3}{6} n_i(d_p) dd_p}$$

$$(6-4)$$

外混是假定不同化学物种的粒子完全分开,单独针对每种化学物种,基于分级膜采样化学组分质量浓度转化为数浓度,利用米理论程序计算每个粒径段各化学物种的消光系数,最后加和作为总的颗粒物的消光系数,计算表达式如式(6-5)所示,式中,$f_{M,i}(d_p)$ 为化学组分 i 在直径 d_p 的质量分数;ρ_i 为化学组分 i 的密度;M_i 为化学组分 i 的质量浓度,其余含义同式(6-4)。

$$b_{ext(sca,abs)} = \sum_{i=1}^{spe}\int_0^\infty \frac{\pi d_p^2}{4} Q_{ext(sca,abs)}(d_p,\lambda,m_i) n_i(d_p) dd_p,\ n_i(d_p) = \frac{6 M_i f_{M,i}(d_p)}{\rho_i \pi d_p^3}$$

$$(6-5)$$

　　直接测量的方法是直接根据定义测量颗粒物的质量浓度,以及对应颗粒物群的消光系数,二者相除即得单位质量消光效率,如式(6-6)所示,式中,M 为颗粒物的质量浓度。其中颗粒物的质量浓度可通过膜采样称重的离线方法或在线仪器获得,颗粒物的消光系数可通过浊度仪测得散射系数或光声光谱仪测得吸收系数或透射仪测得消光系数得到,为了得到与颗粒物质量浓度测量相同粒径大小颗粒物的消光系数,需要对光学测量仪器前置颗粒物粒径切割器,且有加热除湿装置去除高相对湿度对消光系数的影响。

$$MEE(MSE, MAE) = b_{ext(sca,abs)}/M \qquad (6\text{-}6)$$

　　多元回归的方法和直接测量的方法类似,区别在于直接测量法的颗粒物质量浓度和消光系数一一对应,而多元回归方法通过测量的消光系数为所有粒径范围颗粒物,且分别测量了不同粒径段包括 $<1~\mu m$、$1\sim2.5~\mu m$、$2.5\sim10~\mu m$ 的颗粒物质量浓度结果,此时可通过多元线性回归的统计方法得到不同粒径段颗粒物的单位质量消光效率,如式(6-7)所示,式中 M_1、$M_{2.5\sim1}$、$M_{10\sim2.5}$ 分别为 $<1~\mu m$、$1\sim2.5~\mu m$、$2.5\sim10~\mu m$ 粒径段的颗粒物质量浓度,MEE_1、$MEE_{2.5\sim1}$、$MEE_{10\sim2.5}$ 分别为 $<1~\mu m$、$1\sim2.5~\mu m$、$2.5\sim10~\mu m$ 粒径段的颗粒物单位质量消光效率。

$$b_{ext} = M_1 \times MEE_1 + M_{2.5\sim1} \times MEE_{2.5\sim1} + M_{10\sim2.5} \times MEE_{10\sim2.5} \qquad (6\text{-}7)$$

　　不难看出,颗粒物质量消光效率并不是一个恒定的值,但对于某一粒径段颗粒物,在每个观测时段中,其质量消光效率变化的幅度保持在一个稳定的范围。由式(6-4)看到,颗粒物干状态质量消光效率主要由颗粒物粒径分布及颗粒物化学组成共同决定,若一个地区的颗粒物理化性质总体保持稳定,则其质量消光效率也会保持稳定,意味着质量消光效率这个指标的估算具有较大意义和实用价值。表6-2总结了全球各地颗粒物质量散射效率结果,可见 PM_1 的质量散射效率最高,$PM_{2.5}$ 其次,$PM_{10\sim2.5}$ 最小,主要原因是粒径范围为 $0.1\sim1~\mu m$ 段的颗粒物散射能力最强。同时看到城市地区的值比郊区或农村较高,同一地区污染时段比清洁时期更高。值得注意的是,尽管我国的城市地区如北京颗粒物浓度比欧美地区高不少,但颗粒物整体的质量散射效率并不一定就比国外高,因为起决定作用的是主要化学组分的质量分配比例。

　　相对湿度对颗粒物的消光吸湿增长效应,通常用"吸湿增长因子"来表征,即某一个高相对湿度下的消光系数与某一恒定低相对湿度(一般认为 40%)的消光系数的比值,测量方法为直接法和间接法。直接法即利用两台平行的浊度仪,一台保持在恒定的低相对湿度,另一台不断升高相对湿度,两台浊度仪结果的比值即为吸湿增长因子。间接法是利用吸湿串联差分电迁移率分析仪实验装置,将颗粒物通过第一台差分电迁移率分析仪(DMA)筛选出某一粒径,然后对其进行加湿,测量

表 6-2　颗粒物干状态质量散射效率估算结果汇总

实验地点	仪器与方法	平均值±标准差	参考文献
研究综述	理论计算	$4.3\pm0.7(PM_{2.5})$	Hand 和 Malm
		$1.6\pm1.0(PM_{10\sim2.5})$	(2007)
	直接测量	$3.4\pm1.2(PM_{2.5})$	
		$0.40\pm0.15(PM_{10\sim2.5})$	
	多元回归	$3.1\pm1.4(PM_{2.5})$	
		$0.7\pm0.4(PM_{10\sim2.5})$	
中国北京	直接测量（散射系数：浊度仪 $PM_{2.5}$/ PM_{10}；粒径谱 RH 控制：40%±4.6%）	$2.5\pm1.1(PM_{10})$ $3.4\pm1.2(PM_{2.5})$	Jung 等(2009a)
中国临安	直接测量（散射系数：浊度仪 $PM_{2.5}$；膜采样 RH 控制：40%）	$4.0\pm0.4(PM_{2.5})$	Xu 等(2002)
韩国釜山	直接测量（散射系数：浊度仪 PM_{10}；膜采样 RH 控制：40%）	4.5 ± 1.3 $(PM_{10}$，污染期) 2.2 ± 0.1 $(PM_{10}$，沙尘期)	Kim 等(2005)
中国玉林	直接测量（散射系数：浊度仪 PM_9：膜采样 RH 控制：50%）	1.84 ± 0.18 $(PM_9$，污染期) 1.03 ± 0.13 $(PM_9$，沙尘期)	Alfaro 等(2003)
东亚	理论计算（粒径谱＋米理论）	$1.6\sim4.3(PM_{10})$ $3.6\sim5.1(PM_1)$ $1.0\sim2.6(PM_{0.1})$	Quinn 等(2004)
西班牙南部	直接测量（散射系数：浊度仪 PM_1/ PM_{10}：膜采样 RH 控制：50%）	$1.5\pm0.5(PM_{10})$ $2.5\pm0.4(PM_1)$ $0.5\pm0.2(PM_{10\sim1})$	Titos 等(2012)
芬兰 Hyytiälä	直接测量（散射系数：浊度仪 PM_{10}：粒径谱 RH 控制：32%±11%）	$2.6\pm0.8(PM_{10})$	Virkkula 等(2011)

加湿后的粒径变化,最后根据米理论程序计算加湿前后的消光系数的比值即为吸湿增长因子。对于消光吸湿增长因子而言,直接法代表直接测量结果,而间接法还涉及理论计算,且每次只能得到某一个粒径的吸湿增长,但间接法在针对颗粒物的吸湿增长的微观物理变化过程研究具有优势。利用直接法测定北京不同类型大气颗粒物的吸湿增长曲线如图 6-1 所示(Pan et al,2009),可以看到各种污染类型下80%相对湿度下消光吸湿增长因子约在 1.17~2.48 之间,且人为源污染期＞清洁期＞沙尘期,吸湿增长因子与水溶性离子在颗粒物的比例密切相关。其他研究则

偏向测 80% 相对湿度对应的吸湿增长因子,包括珠三角区域的 2.04(Liu et al,2008),长三角区域的 1.7~2.0(Xu et al,2002)以及美国东海岸的 1.81~2.30(Kotchenruther et al,1999)。

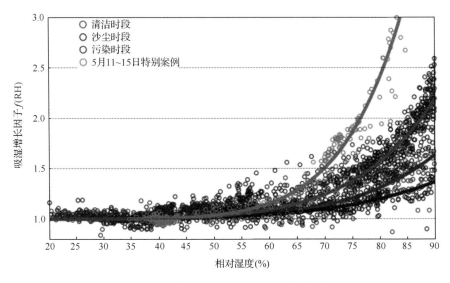

图 6-1　北京不同类型大气条件下颗粒物的吸湿增长曲线(Pan et al,2009)

6.1.3　细颗粒物组分的质量消光效率

从上述分析看到,无论是能见度与颗粒物质量浓度的定量关系还是颗粒物的消光吸湿增长因子,都和颗粒物的粒径分布及化学组分密切相关。为了进一步降低质量消光效率和吸湿增长曲线的不确定性,提高能见度及消光系数重构的准确性以统一评价系统和进一步的溯源控制,研究能见度(消光系数)与颗粒物化学组分质量浓度之间的定量关系显得十分必要。

目前全球应用最广的定量关系式是美国 1999 年霾控制条例使用的 IMPROVE 公式,它是基于美国 180 多个 IMPROVE 站点的颗粒物及能见度的多年观测结果,先后有 1999 年旧版本(Watson,2002)和 2007 年新版本(Pitchford et al,2007)。如式(6-8)所示,旧版本规定硫酸铵、硝酸铵、有机物、土壤成分及粗颗粒物($PM_{10~2.5}$)的质量散射效率各为 $3\ m^2/g$、$3\ m^2/g$、$4\ m^2/g$、$1\ m^2/g$ 和 $0.6\ m^2/g$。元素碳的质量吸收效率为 $10\ m^2/g$,大气瑞利散射系数为 $10\ Mm^{-1}$,同时规定只有硫酸铵和硝酸铵具有吸湿性,散射吸湿增长曲线如图 6-2 所示,它来自 Tang(1996)在实验室的实验结果。如式(6-9)所示的新版本有五大变化:将硫酸铵、硝酸铵和有机物划为了细粗两档并根据质量浓度赋予不同的质量散射效率;增加了海盐光散射项并考虑吸湿增长;有机物与有机碳的推荐比值由 1.4 调整为 1.8;大气瑞利散射由固定值调整为与站点的具体温度、海拔相关;增加了二氧化氮的光吸收项。其中变化最大的是将硫酸铵、硝酸铵和有机物的高、低两档的质量散射效率定为 2.2/4.8 m²/g,2.4/5.1 m²/g,2.8/6.1 m²/g。它们都是应用米理论程序对高、低两个质量对数正态分布(低:0.2 μm±2.2 μm,高:0.5 μm±1.5 μm)的化学物种理论计算得到(Pitchford et al,2007),化学物种高、低两档质量浓度的分界线皆为 20 μg/m³,即某化学物种的质量浓度若大于 20 μg/m³,则它全部属于高档,若小于 20 μg/m³,则其质量浓度乘以其质量浓度与 20 μg/m³ 的比值作为低档的质量浓度,剩余的作为高档质量浓度。2007 版的高、低两档无机物及海盐的散射吸湿增长曲线如图 6-2 所示,它们都来自 AIM 热力学平衡模型的计算结果(Clegg et al, 1998),和旧版本相比变化并不明显。

$$b_{\text{ext}} = 3f(\text{RH})[\text{硫酸铵}] \pm 3f(\text{RH})[\text{硝酸铵}] \pm 4[\text{有机物}] \pm 10[\text{元素碳}]$$
$$\pm 1[\text{土壤成分}] \pm 0.6[\text{PM}_{10\sim2.5}] \pm 10 \qquad (6\text{-}8)$$

$$b_{\text{ext}} = 2.2f\_\text{S}(\text{RH})[\text{细硫酸铵}] \pm 4.8f\_\text{L}(\text{RH})[\text{粗硫酸铵}]$$
$$\pm 2.4f\_\text{S}(\text{RH})[\text{细硝酸铵}] \pm 5.1f\_\text{L}(\text{RH})[\text{粗硝酸铵}] \pm 2.8[\text{细有机物}]$$
$$\pm 6.1[\text{粗有机物}] \pm 10[\text{元素碳}] \pm 1[\text{土壤成分}] \pm 1.7f\_\text{SS}(\text{RH})[\text{海盐}]$$
$$\pm 0.6[\text{PM}_{10\sim2.5}] \pm \text{瑞利散射} \pm 0.33[\text{二氧化氮}] \qquad (6\text{-}9)$$

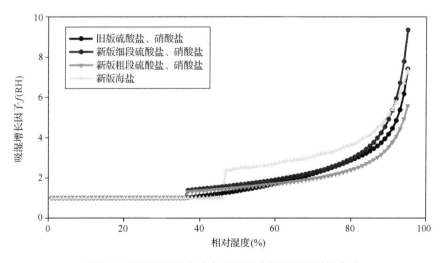

图 6-2　IMPROVE 公式中无机组分所用吸湿增长曲线

表 6-3 汇总了颗粒物化学组分质量消光效率相关研究。从表看出,硫酸铵的 MSE 值范围为 2.1~2.8 m²/g,除了西班牙的测量结果为 7 m²/g 外。硝酸铵的 MSE 范围为 2.3~2.8 m²/g,除了西班牙的测量结果 5 m²/g 外。有机物 MSE 在 3.1~5.6 m²/g 之间变化,黑碳由于目前统一定义与测量手段方面的限制,其 MAE 值在 7.5~12.2 m²/g 之间变化。

表 6-3 颗粒物化学物种质量消光效率相关研究汇总

化学物种[a]	地点	仪器与方法	平均值±标准差[b]	参考文献
硫酸铵	文献综述	理论计算	2.1±0.1	Hand 和 Malm(2007)
		多元回归	2.8±0.5	Hand 和 Malm(2007)
	西班牙	多元回归	7±1	Titos 等(2012)
	地中海东部	多元回归	2.66	Sciare 等(2005)
	深圳	多元回归	2.28±0.07	姚婷婷等(2010)
硝酸铵	文献综述	多元回归	2.8±0.5	Hand 和 Malm(2007)
	西班牙	多元回归	5±2	Titos 等(2012)
	深圳	多元回归	2.33±0.15	姚婷婷等(2010)
细有机物	文献综述	理论计算	5.6±1.5	Hand 和 Malm(2007)
		多元回归	3.1±0.8	Hand 和 Malm(2007)
	深圳	多元回归	4.53±0.08	姚婷婷等(2010)
	地中海东部	多元回归	4.19	Sciare 等(2005)
粗有机物	文献综述	理论计算	2.6±1.1	Hand 和 Malm(2007)
细海盐	文献综述	理论计算	4.5±0.7	Hand 和 Malm(2007)
		多元回归	3.7±1.7	Hand 和 Malm(2007)
	美国	理论计算	1.7	Lowenthal 和 Kumar(2006)
粗海盐	文献综述	理论计算	1.0±0.2	Hand 和 Malm(2007)
		多元回归	0.72±0.02	Hand 和 Malm(2007)
	美国	理论计算	0.5	Lowenthal 和 Kumar(2006)
细粉尘	文献综述	理论计算	3.4±0.5	Hand 和 Malm(2007)
		多元回归	2.6±0.4	Hand 和 Malm(2007)
粗粉尘	文献综述	理论计算	0.7±0.2	Hand 和 Malm(2007)
		多元回归	0.4±0.08	Hand 和 Malm(2007)
黑碳	文献综述	直接测量	7.5±1.2	Bond 和 Bergstrom(2006)

a. 只有黑碳为质量吸收效率,其余为质量散射效率;

b. 如无标注,波长指~550 nm

同样地,细颗粒物组分的质量消光效率也不是一个常数值,它与细颗粒物组分的质量粒径分布、形态及混合状态都密切相关(Hand and Malm, 2007)。如图 6-3 所示,对单个颗粒的理论计算结果显示,组分质量散射效率的峰值发生在粒径大小为 0.5~0.6 μm(Seinfeld and Pandis, 2012)。在污染形成过程中,不仅由于粒子聚集增多,成核粒子自身的碰并、凝结作用将使质量分布向粒径较大的方向偏移,且经常因为颗粒物液相氧化反应路径的增强而直接生成较大粒径的粒子,在美国

（Lowenthal，2004）、上海（范雪波等，2010）和山东济南（山东大学，2009），都发现当霾污染发生时颗粒物质量分数的峰值粒径会向质量消光效率更高的粗粒径偏移（图 6-4）。这些因素都会导致质量消光效率值发生明显变化，我国东部城市地区大气污染负荷远高于美国，颗粒物主要化学组分的质量浓度水平比美国高出数倍至一个数量级（Zhang et al，2012），且常发生细颗粒物质量浓度比清洁期高出数倍的重污染过程（Guo et al，2014；Huang et al，2014）。尽管欧美国家因为对颗粒物气候效应的关注也在进行颗粒物组分的质量消光效率研究，但国外很少遇到我国目前的高浓度颗粒物状况，其研究结果对我国的借鉴参考效果有限，需要在我国实地开展质量消光效率的相关研究。

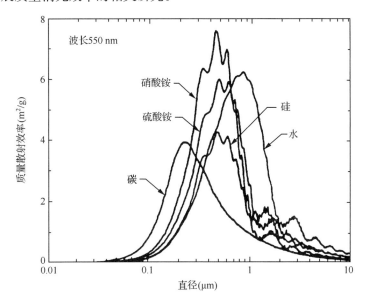

图 6-3　化学组分单个粒子质量散射效率随粒径大小变化（Seinfeld and Pandis，2012）

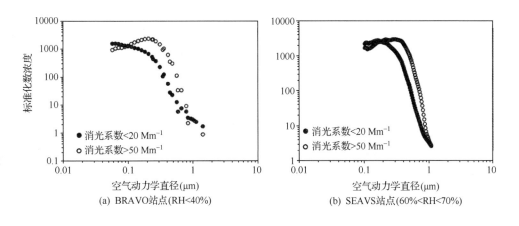

(a) BRAVO站点(RH<40%)　　　　　　　　　(b) SEAVS站点(60%<RH<70%)

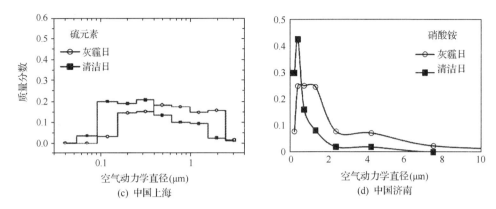

图 6-4　不同地点污染期与清洁期颗粒物粒径分布变化
(Lowenthal，2004；范雪波等，2010；山东大学，2009)

6.2　长三角地区颗粒物的消光贡献

6.2.1　数据来源及计算方法

原始数据主要来自 2001～2011 年六个城市的历史数据以及 2011～2012 年六个站点的联合观测在线数据。历史数据包括能见度每天四次瞬时记录值、PM_{10} 质量浓度日均值、相对湿度日均值等，联合观测数据包括能见度小时值、PM_{10} 质量浓度小时值、$PM_{2.5}$ 质量浓度小时值、相对湿度时均值等。

首先利用 Koschmieder 公式[式(6-3)]，将所有能见度数据换算为消光系数。历史数据中的能见度原始数据为每天 4 个时刻人工观测的瞬时值，而联合观测为每个小时的仪器测量平均值。针对仪器测量小时均值，直接利用 Koschmieder 公式换算得到消光系数时均值(Che et al，2009；Zhang et al，2010)，针对人工观测数据，通过 Koschmieder 公式得到一天四次的瞬时大气消光系数后，进行日平均得到 2001～2011 年各城市大气消光系数的日均值。由于大气消光系数来自气体分子的散射系数和吸收系数、颗粒物的散射系数和吸收系数共同组成，气体分子的散射系数属于瑞利散射，通过理论计算一般假定为 10 Mm^{-1}，气体分子的吸收主要来自二氧化氮的光吸收，按照 IMPROVE 公式可由 0.33 乘以 NO_2 浓度(ppb[①])。长三角目前的 NO_2 浓度低于 25 ppb，这样气体吸收系数最高为 8 Mm^{-1} 左右，气体分子散射和吸收系数之和低于 20 Mm^{-1}，而目前长三角各城市年均消光系数最低也有 400 Mm^{-1}，气体分子消光的贡献率不到 5%，几乎可以忽略，大气消光系数可认为全部归因于颗粒物消光系数。由于本章的消光系数来自水平能见度的转

────────────────

① parts per billion，10^{-9} 量级

换,因此可以认为其代表的波长为可见光,通常用 550 nm 代替。如无特别说明,本章的消光系数及质量消光效率均指 550 nm 波长下的结果。

颗粒物质量消光效率的估算分为两类。一是基于 2001～2011 年历史数据的 PM_{10} 质量消光效率,二是基于 2011～2012 年联合观测的 $PM_{2.5}$ 及 $PM_{10\sim2.5}$ 的质量消光效率。为了把颗粒物吸湿效应独立出来,估算颗粒物质量消光效率时通常设定某一相对湿度限值以考察在干状态下颗粒物的消光效率。本研究设定的相对湿度最大值为 50%,一般认为低于 50% 颗粒物主要化学组分很少发生潮解,吸湿效应几乎可以忽略(Zieger et al, 2011)。针对 2001～2011 历史数据,如式(6-10)所示,首先针对每个城市筛选出日均相对湿度低于 50% 的天数,直接用日均大气消光系数(b_{ext},单位:Mm^{-1})除以 PM_{10} 日均浓度($C_{PM_{10}}$,单位:$\mu g/m^3$)获得这些天数的日均 PM_{10} 质量消光效率($MEE_{PM_{10}}$,单位:m^2/g),然后对每年所有日均结果进行平均即得到各城市各年份的 PM_{10} 质量消光效率。针对 2011～2012 联合观测数据,如式(6-11)所示,首先筛选出各站点时均相对湿度低于 50% 的小时数据集,然后以时均大气消光系数(b_{ext},单位:Mm^{-1})为变量,$PM_{2.5}$ 时均浓度($C_{PM_{2.5}}$,单位:$\mu g/m^3$)和 $PM_{10\sim2.5}$ 时均浓度($C_{PM_{10}}-C_{PM_{2.5}}$,单位:$\mu g/m^3$)为自变量进行多元线性统计回归,得到各城市在 2011～2012 年间的 $PM_{2.5}$ 平均质量消光效率($MEE_{PM_{2.5}}$,单位:m^2/g)和 $PM_{10\sim2.5}$ 平均质量消光效率($MEE_{PM_{10\sim2.5}}$,单位:m^2/g)。

$$MEE_{PM_{10}} = b_{ext}/C_{PM_{10}} , 当 RH \leqslant 50\% \tag{6-10}$$

$$b_{ext} = MEE_{PM_{2.5}} \times C_{PM_{2.5}} + MEE_{PM_{10\sim2.5}} \times (C_{PM_{10}} - C_{PM_{2.5}}) , 当 RH \leqslant 50\% \tag{6-11}$$

对于 2001～2011 年的历史数据,各城市每年 PM_{10} 对大气消光系数的贡献通过式(6-12)计算,即该城市该年的 PM_{10} 年均浓度乘以该城市该年的质量消光效率,该城市该年的大气消光系数减去 PM_{10} 的消光贡献,即认为是颗粒物的吸湿效应或大雾等天气的消光贡献。对于 2011～2012 年的联合观测数据,各城市每日 $PM_{2.5}$ 和 $PM_{10\sim2.5}$ 对大气消光系数的贡献分别通过它们各自的日均浓度乘以对应的颗粒物质量消光效率,如式(6-13)和式(6-14)所示,每日颗粒物的吸湿效应或大雾的影响通过每日大气消光系数减去 $PM_{2.5}$ 和 $PM_{10\sim2.5}$ 对大气消光系数的贡献得到。在此基础上,将每日大气消光系数除以每日 $PM_{2.5}$ 和 $PM_{10\sim2.5}$ 对大气消光系数的贡献之和,如式(6-15)所示,即可得到每日颗粒物的吸湿增长因子。

$$b_{ext\rightarrow PM_{10}} = MEE_{PM_{10}} \times C_{PM_{10}} \tag{6-12}$$

$$b_{ext\rightarrow PM_{2.5}} = MEE_{PM_{2.5}} \times C_{PM_{2.5}} \tag{6-13}$$

$$b_{ext\rightarrow PM_{10\sim2.5}} = MEE_{PM_{10\sim2.5}} \times (C_{PM_{10}} - C_{PM_{2.5}}) \tag{6-14}$$

$$f(RH) = b_{ext}/(b_{ext\rightarrow PM_{2.5}} + b_{ext\rightarrow PM_{10\sim2.5}}) \tag{6-15}$$

6.2.2　颗粒物质量消光效率

长三角地区 2001～2011 年 PM_{10} 的平均质量消光效率为 $(2.25\pm1.02)\,m^2/g$，各城市变化范围为 $1.64～2.95\ m^2/g$。和其他研究结果比较，Zhang 等（2010）利用和本研究类似的方法估算结果为 $3.14\ m^2/g$，更多的研究直接利用浊度仪测量散射消光系数进而估算颗粒物散射消光效率，表 6-4 给出了基于历史和联合观测数据的颗粒物质量散射消光效率结果。若长三角地区的单次散射反照率（SSA）估算为 0.8（Xu et al，2012），本研究估算的颗粒物散射消光效率为 $1.8\ m^2/g$。Bergin 等（2001）和 Jung 等（2009a）报道了北京的 PM_{10} 质量散射消光效率分别为 $(2.3\pm1.6)\,m^2/g$ 和 $(2.5\pm1.1)\,m^2/g$，Hand 和 Malm（2007）对 1990～2007 年全球的相关研究进行归纳得出城市地区 PM_{10} 质量散射消光效率约为 $(1.7\pm1.0)\,m^2/g$。考虑到全球各地颗粒物的理化性质的较大差异，本研究的结果和其他研究的结果具有可比性且比较接近。对各个不同城市来说，杭州的 $(2.95\pm1.23)\,m^2/g$ 最高，南京的 $(2.23\pm0.90)\,m^2/g$ 和上海的 $(2.14\pm0.85)\,m^2/g$ 其次，宁波、苏州和南通介于 $1.6～1.9\ m^2/g$ 之间。通常决定颗粒物消光效应的是 $PM_{2.5}$，因为其具有较高的消光截面和数浓度，因此 PM_{10} 的质量消光效率很大程度上由 $PM_{2.5}$ 所占质量分数决定，从表 6-4 也看出，各城市 PM_{10} 的质量消光效率和 $PM_{2.5}$ 的质量消光效率成正比。

基于 2011～2012 年的联合观测结果，表 6-4 给出的长三角地区平均 $PM_{2.5}$ 质量消光效率为 $4.08\ m^2/g$，六个站点变化范围为 $3.78～5.27\ m^2/g$；平均 $PM_{10～2.5}$ 的质量消光效率为 $0.58\ m^2/g$，六个站点变化范围为 $0.23～0.76\ m^2/g$。$PM_{2.5}$ 的质量消光效率为 $PM_{10～2.5}$ 的 7 倍，考虑到我国目前 $PM_{2.5}$ 与 $PM_{10～2.5}$ 污染质量浓度相当，$PM_{10～2.5}$ 对大气消光的贡献几乎可以忽略不计。文献中只能查到 $PM_{2.5}$ 质量散射消光效率的相关结果，若长三角地区单次散射反照率设定为 0.8（Xu et al，2012），则本研究对应的 $PM_{2.5}$ 的质量散射消光效率为 $3.26\ m^2/g$。Xu 等（2002）在长三角地区的临安站估算结果为 $4.0\ m^2/g$，Bergin 等（2001）和 Jung 等（2009a）在不同时期测量北京的结果分别为 $2.6\ m^2/g$ 和 $3.4\ m^2/g$。Hand 和 Malm（2007）总结了相关研究得到城市地区 $PM_{2.5}$ 的平均值为 $(3.2\pm1.3)\ m^2/g$，$PM_{10～2.5}$ 的平均值为 $(0.6\pm0.3)\ m^2/g$。对于城市间差异，杭州的 $PM_{2.5}$ 的质量消光效率为 $5.27\ m^2/g$，显著高于其他城市的结果，一个可能的原因是杭州 $PM_{2.5}$ 的黑碳含量较高。从 2011～2012 年联合观测黑碳仪 880 nm 测量的黑碳质量占 $PM_{2.5}$ 的比重，杭州的 10.8% 远高于其他站点的 5.3%～7.5%。由于黑碳本身的质量吸收消光效率为 $(7.5\pm1.2)\ m^2/g$（Bond and Bergstrom，2006），高于其他化学组分质量消光效率，因此黑碳含量比重的升高无疑将提升颗粒物总的质量消光效率。尽管如此，还需要进一步的数据支持来验证上述原因解释。

表 6-4　长三角地区各城市颗粒物质量消光效率（平均值±标准差，单位：m²/g）

站点	PM₁₀（2001～2011 年）	PM₂.₅（2011～2012 年）	PM₁₀₋₂.₅（2011～2012 年）
南京	2.23±0.90	4.23±0.13	0.76±0.09
南通	1.64±0.65	无数据	无数据
上海	2.14±0.85	浦东：4.10±0.06 浦西：4.58±0.14	浦东：0.46±0.04 浦西：0.66±0.20
苏州	1.85±0.73	3.93±0.10	0.60±0.09
杭州	2.95±1.23	5.27±0.17	0.23±0.14
宁波	1.88±0.65	3.78±0.12	0.66±0.12
长三角平均	2.25±1.02	4.08±0.03	0.58±0.02

图 6-5 给出了各城市 PM₁₀ 的质量消光效率在 2001～2011 年间的年际变化。总体来说除宁波外都有一个比较明显上升趋势。相比 2001 年，2011 年除宁波外五个城市的 PM₁₀ 的质量消光效率上升了 21%～71%。对于宁波，其在 2002～2004 年先上升，然后开始下降直至回到 2001 年的水平。由于质量消光效率是一个和颗粒物粒径谱分布及化学组分都密切相关的物理量，质量消光效率的改变也能反映出颗粒物理化性质的变化。六个城市中除宁波外 PM₁₀ 的质量浓度都在逐年降低，降低的主要贡献还是来自一次 PM₁₀₋₂.₅ 排放的控制，包括火电厂 2003 年

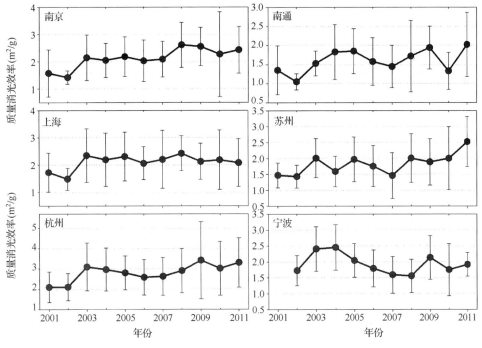

图 6-5　长三角地区六城市 PM₁₀ 质量消光效率年际变化

实施新的颗粒物排放标准、为超过 92% 的燃煤机组安装电除尘装置等(Wang and Hao, 2012)。然而,通过卫星反演的长三角地区气溶胶光学厚度却保持上升的趋势,暗示二次 $PM_{2.5}$ 可能仍然处于上升趋势(Guo et al, 2011, Lin et al, 2010)。$PM_{10\sim2.5}$ 的去除和 $PM_{2.5}$ 的上升都会使 PM_{10} 的质量消光效率升高,这也解释了第 3 章中能见度变化趋势与 PM_{10} 浓度变化趋势不一致的原因。对于宁波,质量消光效率的下降可能是伴随 PM_{10} 浓度的升高,$PM_{10\sim2.5}$ 的质量比重有所增加。

6.2.3　颗粒物的消光贡献及其吸湿增长因子

对于长三角地区平均而言,过去十年 PM_{10} 贡献的消光系数为 207 Mm^{-1},占大气消光系数的 36.2%,在平均相对湿度 73% 的影响下,颗粒物的吸湿增长贡献以及大雾等天气的贡献为 63.8%。各城市的来源贡献差异比较明显,杭州和南京的 PM_{10} 的消光贡献绝对值最大,分别为 310 Mm^{-1}(大气消光系数的 37.5%)和 242 Mm^{-1}(大气消光系数的 32.5%),上海、苏州和宁波分别为 191 Mm^{-1} (52.7%)、184 Mm^{-1}(27.1%)和 164 Mm^{-1}(43.7%)。南通的 PM_{10} 贡献最小为 148 Mm^{-1}(33.4%)。图 6-6 给出了各城市 PM_{10} 的消光贡献及占大气消光系数的比例年际变化,过去十年所有城市 PM_{10} 的绝对消光贡献并没有明显的变化,再一次从侧面验证了长三角这些城市的 $PM_{2.5}$ 浓度及化学组分没有太大的变化,只是

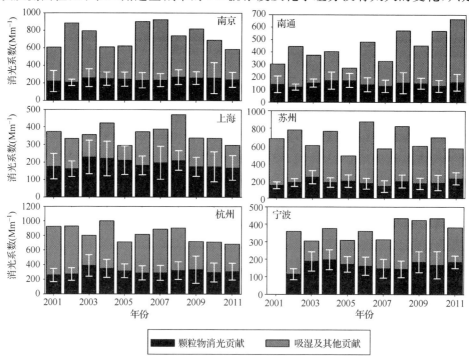

图 6-6　长三角六城市 PM_{10} 及其吸湿效应消光贡献年际变化

$PM_{10\sim2.5}$ 的去除导致了 PM_{10} 浓度有一定程度的下降。

根据 2011～2012 年联合观测数据,长三角六个站点由 $PM_{2.5}$ 和 $PM_{10\sim2.5}$ 直接导致的消光系数分别为 198 Mm^{-1} 和 20 Mm^{-1},分别占总的大气消光系数 39.6% 和 4.0%,其他因素如颗粒物吸湿增长贡献及大雾影响等占 56.4%,这个结果和 Xu 等(2002)在长三角地区观测到相对湿度贡献 40% 的结果较为接近。同时 $PM_{2.5}$ 的消光贡献随不同城市站点差异显著,杭州来自 $PM_{2.5}$ 的贡献最高为 285 Mm^{-1}(35.6%),南京和宁波其次分别为 199 Mm^{-1}(33.2%)和 195 Mm^{-1}(48.4%),苏州、浦东和浦西最低,分别为 174 Mm^{-1}(34.0%)、172 Mm^{-1}(45.1%)和 162 Mm^{-1}(57.3%)。$PM_{10\sim2.5}$ 的消光贡献不同站点变化范围为 9～32 Mm^{-1},和其他几部分的贡献相比几乎可以忽略。

图 6-7 给出了 2011～2012 年联合观测结果得出的 $PM_{2.5}$、$PM_{10\sim2.5}$ 以及其他因素的消光贡献的逐月变化。可以看到,在夏秋季的 7～10 月四个月无论是颗粒物的消光贡献还是吸湿及其他部分,都比冬季月份的对应值低很多。显然气象条件和颗粒物浓度是决定季节差异性的根本要素。值得注意的是,在 6 月和 11 月的颗粒物消光贡献并不比其他月份高,但吸湿及其他部分的消光贡献比其他月份明

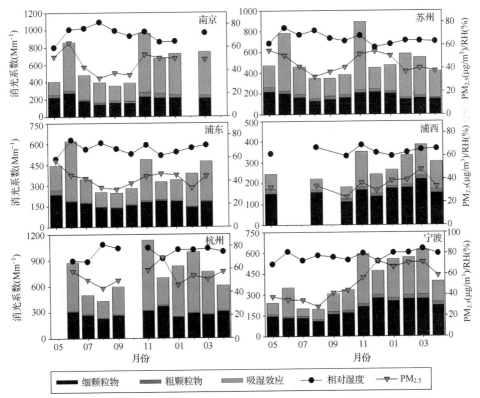

图 6-7　长三角六站点颗粒物及其吸湿效应消光贡献和影响要素的月变化

显高出不少,这与这两个月较高的相对湿度密不可分。6 月是南方传统的梅雨季节,天气经常闷热,相对湿度很高,而 11 月是长三角地区大雾发生频次较多的月份。同时注意到颗粒物的消光贡献主要和 $PM_{2.5}$ 浓度相关,而吸湿及其他部分的贡献不仅和相对湿度相关,也与 $PM_{2.5}$ 浓度密切相关,各站点相关的统计分析显示它与相对湿度和 $PM_{2.5}$ 质量浓度的 Pearson 指数分别为 $0.50 \sim 0.56$ 和 $0.20 \sim 0.33$,具有统计意义的相关性。究其原因,主要还是由于 $PM_{2.5}$ 的浓度越高,在相同相对湿度条件下,假定颗粒物吸湿增长因子不变,吸湿增长消光贡献的绝对值还是随着 $PM_{2.5}$ 自身消光贡献的增长而增加了。

图 6-8 给出了六个站点 2011~2012 年颗粒物吸湿增长因子与相对湿度的关

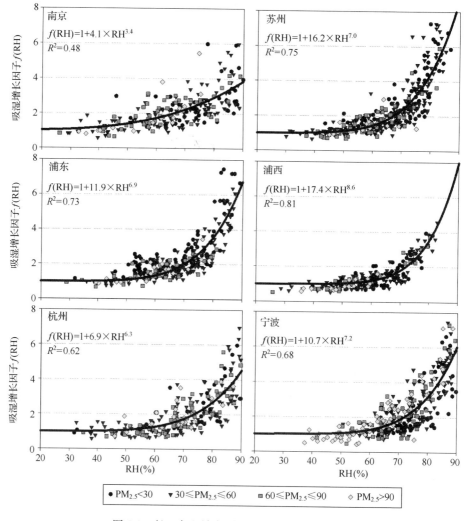

图 6-8　长三角六站点颗粒物吸湿增长因子曲线

系曲线。为了去除大雾事件对吸湿增长因子的干扰,相对湿度上限设置为 90%。回归拟合选用指数回归表达式,其中常数项设为"1"(Liu et al, 2008),表示在较低相对湿度时没有吸湿增长效应发生。可以看到,各个站点的回归 R^2 在 0.6~0.8 之间,除了南京的回归系数较低为 0.48。各站点的吸湿增长因子的回归曲线分别为南京:$1\pm4.1\times RH^{3.4}$,苏州:$1\pm16.2\times RH^{7.0}$,浦东:$1\pm11.9\times RH^{6.9}$,浦西:$1\pm17.4\times RH^{8.6}$,杭州:$1\pm6.9\times RH^{6.3}$,宁波:$1\pm10.7\times RH^{7.2}$。2011~2012年各站点的平均相对湿度为南京 71%、苏州 66%、浦东 68%、浦西 64%、杭州 73%以及宁波 77%,则通过回归曲线它们对应的吸湿增长因子为南京 2.28、苏州 1.88、浦东 1.83、浦西 1.37、杭州 1.95 以及宁波 2.63。尽管在本研究中计算颗粒物绝对消光贡献采用了统一的质量消光效率,但由此得到的吸式增长因子的结果和其他相关研究结果较为一致(Pan et al, 2009)。同时注意到图 6-8 的吸湿增长因子数据点由不同 $PM_{2.5}$ 浓度等级的点均匀混合而成,吸湿增长因子和 $PM_{2.5}$ 的浓度高低没有直接的响应关系,事实上决定吸湿增长因子大小的关键要素是相对湿度高低以及颗粒物的理化性质特别是水溶性离子的质量分数(Pan et al, 2009)。

6.3　霾污染对应颗粒物质量浓度阈值的判定

6.3.1　现有霾判断指标及阈值

表 6-5 汇总了现有的六种霾天识别方法,分别来自世界气象组织、我国气象局以及气象与环境领域的中外学者研究结果。这些方法大致分为两大类,一类只包含水平能见度和相对湿度等气象指标,如编号 2~5 四种方法;一类同时包含颗粒物浓度指标和气象指标,如编号 1 和 6 两种方法。目前第一类方法学术界争议较大,其缺点是只认为在低相对湿度时发生的低能见度为霾天,而对于高相对湿度时发生的低能见度归为雾天。该类方法存在两个不足之处:①在污染负荷较重的我国城市地区,高相对湿度的雾天往往伴随着不利扩散条件,这时颗粒物的浓度往往也很高,此时把其归结为雾天,会使公众淡化对实际存在的颗粒物高污染的防护意识;②相对湿度的阈值选择 80%、95%并无严格的科学依据,更多的是一种经验之选。第二类方法虽然引入了颗粒物浓度或其他污染特征相关指标,但这些污染相关指标的选取尤其是颗粒物浓度阈值的确定,没有科学依据做基础,更多的是经验或统计分析得出的结果。总之,目前的霾天识别方法更多地把霾认为一种天气现象,没有与颗粒物污染联系起来,更没有反映出其颗粒物污染的本质。

表 6-5　现有霾天识别方法汇总

编号	包含指标	判断条件	来源出处
1	能见度,相对湿度,PM$_{2.5}$,PM$_1$,消光系数	霾:能见度小于 10 km,RH 小于 80%;或者能见度小于 10 km,RH 介于 80%~95%,PM$_{2.5}$ 大于 75 μg/m^3、PM$_1$ 大于 65 μg/m^3、消光系数大于 480 Mm^{-1}这三项至少满足一项	中国气象局(2010)
2	能见度,相对湿度	霾:能见度小于等于 5 km 薄雾:能见度介于 1~5 km 之间,RH 大于 95% 雾:能见度小于 1 km	WMO(2008)
3	能见度	霾:能见度小于或等于 5 km 薄雾:能见度小于 2 km 雾:能见度小于 1 km	Vautard 等(2009)
4	能见度,相对湿度	干霾:能见度小于 10 km,RH 小于 80% 湿霾:能见度小于 10 km,RH 介于 80%~95%之间 雾:能见度小于或等于 1 km,RH 大于 95% 薄雾:能见度介于 1~10 km 之间,RH 大于 95%	吴兑(2011)
5	能见度,相对湿度	定义 $U' = (80-$能见度$^2/5)/100$ 霾:能见度小于 10 km,RH 小于 U' 雾:能见度小于 10 km,RH 大于 U'	李崇志等(2009)
6	能见度,PM$_{2.5}$,PM$_{2.5}$/PM$_{10}$	霾:能见度小于等于 10 km,PM$_{2.5}$ 大于 87 μg/m^3,PM$_{2.5}$/PM$_{10}$ 大于或等于 50%	段玉森(2012)

6.3.2　霾对应的颗粒物浓度阈值估算

　　针对目前存在的霾识别方法的缺点,基于本章颗粒物质量消光效率及颗粒物消光贡献的研究结果,本研究对日均能见度低于 10 km 的颗粒物质量浓度阈值进行了估算。随着我国新空气质量标准的实施,各地 PM$_{2.5}$ 的长期观测条件已经逐步完善,前述 PM$_{10~2.5}$ 的消光贡献几乎可以忽略,因此推荐优先使用 PM$_{2.5}$ 质量浓度阈值。对于过去长期历史数据的判别,则估算了 PM$_{10}$ 浓度的对应阈值。根据 5.2 节的结果,2001~2011 年历史数据估算的 PM$_{2.5}$ 质量消光效率为 2.25 m^2/g,2011~2012 年的联合观测结果估算的 PM$_{2.5}$ 质量消光效率为 4.08 m^2/g,按此用 Koschmieder 公式推算当日均 PM$_{10}$ 质量浓度大于 133 μg/m^3 或者日均 PM$_{2.5}$ 质量浓度大于 73 μg/m^3 时,将可在任意相对湿度条件下使日均能见度低于 10 km;根据 6.2 节吸湿增长因子的估算,若长三角地区年均相对湿度为 68%;当日均 PM$_{10}$ 质量浓度大于 67 μg/m^3 或者日均 PM$_{2.5}$ 质量浓度大于 38 μg/m^3 时,颗粒物本身及其吸湿效应的消光系数之和将高于 10 km 能见度对应的消光系数 299.6 Mm^{-1}，能见度也将低于 10 km；当日均 PM_{10} 质量浓度小于 67 $\mu g/m^3$ 或者日均 $PM_{2.5}$ 质量浓度小于 38 $\mu g/m^3$ 时，如果能见度仍然低于 10 km，很有可能主要是大雾造成的。表 6-6 列出了具体的指标及对应等级阈值。必须指出的是，由于颗粒物质量消光效率和颗粒物的化学组成及粒径分布相关，所以各个地点不同时段对应的阈值也会有所差异，表 6-6 只是针对长三角地区的年均状况给出的颗粒物浓度阈值，应用时和每天实际的能见度状况会有些许出入。

表 6-6　能见度低于 10 km 对应的颗粒物质量浓度及相对湿度阈值

颗粒物浓度（$\mu g/m^3$）	相对湿度	能见度	视觉效果
$PM_{2.5} > 73$ 或 $PM_{10} > 133$	任意值	<10 km	
$PM_{2.5} > 38$ 或 $PM_{10} > 67$	>68%	<10 km	
$PM_{2.5} < 38$ 或 $PM_{10} < 67$	雾	<10 km	

6.3.3　不同阈值等级霾天数的统计及比较

利用前一节给出的颗粒物浓度阈值，对 2001～2011 年间各城市能见度低于 10 km 的霾天的不同颗粒物浓度阈值等级分布进行了统计，如图 6-9 所示。对长三角地区而言，2001～2011 年每年的能见度低于 10 km 的天数共 165 天，占据了全年的 45%，其中 PM_{10} 日均浓度大于 133 $\mu g/m^3$、介于 67～133 $\mu g/m^3$ 之间、低于 67 $\mu g/m^3$ 的天数分别为 42 天（25%）、74 天（45%）和 49 天（30%）。对各城市而言，杭州和南京最为严重，平均每年分别有 272 天（其中 PM_{10} 低于 67 $\mu g/m^3$ 仅有 41 天）和 237 天（其中 PM_{10} 低于 67 $\mu g/m^3$ 仅有 55 天）能见度低于 10 km；苏州和上海稍好一些，各有 196 天（其中 PM_{10} 低于 67 $\mu g/m^3$ 有 80 天）和 113 天（其中 PM_{10} 低于 67 $\mu g/m^3$ 有 39 天）能见度低于 10 km；宁波和南通两城市的低能见度天数最少，各为 92 和 75 天。纵观 11 年的年际变化，各城市低能见度天数有波动但无明显上升或下降的趋势。

同时对 2011～2012 年间联合观测数据进行了能见度低于 10 km 时，不同 $PM_{2.5}$ 浓度等级所对应的相对湿度分布进行了统计，如图 6-10 所示。对于 $PM_{2.5}$ 质

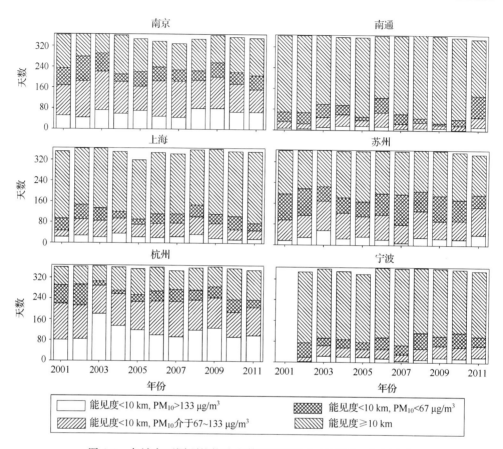

图 6-9 各城市不同颗粒物浓度等级霾天数分布(2001～2011 年)

量浓度大于 73 μg/m³ 的低能见度天,浦东和宁波 90%以上对应的相对湿度低于 80%,只有南京和杭州各有 17%和 24%对应的相对湿度介于 80%～95%,以及 2%～3%的天数对应相对湿度大于 95%,说明有一小部分低能见度天即使相对湿度较高,气象标准容易判断为雾天,它的 $PM_{2.5}$ 浓度也是处于高值;对于 $PM_{2.5}$ 质量浓度处于 38～73 μg/m³ 的低能见度天,各城市 61%～93%对应于相对湿度低于 80%,剩余的 7%～38%对应的相对湿度介于 80%～95%,只有南京的 8%对应的相对湿度大于 95%,说明颗粒物浓度处于这个区间的低能见度的确是由颗粒物及其吸湿效应共同导致;对于 $PM_{2.5}$ 小于 38 μg/m³ 的低能见度天,各城市 50%～91%的相对湿度介于 80%～95%,0%～37%对应的相对湿度大于 95%,说明颗粒物处于这个区间的低能见度主要是由高湿度的大雾所导致。

通过上述比较不难发现,目前的气象霾天判别标准更多地从气象的角度来认识霾天,没有突出霾的污染本质,而如果加入颗粒物质量浓度阈值作为判别指标,会让雾与霾的混合与分离更加清楚,避免目前雾霾概念混合不清的现状。

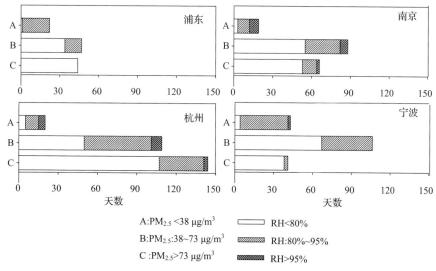

A:PM$_{2.5}$ <38 μg/m^3　　□ RH<80%

B:PM$_{2.5}$:38~73 μg/m^3　　▨ RH:80%~95%

C :PM$_{2.5}$>73 μg/m^3　　▨ RH>95%

图 6-10　不同 PM$_{2.5}$ 浓度等级霾天对应的相对湿度分布统计(2011~2012 年)

6.4　细颗粒物化学组分的质量消光效率评估

6.4.1　IMPROVE 公式的误差评估

1. 数据来源与处理方法

本研究通过浊度仪测量了颗粒物散射消光系数,因此对应美国 IMPROVE 公式输入参数为细颗粒中硫酸铵、硝酸铵、有机物、氯离子和土壤尘的质量浓度、PM$_{10~2.5}$ 质量浓度、大气相对湿度等指标。如 2.3 节所述,颗粒物散射消光系数小时平均数据来自 Aurora3000 浊度仪 525 nm 的测量结果。该浊度仪带有自动加热装置,当大气环境相对湿度大于 60% 时,加热装置将自动启动,将浊度仪进样气态相对湿度控制在 60% 以下,当大气环境相对湿度小于或等于 60%,加热装置将停止工作,浊度仪内部相对湿度与外界保持一致。因此,相对湿度小时值的取值为气象仪器测得的大气相对湿度与 60% 两者之间的较小值。PM$_{2.5}$ 中硫酸铵时均浓度由 MARGA ADI2080 的在线硫酸根浓度乘以 1.375(硫酸铵与硫酸根的式量比)得到,硝酸铵时均浓度由 MARGA ADI2080 的在线硝酸根浓度乘以 1.29(硝酸铵与硝酸根的式量比)得到,有机物时均浓度由 Sunset OC/EC 在线仪的有机碳浓度乘以 1.55 得到(Huang et al, 2012),土壤尘时均浓度由 PM$_{2.5}$ 膜样品元素分析中地壳相关元素加权累计得到日均值(Hand, 2011),即 2.2[Al]+2.49[Si]+1.63[Ca]+2.42[Fe]+1.94[Ti],然后根据对应时段 PM$_{2.5}$ 小时质量浓度的比值进行分配。海盐的时均浓度为 MARGA ADI2080 的在线氯离子浓度乘以 1.8(氯化钠与氯离子的质量比），PM$_{10\sim2.5}$时均值为 PM$_{10}$ 与 PM$_{2.5}$ 小时测量值之差。由于只进行颗粒物散射系数的对比，故本节不涉及黑碳吸收消光、瑞利散射、二氧化氮吸收消光等项的取值。

由于浊度仪的检测角度不是从 0°到 180°，存在角度测量偏差，但以往的研究表明只有在 PM$_{10\sim2.5}$ 大量富集，如沙尘暴污染时，此偏差才会比较明显（Moosmuller and Arnott，2003）。由于本观测时段未观测到沙尘暴污染，因此本研究根据 Anderson 和 Ogren（1998）给出的校正系数对散射系数测量结果乘以 1.073 进行了简单修正。

在此基础上，利用 6.1 节所述的新、旧两个版本的美国 IMPROVE 公式，基于测量的颗粒物化学组分及相对湿度估算了颗粒物散射消光系数的小时值，并与浊度仪实测值进行了趋势对比以及线性关系统计。

2. 估算结果误差分析

从图 6-11 给出的新、旧版本 IMPROVE 公式估算结果与实测值的对比看，从 10 月 1 日到 11 月 30 日的逐时变化趋势一致，就绝对值而言，当实测散射消光系

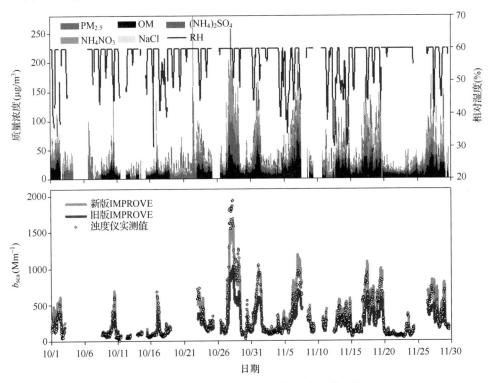

图 6-11　IMPROVE 公式估算值与实测值比较

本图另见书末彩图

数低于 300 Mm^{-1}时,三者的绝对值吻合较好,这时的细颗粒物的质量浓度也相对较低;当实测散射消光系数高于 300 Mm^{-1}时,旧版本 IMPROVE 公式估算结果明显低于实测值,平均低估幅度达到 34%,而新版本的 IMPROVE 公式估算结果能够较好地达到实测值的峰值,较实测值仅高估 7%。这一趋势在几个污染过程的高峰时段表现尤为明显,如 10 月 28 日、11 月 1 日、7 日以及 17~19 日,旧版 IMPROVE 公式的低估比例达到 38%~45%。相对而言,新版本的 IMPROVE 公式的估算结果更接近实测值,特别是高污染时段。

图 6-12 对旧版本的 IMPROVE 公式估算结果与实测值进行了线性回归统计分析。对于旧版本 IMPROVE 公式而言,总体线性相关较好,统计指标 R^2 达到 0.89,但估算值只有实测值的 64%,总体低估达 36%。按照实测值的高低进行了以 900 Mm^{-1} 为界限的分别统计,当实测值低于 900 Mm^{-1} 时,估算值比实测值低估 29%,而当实测值高于 900 Mm^{-1} 时,尽管线性指标 R^2 达到 0.98,估算值比实测值低估达到 46%。

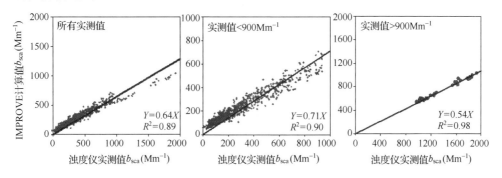

图 6-12　旧版 IMPROVE 公式估算值与实测值线性回归

图 6-13 对新版本的 IMPROVE 公式估算结果与实测值进行了线性回归统计分析。对于新版本 IMPROVE 公式而言,总体效果要好于旧版本 IMPROVE 公式,统计指标 R^2 达到 0.93,估算值为实测值的 1.03 倍,总体仅高估 3%。同样按照实测值的高低进行了以 900 Mm^{-1} 为界限的分别回归统计,当实测值低于 900 Mm^{-1} 时,估算值比实测值高估 12%,而当实测值高于 900 Mm^{-1} 时,估算值仍然比实测值低估 13%。

我国其他地区针对 IMPROVE 公式的适用性研究也发现类似结果,如 Bian 等(2011)在香港观测发现在污染较严重的冬季,旧版 IMPROVE 公式的散射系数计算结果比实测的散射系数低 50%,而在较干净的夏季却比实测值高 50%,修订版 IMPROVE 公式虽冬季低估有所改善,但夏季高估增至 100%;广州的观测结果与香港类似,Tao 等(2014)发现在秋冬季旧版 IMPROVE 公式计算结果比实测的散射系数低估了 47%,而在污染较轻的夏季,Jung 等(2009b)用修订版 IMPROVE

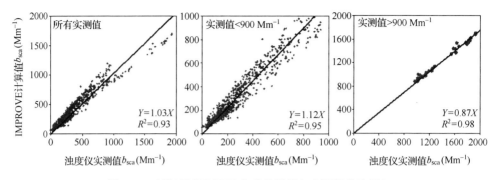

图 6-13　新版 IMPROVE 公式估算值与实测值线性回归

公式计算的总消光系数和散射系数分别比实测值高估了 37% 和 51%。从本研究及其他城市的新、旧两个版本的 IMPROVE 公式估算结果与实测值对比情况,可总结以下几点:重污染发生时化学组分的质量消光效率会有较大幅度增长,而新版本 IMPROVE 公式考虑了高、低两档不同情况,这也是新版公式应用效果优于旧版本的主要原因;在消光系数较低的清洁时段,旧版 IMPROVE 公式表现更为稳定,而新版 IMPROVE 公式产生了较为严重的高估,说明清洁时段 $PM_{2.5}$ 化学组分的质量散射效率更接近旧版公式值,新版本的高估表明作为高、低两档分界浓度的 $20\ \mu g/m^3$ 设置并不合理,容易导致绝大部分质量浓度被归档到高档范围;在高污染时段,即使新版 IMPROVE 公式也依然有所偏低,说明我国污染时段的质量散射效率比美国估算的最严重情况还要高一些。综上所述,开展我国本地的化学组分消光效率的测量研究,不仅能加深对我国颗粒物微观性质机理的进一步认识,相关成果更可直接应用于颗粒物消光贡献评价工作。

6.4.2　基于本地观测信息的细颗粒物化学组分质量消光效率

基于 2012 年秋季上海加强观测的数据,本研究利用基于米理论的理论计算和多元线性回归统计两种方法估算了本地的化学组分质量消光效率。由于没有使用专门测量颗粒物吸收消光系数的仪器(如光声光谱仪),加上黑碳组分的定义和测量仍有较大不确定性,因此本研究只针对颗粒物质量散射消光效率进行了估算。根据前述长三角颗粒物样品的化学组分分析结果,本节将对 $PM_{2.5}$ 中硫酸铵、硝酸铵和有机物三种主要化学物种进行估算。以下详细介绍两种计算方法的原理公式及数据来源。

1. 理论计算法

根据颗粒物化学组分质量散射消光效率的定义,即单位质量浓度化学组分的散射消光系数,本研究已经利用 MARGA 和 MOUDI 分别获取了在线 $PM_{2.5}$ 化学组分浓度和离线分粒径段的化学组分浓度,因此关键就是估算各化学组分单独的散射消光系数。对于单个已知组分、粒径信息的球形颗粒物而言,只需要输入折射率、粒径大小和入射波长,利用米理论计算程序(Bohren C. F., 1998; Mätzler, 2002)即可准确地给出单个粒子的散射效率,再乘以粒子的几何截面即得到单个粒子散射消光系数。扩展到实际大气环境中不同粒径大小且化学组成各不相同的颗粒物群,根据混合状态模型假设,分为内混和外混两种不同的估算路径。内混模型假设颗粒物群每个粒子由各种化学组分均匀混合,各个粒子的等效折射率相同,外混模型假设颗粒物群每个粒子有且只有一种化学组分单独构成,该粒子的折射率即由该化学组分决定。必须指出的是,在实际大气颗粒物群复杂的物理和化学变化过程中,每个颗粒物的混合状态不是简单的外混或内混组合,且自身也在不断地发生变化,但这并不影响混合模型的假设及实际应用效果。表 6-7 给出了本研究所用到的 $PM_{2.5}$ 主要四种化学组分的折射率和密度信息,可以看出只有黑碳的折射率虚部不为 0,表明其具有吸收效应,而其他物质都只有散射效应。

表 6-7　不同化学物种的折射率和密度值

化学物种	折射率	密度	参考文献
硫酸铵	1.52±0.0i	1.77	Pitchford 等(2007)
硝酸铵	1.57±0.0i	1.73	Pitchford 等(2007)
有机物	1.55±0.0i	1.4	Pitchford 等(2007)
黑碳	1.95±0.79i	1.8	Bond 和 Bergstrom(2006)

针对外混模型假设,本研究首先依托 MOUDI 分级采样颗粒物组分分析的结果。虽然离线采样的数据时间分辨率较低(每 48 小时一个样品),但由于它可以直接给出每种化学组分的质量浓度在不同粒径段的分布,因此十分方便针对每种化学组分,首先利用米理论程序估算每个粒径段(取中值粒径代表)某化学组分的质量散射消光效率,然后利用相关粒径段的质量浓度比例进行加权平均,最终得到 $PM_{2.5}$ 该化学组分的质量散射消光效率。式(6-16)和式(6-17)给出了具体的计算公式。式中,$\alpha_{j,\text{bin}}$ 为化学物种 j 在粒径段 bin 的质量散射消光效率;Q_{sca} 为米理论公式计算得到的散射效率;D_{bin} 为粒径段 bin 的中值粒径;ρ_j 为化学物种 j 的密度;$\alpha_{j,\text{PM}_{2.5}}$ 为化学物种 j 在 $PM_{2.5}$ 范围内的质量散射消光效率,$C_{j,\text{bin}}$ 为化学物种 j 在粒径段 bin 的质量浓度。

$$\alpha_{j,\text{bin}} = 3Q_{\text{sca}}(n_j, D_{\text{bin}}, \lambda)/(2\rho_j D_{\text{bin}}) \tag{6-16}$$

$$\alpha_{j,\text{PM}_{2.5}} = \sum_{\text{bin}=1}^{D_{\text{bin}}<2.5} \alpha_{j,\text{bin}} C_{j,\text{bin}} \Big/ \sum_{\text{bin}=1}^{D_{\text{bin}}<2.5} C_{j,\text{bin}} \tag{6-17}$$

考虑到 MOUDI 采样数据的粒径分辨率和时间分辨率都不如 PSD 粒径谱的

数据高,参考 Quinn 等(2004)的处理方法,本研究将 MOUDI 采样时段的各化学组分的体积分数提取出来,认为其就是对应时段 PSD 粒径谱测得的结果中各化学组分的数浓度比例,这样就实现了把 MOUDI 的结果耦合嵌套进了 PSD 的粒径谱数据,在保证 PSD 粒径谱高分辨率的同时利用 MOUDI 化学组分信息,成功得到了每种化学组分各粒径段的数浓度分布,然后利用化学组分的密度,转化得到每种化学组分各粒径段的质量浓度分布,具体计算处理过程见式(6-18)和式(6-19),最后利用式(6-16)和式(6-17)计算得到各化学物种的质量散射消光效率。式(6-18)和式(6-19)中,$\mathrm{Nratio}_{j,\mathrm{Ptime},\mathrm{Pbin}}$ 为化学物种 j 在时间点 time 粒径段 bin 所占的数浓度比例;Ptime 和 Pbin 为 PSD 粒径谱测量的时间点和粒径段;Mtime 和 Mbin 为对应的 MOUDI 采样的时间日和粒径段;dN 为数浓度;C 为质量浓度;化学物种 i 从 1 到 4 分别表示硫酸铵、硝酸铵、有机物和黑碳,其余定义同上。

$$\mathrm{Nratio}_{j,\mathrm{Ptime},\mathrm{Pbin}} = \frac{C_{j,\mathrm{Mtime},\mathrm{Mbin}}/\rho_j}{\sum\limits_{i=1}^{4} C_{i,\mathrm{Mtime},\mathrm{Mbin}}/\rho_i} \tag{6-18}$$

$$C_{j,\mathrm{Ptime},\mathrm{Pbin}} = \mathrm{d}N_{\mathrm{Ptime},\mathrm{Pbin}} \mathrm{Nratio}_{j,\mathrm{Ptime},\mathrm{Pbin}}\rho_j \tag{6-19}$$

针对内混模型假设,虽然其不能分离出各种化学组分的质量散射消光效率,但通过化学组分信息进行等体积折射率的构建(Hand and Malm,2007),该方法能较快速地对颗粒物群的散射效应进行估算,并在此基础上估算了 PM$_{2.5}$ 整体的质量散射消光效率。本研究采用 MARGA 测量的逐小时的化学物种浓度,等效折射率的构建及质量散射消光效率的计算公式见式(6-20)和式(6-21),式中,n 为等效折射率;n_i 为化学物种 i 的折射率;$\mathrm{d}N_{\mathrm{bin}}$ 为 PSD 在粒径段 bin 的数浓度;ρ 表示按体积加权的等效浓度,其余定义同上。

$$n = \sum_{i=1}^{4} \frac{C_i n_i}{\rho_i} \bigg/ \sum_{i=1}^{4} \frac{C_i}{\rho_i} \tag{6-20}$$

$$\alpha_{\mathrm{PM}_{2.5}} = \frac{\sum\limits_{\mathrm{bin}=1}^{D_{\mathrm{bin}}<2.5} \pi D_{\mathrm{bin}}^2 Q_{\mathrm{sca}}(n,D_{\mathrm{bin}},\lambda)\mathrm{d}N_{\mathrm{bin}}/4}{\sum\limits_{\mathrm{bin}=1}^{D_{\mathrm{bin}}<2.5} \pi D_{\mathrm{bin}}\rho\mathrm{d}N_{\mathrm{bin}}/6} \tag{6-21}$$

2. 多元线性回归统计法

多元线性回归统计法是另一种常见的求解化学组分质量散射消光效率的方法。其基本原理是以散射消光系数为变量,各种化学组分的质量浓度为自变量,通过线性回归拟合出最小方差的回归系数,即质量散射消光效率。该方法由于是统计方法,需要的样本数足够多,结果才比较稳定。操作方便简单是其优点,但缺点也非常明显(Hand and Malm,2007)。多元回归分析理论上要求各自变量之间是独立的,没有联系。但实际大气过程中,各种化学组分的浓度受扩散条件的影响,会同步增大或降低,并不是相互独立的。此外,由于无机组分如硫酸盐、硝酸盐的测量误差比有机物显著降低,且有机物还需要乘以一个实际并不固定的1.55因子,因此多元回归的结果通常会把测量误差较低的化学物种如硫酸盐、硝酸盐的质量散射效率高估,把测量误差较高的化学物种如有机物的质量散射效率低估。尽管如此,本研究由于通过 MARGA 和 Sunset 在线测量仪器获得了时间分辨率较高的 $PM_{2.5}$ 组分浓度,因此进行了多元线性回归的统计分析。为了保证结果的稳定性,本研究的多元回归模型的自变量只保留硫酸铵、硝酸铵和有机物三个,而将浊度仪测得的散射消光系数扣除 $PM_{10\sim2.5}$、土壤尘的影响(使用 IMPROVE 中对应的质量散射效率)作为变量。由于浊度仪的结果为低于 60% 相对湿度下的结果,仍然具有一定的吸湿性,因此在统计回归前,按照旧版 IMPROVE 公式提供的吸湿增长因子,将其分别乘以硫酸铵和硝酸铵的质量浓度,作为考虑了吸湿效应的自变量。具体计算公式见式(6-22)。式中,α_{AS}、α_{AN} 和 α_{OM} 分别为硫酸铵、硝酸铵和有机物的质量散射效率;b_{sca} 为浊度仪测量的散射消光系数;[$PM_{10\sim2.5}$]、[Soil]、[AS]、[AN] 和 [OM] 分别为 $PM_{10\sim2.5}$、土壤尘、硫酸铵、硝酸铵和有机物的质量浓度。

$$b_{sca} - 0.6[PM_{10\sim2.5}] - 1[Soil] = \alpha_{AS}f(RH)[AS] + \alpha_{AN}f(RH)[AN] + \alpha_{OM}[OM]$$

$$(6\text{-}22)$$

3. 估算结果比较

首先是针对 MOUDI 数据按照外混模型假设的估算结果。图 6-14 给出了三种主要化学组分硝酸铵、硫酸铵和有机物的日均质量散射消光效率随时间的变化情况。同样基于外混假设,耦合 MOUDI 的化学组分结果到 PSD 粒径谱数据中,也获得了硫酸铵、硝酸铵和有机物的时均质量散射消光效率估算结果,如图 6-15 所示。可以看到,在整个观测期间,硫酸铵的质量散射效率值最低,平均值为 $(3.5\pm0.55)m^2/g$,硝酸铵其次平均值为 $(4.3\pm0.63)m^2/g$,有机物的质量散射效率最高,平均值为 $(4.5\pm0.73)m^2/g$。通过与浊度仪测得的总的散射消光系数变化对比,可以明显看到化学物种的质量散射效率与颗粒物散射消光系数,即颗粒物污染程度成明显正相关,质量散射效率的峰值全部出现在污染较严重的几个时段,如在 10 月 28 日和 11 月 7 日两个污染过程中,三种组分的时均质量散射效率在污染峰值的最大值达到硫酸铵 $4.7\ m^2/g$,硝酸铵 $5.8\ m^2/g$,有机物 $6.3\ m^2/g$,而在污染谷底的最小值达到硫酸铵 $2.1\ m^2/g$,硝酸铵 $2.4 m^2/g$,有机物 $3.2\ m^2/g$。值得注意的是，组分的质量散射效率值随污染过程快速上升，但并不绝对和污染严重程度成正比，如 10 月 28 日，散射消光系数平均值为 1213 Mm^{-1}，是 11 月 7 日污染过程的 2.3 倍，但这两个过程的质量散射效率值分别为硫酸铵的 4.13 m^2/g 和 4.19 m^2/g，硝酸铵的 5.31 m^2/g 和 5.18 m^2/g 以及有机物的 5.64 m^2/g 和 5.33 m^2/g，二者绝对值差别并不大。从图 6-15 和图 6-16 的结果也告诉我们，如果需要精准地评估重污染过程中各组分的消光贡献，有必要进行实时的组分质量消光效率估算，而伴随着在线分析仪器如气溶胶质谱的发展是有可能实现的。

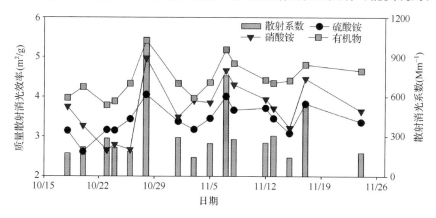

图 6-14　基于 MOUDI 测量数据估算的化学组分质量散射效率

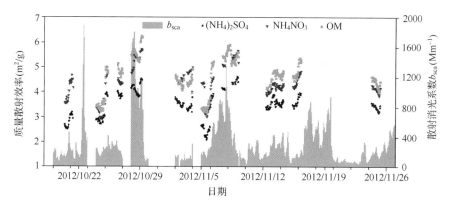

图 6-15　基于 MOUDI 与 PSD 耦合结果计算的散射系数估算值与实测值比较

表 6-8 总结了本研究以及其他地区不同方法研究得到的细颗粒物组分质量散射消光效率值。可以看到，本研究三种组分的质量散射效率值分别为硫酸铵 3.5 m^2/g，硝酸铵 4.3 m^2/g 和有机物的 4.5 m^2/g，显著高于旧版 IMPROVE 公式对应组分的 3 m^2/g、3 m^2/g 和 4 m^2/g，这也解释了前述使用旧版 IMPROVE 公式估算散射消光系数会比实测值显著偏低的主要原因。本研究得到的三种组分的最

小值和最大值分别为硫酸铵的 2.1 m²/g 和 4.7 m²/g、硝酸铵的 2.4 m²/g 和 5.8 m²/g、有机物的 3.2 m²/g 和 6.3 m²/g,和新版 IMPROVE 公式设定的粗、细 两个模态硫酸铵的 2.2 m²/g 和 4.8 m²/g、硝酸铵的 2.4 m²/g 和 5.1 m²/g、有机 物 2.8 m²/g 和 6.1 m²/g 非常接近,促使新版 IMPROVE 公式在本研究特别是 污染时段散射系数估算值与实测值较吻合。Hand 和 Malm(2007)综述了 1990～ 2007 年间全球各地通过不同方法测量的组分质量散射效率,Sciare 等(2005)在地 中海地区通过多元线性回归得到硫酸铵和有机物的质量散射效率。和这些在颗粒

表 6-8　组分质量散射效率估算结果及与其他研究比较

组分	方法	地点	MSE(m²/g)	参考文献
硫酸铵	米理论算法	上海	3.5(Min：2.1, Max：4.7)	本研究
	旧版 IMPROVE	美国郊区	3	Watson(2002)
	新版 IMPROVE	美国郊区	2.2(细);4.8(粗)	Pitchford 等(2007)
	米理论算法	综述	2.1	Hand 和 Malm(2007)
	多元线性回归	综述	2.8	Hand 和 Malm(2007)
	多元线性回归	地中海	2.66	Sciare 等(2005)
	多元线性回归	广州	2.9(春);2.5(夏);4.8(秋);5.3(冬)	Tao 等(2014)
	多元线性回归	广州	2.2(细);3.2(粗)	Jung 等(2009b)
硝酸铵	米理论算法	上海	4.3 (Min：2.4, Max：5.8)	本研究
	旧版 IMPROVE	美国郊区	3	Watson(2002)
	新版 IMPROVE	美国郊区	2.4 (细);5.1 (粗)	Pitchford 等(2007)
	多元线性回归	综述	2.8	Hand 和 Malm(2007)
	多元线性回归	广州	3.2(春);2.6(夏);4.9(秋);5.5(冬)	Tao 等(2014)
	多元线性回归	广州	2.4(细);4.5(粗)	Jung 等(2009b)
有机物	米理论算法	上海	4.5 (Min：3.2, Max：6.3)	本研究
	旧版 IMPROVE	美国郊区	4	Watson(2002)
	新版 IMPROVE	美国郊区	2.8(细);6.1(粗)	Pitchford 等(2007)
	米理论算法	综述	2.6(细);5.6(粗)	Hand 和 Malm(2007)
	多元线性回归	综述	3.1	Hand 和 Malm(2007)
	多元线性回归	地中海	4.2	Sciare 等(2005)
	多元线性回归	广州	3.3(春);2.8(夏);5.1(秋);6.2(冬)	Tao 等(2014)
	多元线性回归	广州	2.8(细);4.9(粗)	Jung 等(2009b)

物质量浓度相对较低的地区测量结果相比,本研究的质量散射效率值平均高出25%～54%。Tao 等(2014)发现对广州而言,在质量浓度相对较高的冬季,质量散射效率会比质量浓度较低的夏季时高 2.1～2.2 倍,而在广州冬季的测量结果和本研究具有很好的可比性。

　　进一步研究组分的质量散射效率在不同质量浓度区间的变化规律,图 6-16 给出了硫酸铵、硝酸铵和有机物的质量散射效率随质量浓度增长的变化趋势。三种颗粒物组分的质量散射效率的变化趋势大致相同,即在较低质量浓度区间先随质量浓度的增加快速增长,而后过了某一个阈值质量浓度后保持在一个稳定值。具体来说,对于硫酸铵,质量散射效率先从最小值 2.09 m²/g 增长到最大值 4.69 m²/g,当硫酸铵质量浓度大于 15 µg/m³ 后,其保持在最大值附近一个较小的区间范围内;对于硝酸铵,质量散射效率先从最小值 2.96 m²/g 增长到最大值

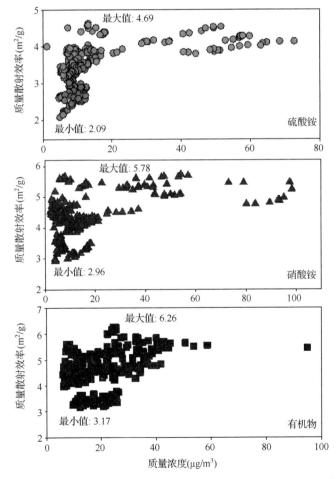

图 6-16　细颗粒物组分的质量散射效率随质量浓度增长的变化趋势

5.69 m²/g,当硝酸铵质量浓度大于 12 μg/m³ 后,其保持在最大值附近一个较小的区间范围内;对于有机物,由于质量浓度本底值较高,其最小值 6.2 μg/m³ 并不足以观测到质量散射效率快速增长的过程,质量散射效率在质量浓度为 24 μg/m³ 达到最大值 6.3 m²/g,其后保持在 5.6 m²/g 左右。

为了弄清组分质量散射效率的变化成因,进一步研究了质量散射效率的决定性因素质量粒径分布的变化规律。图 6-17 给出了不同质量散射效率等级下细颗粒物组分的质量粒径分布,其中左端图为质量浓度在不同粒径段的分布,右端图为左图数据换算得到的质量分数在不同粒径段的分布。在图 6-17 中,质量散射效率

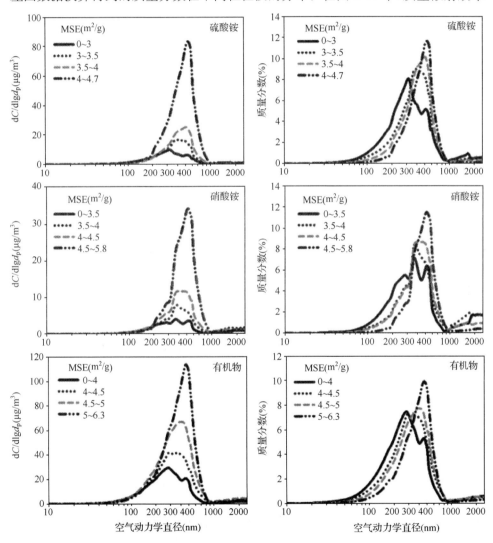

图 6-17　不同质量散射效率等级下细颗粒物组分的质量粒径分布

按 0.5 m²/g 步长被分为四个不同等级,起始值分别为硫酸铵 3 m²/g,硝酸铵 4 m²/g,有机物 4.5 m²/g。从图中可以看出,较高的质量散射效率不仅对应着较高的组分质量浓度,也对应着更大的峰值质量分数所在的粒径段。换句话说,伴随着质量散射效率的升高,颗粒物的质量浓度的增加并不是简单的各粒径段质量等比例的增加,而是峰值粒径从 200~300 nm 的粒径段增加到 500~600 nm 的粒径段。根据米理论的计算结果,单个粒径针对可见光波长 550 nm 的最大质量散射效率恰好发生在 500~600 nm 粒径段,意味着质量分数的粒径分布越靠近 500~600 nm,该组分整体细颗粒物的质量散射效率值将越高。两个因素可能促使了质量分数往较大粒径段迁移转变。对于硫酸铵和硝酸铵,更大粒径段的离子组分浓度常常来自液相化学反应途径直接生成,而对于有机物而言,更大粒径的颗粒物通常来自颗粒物老化过程中,在颗粒物表面的凝结增长和氧化学反应的作用。

此外,尽管内混模型的假设不能获得化学组分的质量散射消光效率,但本研究仍然用其来进行了 PM$_{2.5}$ 整体散射消光效率的估算。基于体积等效折射率的构建,直接基于 PSD 粒径谱数据进行了散射消光系数的估算,如图 6-18 所示。除了 10 月 22 日和 10 月 28 日的高污染过程有所偏低,其他时间段估算值和实测值的变化趋势和绝对值都吻合较好。在此基础上,计算了 PM$_{2.5}$ 范围粒径段的颗粒物整体的质量散射效率,其时间变化如图 6-19 所示。和前面化学组分的变化趋势一样,PM$_{2.5}$ 质量散射效率在 2~9 m²/g 之间变化,平均值为 (4.40±1.50) m²/g,且高值全部发生在污染较严重的时段。

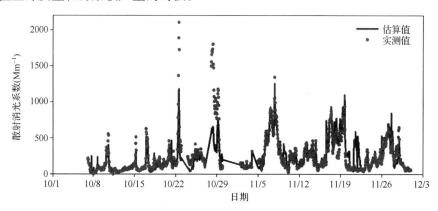

图 6-18　基于内混模型的 PSD 数据估算值与实测值比较

最后,基于多元线性回归方法,利用 MARGA 测量的在线颗粒物组分浓度以及浊度仪测量的散射消光系数进行了主要化学组分的质量散射消光效率的估算。通过以散射系数 900 Mm^{-1} 为界,分别进行了清洁期和污染期的回归分析,估算结果及统计指标见表 6-9。总体估算结果虽然数值在正常范围,且线性较高,但具有一定的不稳定性,如污染期的硫酸铵质量散射消光效率比清洁期还要低,无论是清

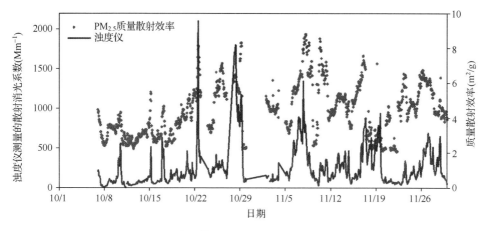

图 6-19　基于内混模型的 PM$_{2.5}$质量散射消光效率变化

洁期还是污染期,硫酸铵和硝酸铵的结果都比基于米理论的结果要高出不少,不稳定的主要来源是前述的自变量之间的非独立性以及各自变量测量误差精度的差别。鉴于此,长三角地区本地颗粒物化学组分质量散射消光效率的推荐值仍然取基于米理论算法的平均值。

表 6-9　多元线性回归的统计结果(m^2/g)

污染分级	化学物种	回归系数	标准偏差	R^2	样本数
清洁期 (散射系数≤900 Mm^{-1})	硫酸铵	5.80	0.28		
	硝酸铵	4.35	0.27	0.95	922
	有机物	4.48	0.27		
污染期 (散射系数>900 Mm^{-1})	硫酸铵	5.04	0.83		
	硝酸铵	5.59	0.38	0.98	32
	有机物	6.84	0.96		

6.4.3　本地化公式的应用误差评估

为了考察基于观测估算的长三角本地化学组分质量散射消光效率的实际应用效果,和前面评估新、旧 IMPROVE 公式的方法类似,本研究采用 6.4.2 节米理论算法估算的结果,重新计算了基于化学组分的散射消光系数,并与浊度仪实测值进行了所有数据、清洁期和污染期三个类别的误差对比与线性回归分析。图 6-20 给出了对比结果,可以看到,整体散射消光系数估算值比实测值低估了 8%,其中清洁时期略好,估算值低估 6%,污染期略差,估算值低估 12%。三类比较的线性程度都非常好,R^2 在 0.92 以上。与图 6-13 所示的新版 IMPROVE 公式的应用效果比较,本地值估算与实测没有了 900 Mm^{-1} 上下的两端较明显的分离情况出现,且在清洁期的效果明显优于新版 IMPROVE 公式,虽然在污染期的 12% 的低估比新版 IMPROVE 公式的 6% 的低估误差要稍高,但总体而言,本地化观测的估算结果要优于新版 IMPROVE 公式的应用效果。

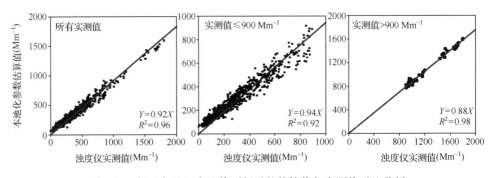

图 6-20　长三角地区本地值更新后的估算值与实测值对比分析

6.5　长三角地区细颗粒物化学组分的消光贡献

　　结合本地化组分质量散射效率的估算结果,本研究采用米理论算法的结果作为本地化颗粒物化学组分的质量散射效率,其余各项如土壤尘、PM$_{10\sim2.5}$、海盐等组分以及吸湿增长曲线直接使用新版 IMPROVE 公式的推荐值。根据长三角地区的实际污染情况,清洁期和污染期的判别标准可设为 PM$_{2.5}$ 的时均浓度大于 75 μg/m^3。颗粒物化学物种的消光贡献共分为八个部分,分别为有机物、元素碳、硫酸铵、硝酸铵、海盐、吸湿增长、土壤尘和粗颗粒物。评估分为年均与季节变化和典型霾污染事件两个方面展开,其中年均贡献和季节变化使用本地质量散射效率的平均值,典型霾污染事件使用本地质量散射效率清洁期和污染期对应值。

6.5.1　年均与季节平均

　　针对年均与季节平均的消光来源贡献,有机物消光贡献等于有机物质量浓度乘以 4.5 m^2/g,元素碳消光贡献等于元素碳质量浓度乘以 10 m^2/g,硫酸铵贡献等于硫酸铵质量浓度乘以 3.5 m^2/g,硝酸铵贡献等于硝酸铵质量浓度乘以 4.3 m^2/g,海盐贡献等于氯离子浓度乘以 1.8 作为海盐浓度再乘以 1.7,吸湿增长包括硫酸铵、硝酸铵和海盐三部分,由它们对应的吸湿增长因子减去 1 之后乘以它们各自的消光贡献,硫酸铵和硝酸铵的吸湿增长因子根据平均相对湿度对应旧版 IMPROVE 公式,海盐的吸湿增长因子根据平均相对湿度对应新版 IMPROVE 公式获得,土壤尘贡献等于土壤尘质量浓度乘以 1,PM$_{10\sim2.5}$ 贡献等于 PM$_{10\sim2.5}$ 质量浓度乘以 0.6。在此基础上,分别根据第 5 章给出的 2011～2012 年长三角各城市颗粒物采样分析结果,计算了年均和四个季节各个站点的化学组分消光分担率,如图 6-21 和图 6-22 所示。

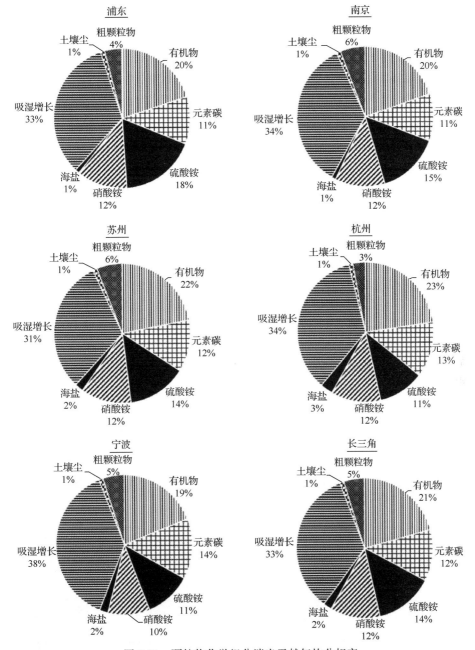

图 6-21　颗粒物化学组分消光贡献年均分担率

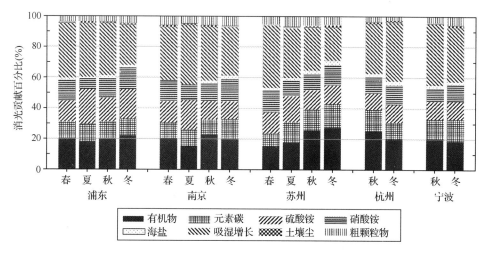

图 6-22　颗粒物化学组分消光分担率季节变化

对于年均分担率来说,各个站点的区别很小,最大的贡献来自颗粒物吸湿增长贡献,达到 31%~38%,这和长三角地区较高的相对湿度密不可分,其次是有机物的贡献在 19%~23%,硫酸铵、硝酸铵和黑碳的消光贡献差不多,在 10%~18% 之间变化,粗颗粒物的消光贡献为 3%~6%,海盐和土壤尘的消光贡献为 1%~3%,几乎可以忽略不计。对于季节变化来说,有机物和硝酸铵在秋冬分担率比春夏稍高一些,而硫酸铵在春夏的分担率要比秋冬高一些,总的吸湿增长贡献在春夏比秋冬高一些,粗颗粒物的贡献比例没有明显的季节变化。如果忽略颗粒物的吸湿增长贡献,就干颗粒物的消光贡献而言,与表 6-10 列出的其他区域的颗粒物干消光系数贡献比例比较,北京、天津、宝鸡、上海和本研究的最大消光贡献物种皆来自有

表 6-10　本研究与其他区域的颗粒物干消光系数贡献比例比较(%)

城市	有机物	元素碳	硫酸铵	硝酸铵	粗颗粒	参考文献
广州	27	17	36	15	—	陶俊等(2009)
天津	22	16	33*		23	姚青等(2012)
北京	46	12	25	12	—	朱李华等(2012)
西安	24	9	40	23	—	Cao 等(2012)
上海	31	9	24	22	10	Han 等(2015)
上海	37	11	30	17	—	Lin 等(2014)
南京	15	10	37	16	6~11	Shen 等(2014)
宝鸡	34	9	30	20	—	Xiao 等(2014)
长三角	32	18	21	18	8	本研究

* 硫酸铵和硝酸铵贡献之和

机物,而广州、南京、西安的最大消光贡献来自硫酸铵,这可能与采样时段不同颗粒物组成污染特征不同导致。

6.5.2 典型霾污染事件中颗粒物化学组分的消光贡献

针对第 4 章描述的四个典型霾污染事件,开展了颗粒物化学组分的消光贡献评估。为了区别清洁期和污染期,针对 $PM_{2.5}$ 小时或日均质量浓度低于 75 μg/m³ 的污染发生之前或之后时段,硫酸铵的质量消光效率为 2.1 m²/g,硝酸铵为 2.4 m²/g,有机物为 3.2 m²/g。针对 $PM_{2.5}$ 小时或日均质量浓度高于 75 μg/m³ 的污染高峰时段,硫酸铵的质量消光效率为 4.7 m²/g,硝酸铵为 5.8 m²/g,有机物为 6.3 m²/g。其他参数的取值和 5.5.1 节相同。在此基础上,分别估算了春季沙尘暴、夏季秸秆焚烧、秋季高污染和冬季高污染四个典型过程中化学组分的消光贡献,如图 6-23 所示。从图中可以看到,在沙尘暴污染过程中,主要的消光贡献来自土壤尘和 $PM_{10\sim2.5}$,$PM_{2.5}$ 的二次组分反而影响比例很小;在夏、秋和冬季高污染的消光系数来源看,有机物是污染形成贡献最大的化学物种,硝酸铵的消光贡献次之,其消光贡献大于硫酸铵主要归因于硝酸铵的质量消光效率比硫酸铵要高。此外,每次污染峰值来临,吸湿增长的消光贡献总是随颗粒物无机离子组分浓度升高而增长得特别明显。从污染事件的消光贡献分担看,要想显著改善污染时段的能见度,细颗粒中的有机物、硝酸铵和硫酸铵是需要优先控制的化学物种。

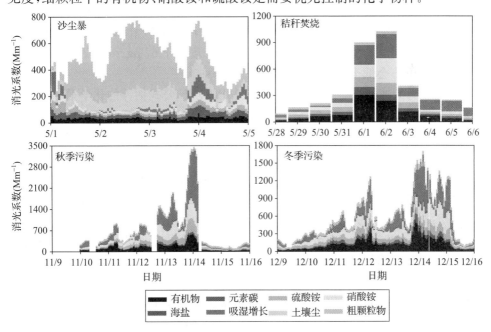

图 6-23 典型霾事件颗粒物化学组分消光贡献分担率

6.6　小　　结

（1）长三角地区 2001～2011 年 PM_{10} 的平均质量消光效率为 (2.25 ± 1.02) m^2/g，各城市变化范围为 $1.64～2.95$ m^2/g。2011～2012 年的联合观测得到 $PM_{2.5}$ 平均质量消光效率为 4.08 m^2/g，六个站点变化范围为 $3.78～5.27$ m^2/g；粗颗粒物的平均质量消光效率为 0.58 m^2/g，六个站点变化范围为 $0.23～0.76$ m^2/g。各城市 PM_{10} 的质量消光效率在 2001～2011 年间总体有一个比较明显上升趋势，原因主要来自粗颗粒物的去除和 $PM_{2.5}$ 的上升。

（2）长三角地区过去十年 PM_{10} 贡献的消光系数为 207 Mm^{-1}，占大气消光系数的 36%，颗粒物的吸湿增长贡献以及大雾等天气的消光贡献为 64%；长三角地区 2011～2012 年联合观测研究得出由 $PM_{2.5}$ 和 $PM_{10-2.5}$ 直接导致的消光系数分别为 198 Mm^{-1} 和 20 Mm^{-1}，分别占总的大气消光系数 39.6% 和 4.0%，其他因素如颗粒物吸湿增长贡献及大雾影响等占 56.4%。在长三角地区平均相对湿度作用下，若要使日均能见度大于 10 km，PM_{10} 的日均浓度不能高于 63 $\mu g/m^3$，$PM_{2.5}$ 的日均浓度不能高于 38 $\mu g/m^3$。

（3）基于颗粒物质量消光效率及颗粒物消光贡献的研究结果，对能见度低于 10 km 对应的颗粒物浓度阈值进行了估算。在任意相对湿度条件下，$PM_{2.5}$ 浓度大于 73 $\mu g/m^3$ 或 PM_{10} 浓度大于 133 $\mu g/m^3$，能见度将低于 10 km；若相对湿度高于年均值 68%，$PM_{2.5}$ 浓度大于 38 $\mu g/m^3$ 或 PM_{10} 浓度大于 67 $\mu g/m^3$ 时，能见度也将低于 10 km；$PM_{2.5}$ 浓度小于 38 $\mu g/m^3$ 或 PM_{10} 浓度小于 67 $\mu g/m^3$，若无大雾发生，能见度理论上不会低于 10 km。

（4）上海的加强观测结果表明，旧版 IMPROVE 公式估算的化学散射消光系数较实际观测值低估 36%，在高污染时段低估幅度更大，新版 IMPROVE 公式估算值较观测值总体高估 3%，在清洁期高估 12%，而高污染时段低估了 13%，表明新、旧版 IMPROVE 公式在长三角地区的直接应用存在问题。基于上海的观测数据，利用多种方法和模型假设对本地的硫酸铵、硝酸铵和有机物的质量散射消光效率进行了估算。计算结果显示，两种理论计算方法的平均值为硫酸铵：3.5 m^2/g（清洁期：2.1 m^2/g，污染期：4.7 m^2/g），硝酸铵：4.3 m^2/g（清洁期：2.4 m^2/g，污染期：5.8 m^2/g），有机物：4.5 m^2/g（清洁期：3.2 m^2/g，污染期：6.3 m^2/g），与观测值的比较显示其应用效果优于 IMPROVE 公式。

（5）利用本地估算的质量消光效率值对年均、季节和污染事件的颗粒物各化学组分的消光贡献进行了估算。年均贡献最大来自颗粒物吸湿增长，贡献可达 31%～38%，其次是有机物，贡献达 19%～23%，硫酸铵、硝酸铵和黑碳的消光贡献在 10%～18% 之间，粗颗粒物、海盐和土壤尘的消光贡献几乎可以忽略不计。

在高颗粒物污染发生时,有机物、硝酸铵和硫酸铵是消光贡献最大的三种颗粒物组分,吸湿增长的贡献也伴随着颗粒物中硝酸铵和硫酸铵浓度的升高而快速增长。

参 考 文 献

白志鹏,董海燕,蔡斌彬,等. 2006.霾与能见度研究进展. 过程工程学报,6(2):36-41.

边海,韩素芹,张裕芬,等. 2012.天津市大气能见度与颗粒物污染的关系. 中国环境科学,32(3):
  406-410.

陈义珍,赵丹,柴发合,等. 2010.广州市与北京市大气能见度与颗粒物质量浓度的关系. 中国环境科学,
  (007):967-971.

段玉森. 2012.上海市霾污染判别指标体系初步研究. 环境污染与防治,34(3):49-54.

段玉森,束炯,张弛,等. 2005.上海市大气能见度指数指标体系的研究. 中国环境科学,25(4):460-464.

范雪波,吴伟伟,王广华,等. 2010.上海市霾天大气颗粒物浓度及富集元素的粒径分布. 科学通报,
  55(13):1221-1226.

李崇志,于清平,陈彦. 2009.霾的判别方法探讨. 南京气象学院学报,32(2):327-332.

梁延刚,胡文志,杨敬基. 2008.香港能见度,大气悬浮粒子浓度与气象条件的关系. 气象学报,66(3):
  461-469.

林云,孙向明,张小丽,等. 2009.深圳市大气能见度与细粒子浓度统计模型. 应用气象学报,20(2):
  252-256.

山东大学. 2009.环渤海区域霾天气的形成特征及其对大气质量的影响. 山东大学环境研究院:343.

陶俊,张仁健,许振成,等. 2009,广州冬季大气消光系数的贡献因子研究. 气候与环境研究,(05),484-490.

吴兑. 2011.霾天气的形成与演化. 环境科学与技术,34(3):157-161.

姚青,韩素芹,毕晓辉. 2012.天津 2009 年 3 月气溶胶化学组成及其消光特性研究. 中国环境科学,(02):
  214-220.

姚婷婷,黄晓锋,何凌燕,等. 2010.深圳市冬季大气消光性质与细粒子化学组成的高时间分辨率观测和统
  计关系研究. 中国科学:化学,40(8):1163-1171.

张剑,刘红年,唐丽娟,等. 2011.苏州城区能见度与颗粒物浓度和气象要素的相关分析. 环境科学研究,
  24(9):982-987.

张敬巧,王淑兰,高健,等. 2012.合肥市郊夏季 PM_{10} 浓度及其与能见度的关系. 环境科学研究,25(008):
  864-869.

中国气象局. 2010.中国气象行业标准:霾的观测和预报等级.

朱李华,陶俊,陈忠明,等,2012. 2010 年 1 月北京城区大气消光系数重建及其贡献因子. 环境科学,(01):
  13-19.

Alfaro S C,Gomes L,Rajot J L,et al. 2003. Chemical and optical characterization of aerosols measured in
  spring 2002 at the ACE-Asia supersite, Zhenbeitai, China. Journal of Geophysical Research, 108
  (D23):8641.

Anderson T L,Ogren J A. 1998. Determining aerosol radiative properties using the TSI 3563 integrating
  nephelometer. Aerosol Science and Technology,29(1):57-69.

Bergin M H,Cass G R,Xu J,et al. 2001. Aerosol radiative, physical, and chemical properties in Beijing
  during June 1999. Journal of Geophysical Research,106(D16):17969-17980.

Bian Q J. 2011. Study of Visibility Degradation over the Pearl River Delta Region: Source Apportionment
  and Impact of Chemical Characteristics. PhD dissertation. Division of Environment, the Hong Kong Uni-

versity of Science & Technology.

Bohren C F, Huffman D R. 1998. Absorption and scattering of light by small particles. New York: Wiley.

Bond T C, Bergstrom R W. 2006. Light absorption by carbonaceous particles: An investigative review. Aerosol Science and Technology, 40(1): 27-67.

Cao J, Wang Q, Chow J, et al. 2012. Impacts of aerosol compositions on visibility impairment in Xi'an, China. Atmospheric Environment, 59: 559-566.

Che H Z, Zhang X Y, Li Y, et al. 2009. Haze trends over the capital cities of 31 provinces in China, 1981—2005. Theoretical and Applied Climatology, 97(3-4): 235-242.

Clegg S L, Brimblecombe P, Wexler A S. 1998. Thermodynamic model of the system H^+-NH_4^+-SO_4^{2-}-NO_3^--H_2O at tropospheric temperatures. The Journal of Physical Chemistry A, 102(12): 2137-2154.

Deng J, Wang T, Jiang Z, et al. 2011. Characterization of visibility and its affecting factors over Nanjing, China. Atmospheric Research, 101(3): 681-691.

Du K, Mu C, Deng J J, et al. 2013. Study on atmospheric visibility variations and the impacts of meteorological parameters using high temporal resolution data: An application of Environmental Internet of Things in China. International Journal of Sustainable Development and World Ecology, 20(3): 238-247.

Guo J P, Zhang X Y, Wu Y R, et al. 2011. Spatio-temporal variation trends of satellite-based aerosol optical depth in China during 1980—2008. Atmospheric Environment, 45(37): 6802-6811.

Guo S, Hu M, Zamora M L, et al. 2014. Elucidating severe urban haze formation in China. Proceedings of the National Academy of Sciences, 111(49): 17373-17378.

Han T, Qiao L, Zhou M, et al. 2015. Chemical and optical properties of aerosols and their interrelationship in winter in the megacity Shanghai of China. Journal of Environmental Sciences, 27: 59-69.

Hand J L. 2011. Spatial and seasonal patterns and temporal variability of haze and its constituents in the United States, Report V. Cooperative Institute for Research in the Atmosphere (CIRA), Colorado State University.

Hand J L, Malm W C. 2007. Review of aerosol mass scattering efficiencies from ground-based measurements since 1990. Journal of Geophysical Research, 112(16): 1-24.

Huang R, Zhang Y, Bozzetti C, et al. 2014. High secondary aerosol contribution to particulate pollution during haze events in China. Nature, 514(7521): 218-222.

Huang X F, He L Y, Xue L, et al. 2012. Highly time-resolved chemical characterization of atmospheric fine particles during 2010 Shanghai World Expo. Atmospheric Chemistry and Physics, 12(11): 4897-4907.

Jung J, Lee H, Kim Y J, et al. 2009a. Optical properties of atmospheric aerosols obtained by *in situ* and remote measurements during 2006 Campaign of Air Quality Research in Beijing (CAREBeijing-2006). Journal of Geophysical Research, 114(D2): D00G02.

Jung J, Lee H, Kim Y J, et al. 2009b. Aerosol chemistry and the effect of aerosol water content on visibility impairment and radiative forcing in Guangzhou during the 2006 Pearl River Delta campaign. Journal of Environmental Management, 90(11): 3231-3244.

Kim S, Yoon S, Jefferson A, et al. 2005. Aerosol optical, chemical and physical properties at Gosan, Korea during Asian dust and pollution episodes in 2001. Atmospheric Environment, 39(1): 39-50.

Kotchenruther R A, Hobbs P V, Hegg D A. 1999. Humidification factors for atmospheric aerosols off the mid-Atlantic coast of the United States. Journal of Geophysical Research: Atmospheres, 104 (D2): 2239-2251.

Larson S M, Cass G R. 1989. Characteristics of summer midday low-visibility events in the Los Angeles area. Environmental Science & Technology, 23(3): 281-289.

Lin J, Nielsen C P, Zhao Y, et al. 2010. Recent changes in particulate air pollution over China observed from space and the ground: Effectiveness of emission control. Environmental Science & Technology, 44(20): 7771-7776.

Lin Y, Huang K, Zhuang G, et al. 2014. A multi-year evolution of aerosol chemistry impacting visibility and haze formation over an Eastern Asia megacity, Shanghai. Atmospheric Environment, 92: 76-86.

Liu X G, Cheng Y F, Zhang Y H, et al. 2008. Influences of relative humidity and particle chemical composition on aerosol scattering properties during the 2006 PRD campaign. Atmospheric Environment, 42(7): 1525-1536.

Lowenthal D H. 2004. Variation of mass scattering efficiencies in IMPROVE. Journal of the Air & Waste Management Association, 54: 926-934.

Lowenthal D, Kumar N. 2006. Light scattering from sea-salt aerosols at Interagency Monitoring of Protected Visual Environments (IMPROVE) sites. Journal of the Air & Waste Management Association, 56(5): 636-642.

Mätzler C. 2002. Matlab functions for mie scattering and absorption. Bern: University of Bern, Institute of Applied Physics.

Moosmuller H, Arnott W P. 2003. Angular truncation errors in integrating nephelometry. Review of Scientific Instruments, 74(7): 3492-3501.

Pan X L, Yan P, Tang J, et al. 2009. Observational study of influence of aerosol hygroscopic growth on scattering coefficient over rural area near Beijing mega-city. Atmospheric Chemistry and Physics, 9(19): 7519-7530.

Pitchford M, Malm W, Schichtel B, et al. 2007. Revised algorithm for estimating light extinction from IMPROVE particle speciation data. Journal of the Air & Waste Management Association, 57(11): 1326-1336.

Quinn P K, Coffman D J, Bates T S, et al. 2004. Aerosol optical properties measured on board the Ronald H. Brown during ACE-Asia as a function of aerosol chemical composition and source region. Journal of Geophysical Research, 109(D19): D19S01.

Sciare J, Oikonomou K, Cachier H, et al. 2005. Aerosol mass closure and reconstruction of the light scattering coefficient over the Eastern Mediterranean Sea during the MINOS campaign. Atmospheric Chemistry and Physics, 5: 2253-2265.

Seinfeld J H, Pandis S N. 2012. Atmospheric chemistry and physics: From air pollution to climate change, John Wiley & Sons.

Shen G, Xue M, Yuan S, et al. 2014. Chemical compositions and reconstructed light extinction coefficients of particulate matter in a mega-city in the western Yangtze River Delta, China. Atmospheric Environment, 83: 14-20.

Tang I N. 1996. Chemical and size effects of hygroscopic aerosols on light scattering coefficients. Journal of Geophysical Research, 101(D14): 19245-19250.

Tao J, Zhang L, Ho K, et al. 2014. Impact of $PM_{2.5}$ chemical compositions on aerosol light scattering in Guangzhou—The largest megacity in South China. Atmospheric Research, 135-136: 48-58.

Titos G, Foyo-Moreno I, Lyamani H, et al. 2012. Optical properties and chemical composition of aerosol particles at an urban location: An estimation of the aerosol mass scattering and absorption efficiencies. Journal of Geophysical Research, 117(D4): D04206.

Vautard R, Yiou P, van Oldenborgh G J. 2009. Decline of fog, mist and haze in Europe over the past 30 years. Nature Geoscience, 2(2): 115-119.

Virkkula A, Backman J, Aalto P P, et al. 2011. Seasonal cycle, size dependencies, and source analyses of aerosol optical properties at the SMEAR II measurement station in Hyytiälä, Finland. Atmospheric Chemistry and Physics, 11(9): 4445-4468.

Wang S, Hao J. 2012. Air quality management in China: Issues, challenges, and options. Journal of Environmental Sciences (China), 24(1): 2-13.

Watson J G. 2002. Visibility: Science and regulation. Journal of the Air & Waste Management Association, 52(6): 628-713.

Wen C C, Yeh H H. 2010. Comparative influences of airborne pollutants and meteorological parameters on atmospheric visibility and turbidity. Atmospheric Research, 96(4): 496-509.

WMO. 2008. Aerodrome reports and forecasts: A user's handbook to the codes. 5th ed. : World Meteorological Organization.

Xiao S, Wang Q Y, Cao J J, et al. 2014. Long-term trends in visibility and impacts of aerosol composition on visibility impairment in Baoji, China. Atmospheric Research, 149: 88-95.

Xiao Z M, Zhang Y F, Hong S M, et al. 2011. Estimation of the main factors influencing haze, based on a long-term monitoring campaign in Hangzhou, China. Aerosol and Air Quality Resarch, 11(7): 873-882.

Xu J, Bergin M H, Yu X, et al. 2002. Measurement of aerosol chemical, physical and radiative properties in the Yangtze delta region of China. Atmospheric Environment, 36(2): 161-173.

Xu J, Tao J, Zhang R, et al. 2012. Measurements of surface aerosol optical properties in winter of Shanghai. Atmospheric Research, 109-110: 25-35.

Yang L X, Wang D C, Cheng S H, et al. 2007. Influence of meteorological conditions and particulate matter on visual range impairment in Jinan, China. Science of the Total Environment, 383(1-3): 164-173.

Zhang Q H, Zhang J P, Xue H W. 2010. The challenge of improving visibility in Beijing. Atmospheric Chemistry and Physics, 10(16): 7821-7827.

Zhang X Y, Wang Y Q, Niu T, et al. 2012. Atmospheric aerosol compositions in China: Spatial/temporal variability, chemical signature, regional haze distribution and comparisons with global aerosols. Atmospheric Chemistry and Physics, 12(2): 779-799.

Zieger P, Weingartner E, Henzing J, et al. 2011. Comparison of ambient aerosol extinction coefficients obtained from in-situ, MAX-DOAS and LIDAR measurements at Cabauw. Atmospheric Chemistry and Physics, 11(6): 2603-2624.

第7章 长三角区域大气污染物排放-浓度非线性响应模型

建立 PM$_{2.5}$ 及其组分浓度与污染物排放之间的快速响应关系,是开展准确、快速、有效的 PM$_{2.5}$ 控制决策的关键。本章在此前研究的基础上,开发扩展的响应表面模型(ERSM),建立 PM$_{2.5}$ 及其组分浓度与多个区域、多个部门、多种污染物排放量之间的快速响应关系。将 ERSM 应用于长三角地区,通过与空气质量模式模拟结果以及传统响应表面模型的预测结果进行比较,校验 ERSM 技术的可靠性,为开展 PM$_{2.5}$ 污染控制决策打下基础。

7.1 扩展的响应表面模型开发

7.1.1 响应表面模型(RSM)

响应表面模型(Response Surface Modeling,RSM)是基于三维空气质量模型和统计学响应曲面理论,建立一次污染物排放与环境效应的非线性响应的模拟技术。简单地说,RSM 是复杂空气质量模型的"简化模型",它利用统计学的方法,建立复杂空气质量模型输入与输出之间的快速响应关系,从而对于给定的污染物排放量/减排量,可以即时地计算相应的空气质量响应。为与本研究开发的 ERSM 技术区分,我们将普通的 RSM 技术称为传统 RSM 技术。

传统 RSM 技术建立响应变量(如 PM$_{2.5}$ 浓度)与一系列控制变量(即特定排放源的特定污染物的排放量)响应关系的方法如图 7-1 所示。

首先,确定控制因子。从决策目的出发,将其中涉及的来自不同地区、不同部门的相关污染物排放量作为控制因子,仔细比较它们的不同控制组合的控制效率。比如为考察某一城市的臭氧污染问题,可以选择的控制因子包括本地电厂的 NO$_x$ 排放、本地面源的 NO$_x$ 排放、本地 VOC 排放、周边电厂的 NO$_x$ 排放、周边面源的 NO$_x$ 排放、周边 VOC 排放。

其次,控制情景设计。筛选出的控制因子生成高维采样空间,借助采样方法对此高维空间进行采样,其中每一个样本,标识了对应控制因子的变化系数,也就是一种控制情景。采样的核心思想是用最少的点,表征出整个空间的特征。其中,高效的采样方法是至关重要的。拉丁超立方采样(Latin Hypercube Sampling,LHS)方法是一种应用广泛的采样方法,它可以确保采得的随机样本能够整体上

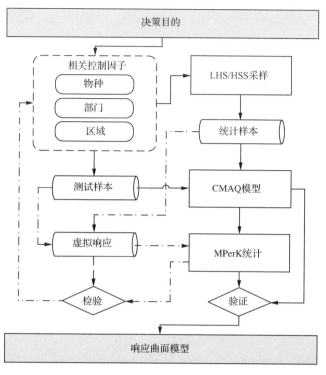

图 7-1 构建 RSM 的关键步骤(虚线表示确定设计中关键参数的预实验)

代表采样空间的实际变化情况(Iman et al,1980)。另一种采样方法称作哈默斯利序列采样方法(Hammersley Quasi-random Sequence Sample, HSS),这种假随机方法,其实是通过某种算法得到的,其空间填充的效果更为规整有序,可以每次得到同一种采样结果,从而增强了采样结果的可重复性(Hammersley,1960)。无论是 LHS 还是 HSS,其分布的结果都是空间均匀的,如图 7-2(a)所示。

然而,在某些情况,我们需要一种不均匀的采样效果,比如我们将 NO_x 排放分成了不同部门的排放源,这时总 NO_x 排放等于每个部门排放之和,然而通过均匀的采用方法得到的样本,虽然对每个单独部门排放是均匀分布,但是对于总 NO_x 排放来说确实非常不均匀的,分布在边缘区域的样本非常少,这样的采样结果其实并没有很好地反映出所有的情况,如图 7-2(b)所示。在本研究中也发现通过均匀采样方式拟合的结果在边缘很差,有些研究也由此采取了对边缘额外采样进行加密处理的方式。本研究设计了一种边缘加密处理方法,可以将 LHS 或 HSS 均匀采样结果进行不同程度的加密处理。

边缘加密处理方法如式(7-1)所示:

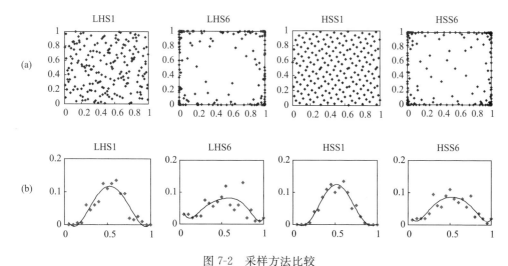

图 7-2　采样方法比较

（a）两个独立变量的联合分布（[0,1]内 200 个样本）；（b）四个变量加权平均的密度分布
（[0,1]内 200 个样本，点表示密度分布，线表示用 4 阶方程进行拟合的曲线）

$$TXn = \begin{cases} X, & n = 1 \\ \left(\dfrac{X-a}{b-a} \times 2\right)^n \times (b-a) + a, & X \leqslant a + \dfrac{b-a}{2}, n > 1 \\ \left[1 - \left(\dfrac{b-X}{b-a} \times 2\right)^n\right] \times (b-a) + a, & X > a + \dfrac{b-a}{2}, n > 1 \end{cases} \quad (7\text{-}1)$$

式中，X 是 LHS/HSS 在区间 $[a,b]$ 均匀采样的结果；TXn 是经过边缘加密处理后的结果；n 是边缘加密的程度。

第三，确定实验参数。在 RSM 实验中，控制因子的数量决定了采样空间的维数，维数越大，空间越大，表征整个空间所需的样本数也就越多。样本数的确定也是 RSM 实验的关键环节，样本数选择过少，直接影响 RSM 结果的可靠性；选择过多的样本数，又会带来更多的计算负荷。因此研究设计了一种计算仿真实验的方法，以确定在不同控制因子数量下所需的最少样本数量，其核心是建立一个"虚拟响应"（quasi-response）关系。这个"虚拟响应"是以数学形式表示出的目标响应变量对各控制因子的关系，借助这一关系，可以开展大量的仿真实验，以确定实验中的关键参数及取值。

建立"虚拟响应"的核心思想是尽可能地体现出系统的非线性情况。首先，研究采用少量控制因子（只有物种差异，不分部门区域）和尽可能多的样本建立一个低维度的 RSM，由于样本数足够，因此可以保证这个低维度的 RSM 的可靠性。然后，研究进行了如下的假设，建立目标控制因子（分物种、部门和区域）与低维度 RSM 中的控制因子（只有物种差异）之间的映射关系，根据之前建立的低维度

RSM 结果，其实也就形成了目标控制因子与响应变量的"虚拟响应"关系。由此搭建了一个仿真实验系统，可以进行多次实验（包括选用不同采样方式、不同采样数、不同边缘加密程度），以评价关键参数的选取对结果的影响。

以臭氧为例，首先只考虑总 NO_x 和总 VOC 作为控制因子，通过 30 个模拟结果，建立起二维的 RSM，然后构建每个单独 NO_x 和 VOC 排放与总 NO_x 和总 VOC 排放的映射关系，如式（7-2）和式（7-3）所示。

$$tNOX = \sum_{i=1}^{m} NOX_i, R - tNOX = [R - NOX_1, \cdots, R - NOX_m] \cdot A^{m \times 1} \quad (7-2)$$

$$tVOC = \sum_{j=1}^{n} VOC_j, R - tVOC - [R - VOC_1, \cdots, R - VOC_n] \cdot B^{n \times 1} \quad (7-3)$$

式中，tNOX 和 tVOC 分别为总 NO_x 和总 VOC 的排放；NOX_i 和 VOC_j 分别为每个单独源的排放；$R-tNOX$ 和 $R-tVOC$ 分别为总 NO_x 和总 VOC 的排放率（即 1 减去控制率）；$R-NOX_i$ 为 NO_x 源 i 的排放率；$R-VOC_j$ 为 VOC 源 j 的排放率；$A^{m \times 1}$ 和 $B^{n \times 1}$ 分别为单独 NO_x 和 VOC 排放源在总排放的权重，反映出其贡献。

第四，非线性统计。将每个样本所代表的控制情景通过空气质量模型进行模拟，将模拟结果进行统计插值。研究采用了最大似然估计-实验最佳线性无偏预测（MLE-EBLUPs, Maximum Likelihood Estimation-Experimental Best Linear Unbiased Predictors）的方法，基于 Santner 等（2003）建立的 MPerK（MATLAB Parametric Empirical Kriging）程序，构建 RSM。

计算方法如式（7-4）所示：

$$Y(x_0) = Y_0 = \sum_{j=1}^{d} f_j(x)\beta_j + Z(x) \equiv f_0^T \beta + \gamma_0^T R^{-1}(Y^n - F\beta) \quad (7-4)$$

式中，$Y(x_0)$ 为 RSM 预测结果；f_0 为对 Y_0^n 回归函数的 $d \times 1$ 维向量；F 为对样本数据回归函数的 $n \times d$ 维矩阵；R 为 Y^n 的 $n \times n$ 维相关系数矩阵；γ_0 是 Y^n 与 Y_0 的 $n \times 1$ 维相关系数向量；β 是 $d \times 1$ 维未知回归系数向量，由广义最小二乘估算 $\beta = (F^T R^{-1} F)^{-1} F^T R^{-1} Y^n$

相关方程采用幂指数乘积相关计算，如式（7-5）所示。

$$R(h \mid \xi) = \prod_{i=1}^{d} \exp[-\theta_i \mid h_i \mid^{p_i}] \quad (7-5)$$

式中，$\xi = (\theta, p) = (\theta_1, \cdots, \theta_d, p_1, \cdots p_d)$，$\theta_i \geqslant 0$ 且 $0 < p_i \leqslant 2$，ξ 由最大似然估计得到。

第五，可靠性检验。研究采用三种方法对 RSM 结果的可靠性进行检验。首先是"留一法交叉验证"（leave-one-out cross validation, LOOCV）。交叉验证是一种统计学上将数据样本切割成较小子集的实用方法,操作方式是先在一个子集上做分析,而其他子集则用来做后续对此分析的确认及验证。留一法是依次用一个样本做检验,其余的做统计归纳,共可以做 N(N 为样本数)次验证,这种方法主要考察统计系统的稳定性;第二种方法是"外部验证"(out of sample validation),即通过额外的样本对整个 RSM 系统进行检验,该方法可以评价系统对特定情景的可靠性;第三种是"两两等值线验证"(2-D isopleths),即将两个控制因子(或控制因子组合)联合作用下的高维 RSM 结果,与低维 RSM 结果进行比较,考察 RSM 在整个空间范围内的稳定性。

关于传统 RSM 技术的构建方法和应用案例,更详细的信息可参考邢佳(2011)、Xing 等(2011)、Wang 等(2011)。

7.1.2　ERSM 建模思路

传统 RSM 技术的可靠性高,对二次污染物浓度的预测结果与直接基于空气质量模型的模拟结果吻合良好(Xing et al,2011;Wang et al,2011)。然而,传统 RSM 技术所需的情景数量随控制变量数增加以 4 次方或以上的速度增长(邢佳,2011),因此 15 个以上的控制变量需要的情景数达 10^4 量级,25 个以上的控制变量需要的情景数则达 10^5 量级,这是当前的计算能力所无法实现的。为解决这一问题,本研究开发了 $PM_{2.5}$ 及组分浓度与多区域、多部门、多污染物排放之间的非线性响应模型,即 ERSM 技术。

ERSM 技术是在传统 RSM 技术的基础上开发的。我们首先利用传统 RSM 技术建立了目标区域 $PM_{2.5}$ 浓度对每个单一区域的前体物排放量的响应关系,接下来要解决的问题是如何计算多个区域的前体物排放同时变化时目标区域 $PM_{2.5}$ 的浓度,而要解决这一问题,关键是量化各区域间前体物及二次 $PM_{2.5}$ 的复杂传输关系对目标区域 $PM_{2.5}$ 浓度的影响。我们引入一个核心的假设,源区域的前体物排放影响目标区域 $PM_{2.5}$ 浓度的途径有两种:①前体物从源区域传输到目标区域,进而在目标区域发生化学反应生成二次 $PM_{2.5}$;②前体物在源区域发生化学反应生成二次 $PM_{2.5}$,进而传输到目标区域。在 ERSM 技术中,我们首先量化各区域两两之间通过这两个过程的相互影响,接下来,当各区域的排放量同时变化时,我们分别叠加得到各区域通过过程①对目标区域的总影响,以及各区域通过过程②对目标区域的总影响,最终得到各区域对目标区域的总影响。

城市群地区各区域间的相互影响显著而复杂,特别是存在明显的前体物传输,这给建模方法带来了挑战。针对这一问题,我们一方面对目标区域各部门前体物排放及源区域各部门前体物跨区域传输的环境影响进行了统计学表征,从而准确地定量了前体物的区域传输及其影响。另一方面,针对复杂的大气化学反应过程,我们分两种情形,采用两种不同的方法定量了目标区域大气化学反应对 $PM_{2.5}$ 浓度的贡献。其中,由于区域间显著的前体物传输导致模型在各区域排放量都较低时无法适用,我们基于"过程分析"的方法表征这种情况下目标区域大气化学反应对 $PM_{2.5}$ 浓度的贡献,使得 ERSM 技术可适用于前体物排放量的全局变化(即从零排放到可能达到的最大排放量之间变化)。

除了建立 $PM_{2.5}$ 浓度与前体物排放量的响应关系,我们还建立了 $PM_{2.5}$ 浓度与一次 $PM_{2.5}$ 排放之间的响应关系。考虑到 $PM_{2.5}$ 浓度与一次 $PM_{2.5}$ 排放之间成线性关系,我们针对每一个一次 $PM_{2.5}$ 的控制变量,设计了一个只有该控制变量变化而其他控制变量均保持不变的控制情景,通过基准情景与该控制情景之间的线性插值,得到 $PM_{2.5}$ 浓度与该一次 $PM_{2.5}$ 控制变量之间的线性响应关系。

7.1.3 ERSM 构建方法

由于建立 $PM_{2.5}$ 浓度与一次 $PM_{2.5}$ 排放量之间关系的方法是十分直观的,接下来仅对建立 $PM_{2.5}$ 及组分浓度与前体物排放量之间关系的方法进行详细介绍。为方便介绍,我们假设了一个简化但又具有普遍性的案例。假设有 3 个区域,分别是 A、B、C;每个区域有三个控制变量,分别是部门 1 的 NO_x 排放、部门 2 的 NO_x 排放和总的 NH_3 排放。响应变量是 A 区域城区的 $PM_{2.5}$ 浓度。尽管我们以这个简化案例介绍 ERSM 技术,该技术同样适用于不同的响应变量(如 NO_3^-、SO_4^{2-} 和 NH_4^+),以及不同数量的区域/污染物/部门。图 7-3 以这个简化案例为例,给出了 ERSM 技术的建模流程图。

建立 ERSM 需要的控制情景包括:①基准情景;②对每个单一区域的控制变量采用 LHS 方法分别生成 N 个情景;③对所有区域总的前体物(本案例中为 NO_x 和 NH_3)排放,采用 LHS 方法生成 M 个情景。情景数 N 和 M 的确定的原则是:控制情景数应足够采用传统 RSM 技术建立响应变量与被采样的控制变量之间的响应曲面。具体来说,我们逐渐增加情景数,反复采用传统 RSM 技术进行建模,直到传统 RSM 技术预测结果足够准确为止。预测结果的准确度采用外部验证的方法进行评价,依据的统计指标包括平均标准误差(Mean Normalized Error,MNE)和相关系数。此前的研究表明,随着情景数的增多,MNE 首先较快下降而后逐渐稳定,相关系数则首先较快上升而后逐渐稳定(Xing et al,2011)。我们采用 MNE$<1‰$且相关系数>0.99 作为临界值,由此得出结论,采用传统 RSM 技术对 2 个和 3 个变量建立响应曲面分别需要 30 个和 50 个控制情景。因此,对于上述简化案例来说,$N=50$,$M=30$。该简化案例需要的总的情景数即为 1(基准情景)$+50$(每个单一区域的情景数)$\times3$(区域数)$+30$(所有区域前体物总排放的情景数)$=181$。

采用传统 RSM 技术,我们建立 A 区域的 $PM_{2.5}$ 浓度与 A 区域前体物浓度之间的响应曲面,这一步骤采用的是基准情景和只有 A 区域的控制变量变化、其他区域的控制变量保持基准情景数值不变的 50 个情景。

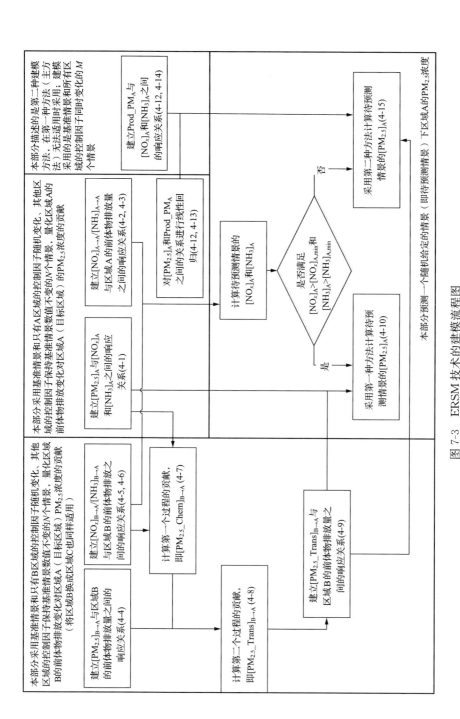

图 7-3　ERSM 技术的建模流程图

本图以 7.1.3 节中的简化案例进行介绍，不同粗线框表示使用不同组控制情景的建模步骤，在每个粗线框的最上部或最下部说明了该粗线框所采用的控制情景

$$[PM_{2.5}]_A = [PM_{2.5}]_{A0} + RSM_{A \to A}^{PM_{2.5}}([NO_x]_A, [NH_3]_A) \tag{7-6}$$

式中，$[PM_{2.5}]_A$、$[NO_x]_A$ 和 $[NH_3]_A$ 分别为区域 A 的 $PM_{2.5}$、NO_x 和 NH_3 的浓度；$[PM_{2.5}]_{A0}$ 为基准情景下区域 A 的 $PM_{2.5}$ 浓度；"RSM"为采用传统 RSM 技术建立的响应曲面，它的上标(这里是"$PM_{2.5}$")表示响应变量，下标中箭头前和箭头后的字母(这里都是"A")分别代表源区域和目标区域。

进一步建立了区域 A 的前体物浓度与前体物排放量(即控制变量)之间的响应曲面，采用的控制情景仍然是上述的 51 个情景。式(7-7)以 NO_x 为例进行了说明，对于 NH_3 也是同样的。

$$[NO_x]_{A \to A} = RSM_{A \to A}^{NO_x}(Emis\_NO_x\_1_A, Emis\_NO_x\_2_A, Emis\_NH_{3A}) \tag{7-7}$$

式中，$Emis\_NO_x\_1_A$、$Emis\_NO_x\_2_A$ 和 $Emis\_NH_{3A}$ 分别为 A 区域部门 1 的 NO_x 排放、部门 2 的 NO_x 排放和总的 NH_3 排放。$[NO_x]_{A \to A}$ 表示因区域 A 的前体物排放量变化导致的区域 A 的 NO_x 浓度相对于基准情景的变化量，其定义为：

$$[NO_x]_{A \to A} = [NO_x]_A - [NO_x]_{A0} \tag{7-8}$$

式中，$[NO_x]_{A0}$ 为基准情景下区域 A 的 NO_x 浓度。

采用类似的方法，可以建立区域 A 的 $PM_{2.5}$ 浓度和前体物浓度与区域 B(同样的方法可用于区域 C)的前体物排放量之间的响应曲面，该步骤采用的情景是基准情景和只有 B 区域的控制变量变化、其他区域的控制变量保持基准情景数值不变的 50 个情景。

$$[PM_{2.5}]_{B \to A} = RSM_{B \to A}^{PM_{2.5}}(Emis\_NO_x\_1_B, Emis\_NO_x\_2_B, Emis\_NH_{3B}) \tag{7-9}$$

$$[NO_x]_{B \to A} = RSM_{B \to A}^{NO_x}(Emis\_NO_x\_1_B, Emis\_NO_x\_2_B, Emis\_NH_{3B}) \tag{7-10}$$

$$[NH_3]_{B \to A} = RSM_{B \to A}^{NH_3}(Emis\_NO_x\_1_B, Emis\_NO_x\_2_B, Emis\_NH_{3B}) \tag{7-11}$$

式中，$[PM_{2.5}]_{B \to A}$、$[NO_x]_{B \to A}$ 和 $[NH_3]_{B \to A}$ 分别是由于区域 B 的前体物排放量变化导致的区域 A 的 $PM_{2.5}$、NO_x 和 NH_3 的浓度相对于基准情景的变化量。$Emis\_NO_x\_1_B$、$Emis\_NO_x\_2_B$ 和 $Emis\_NH_{3B}$ 分别表示 B 区域部门 1 的 NO_x 排放、部门 2 的 NO_x 排放和总的 NH_3 排放。

如前所述，区域 B 的前体物排放对区域 A 的 $PM_{2.5}$ 浓度的影响[式(7-9)]可以分解成两个主要过程：①前体物从区域 B 传输到区域 A，并在区域 A 发生化学反应生成二次 $PM_{2.5}$；②在区域 B 生成二次 $PM_{2.5}$，进而跨界传输到区域 A。为了量化第一个过程的贡献，首先利用式(7-10)和式(7-11)来量化前体物从区域 B 到区域 A 的传输引起的区域 A 前体物浓度的变化，接下来要回答的问题就是，区域 A 前体物浓度的这一变化，可以在多大程度上加强区域 A 二次 $PM_{2.5}$ 的化学生成？为了回答这一问题，我们引入了一个直观的假设，即因某区域前体物浓度的变化引

发的该区域 $PM_{2.5}$ 浓度的变化[式(7-6)]，可全部归因于该区域内化学生成的变化。严格地说，区域 A 前体物浓度的变化可以影响到其他区域的前体物浓度和 $PM_{2.5}$ 浓度，而这又会反过来影响区域 A 的 $PM_{2.5}$ 浓度；然而，本研究假设这一"间接"过程是可以忽略的。接下来对这一假设的合理性进行简要验证。

为证明这一假设的合理性，我们尝试在长三角地区（对长三角模型配置的详细介绍见 7.2 节）估算上述"间接"过程对总 $PM_{2.5}$ 浓度变化量的贡献。估算分 4 步完成，具体如下文所述。下文中的排放/浓度值均指 2010 年 1 月和 8 月的平均值。

首先，我们假设上海的 NO_x、SO_2 和 NH_3 的浓度均削减 50%，基于式(7-7)和式(7-8)，这一假设相当于上海 NO_x、SO_2 和 NH_3 的排放量分别削减了 55%、62% 和 53%。

第二，我们估算通过前体物的跨界传输，可以对其他区域的前体物浓度产生多大的影响（以江苏为例）。利用式(7-10)和式(7-11)，我们估算得到，上海的上述污染物减排量，可使得江苏 NO_x、SO_2 和 NH_3 的浓度分别减少 3.0%、1.4% 和 0.1%。

第三，我们量化与江苏之间的前体物传输可以反过来对上海的 $PM_{2.5}$ 浓度产生多大的影响。江苏前体物浓度的降低可以认为是等同于江苏前体物排放量某个幅度的削减。根据式(7-7)和式(7-8)，我们估算得到这一"等效的"江苏 NO_x、SO_2 和 NH_3 的减排量分别是 3.3%、1.7% 和 0.1%。根据式(7-6)，江苏省的这一减排可以反过来使上海的 $PM_{2.5}$ 浓度降低 0.01 $\mu g/m^3$。

第四，我们将从上海与其他各个区域之间前体物传输的效果叠加起来。与江苏类似，我们估算得到浙江和"其他"前体物浓度的降低可以分别反过来使上海的 $PM_{2.5}$ 浓度降低 0.02 $\mu g/m^3$ 和 0.01 $\mu g/m^3$。因此，通过"间接"过程导致的上海 $PM_{2.5}$ 浓度的降低量大约是 0.04 $\mu g/m^3$，这仅相当于上海 $PM_{2.5}$ 浓度降低总量（2.67 $\mu g/m^3$）的 1.3%。

按照相同的步骤计算，如果江苏和浙江的前体物浓度分别降低 50%，我们估算得到，"间接"过程分别可以解释 $PM_{2.5}$ 浓度降低幅度的 1.7% 和 1.0%。这些结果表明，上文中所述的"间接"过程是可以忽略的。

接下来，我们继续介绍 ERSM 的构建方法。基于上述假设，第一个过程对区域 A 的 $PM_{2.5}$ 浓度的贡献为：

$$[PM_{2.5}\_Chem]_{B \to A} = RSM_{A \to A}^{PM_{2.5}}([NO_x]_{A0} + [NO_x]_{B \to A}, [NH_3]_{A0} + [NH_3]_{B \to A})$$

$$(7-12)$$

式中，$[PM_{2.5}\_Chem]_{B \to A}$ 是由于区域 B 前体物排放量的变化通过前体物的跨区域传输（即第一个过程）导致的区域 A 的 $PM_{2.5}$ 浓度的变化。以上对目标区域前体物排放和源区域前体物跨区域传输的影响进行直接的统计表征，使得模型能够适用于前体物传输显著的情况，也使得模型能够区分不同部门排放的贡献。

接下来，第二个过程对区域 A 的 $PM_{2.5}$ 浓度的贡献（下文的 $[PM_{2.5}\_Trans]_{B\to A}$）就可以通过从总的贡献[式(7-9)]中扣除第一个过程的贡献[式(7-12)]而得到：

$$[PM_{2.5}\_Trans]_{B\to A} = [PM_{2.5}]_{B\to A} - [PM_{2.5}\_Chem]_{B\to A} \tag{7-13}$$

式中，$[PM_{2.5}\_Trans]_{B\to A}$ 是由于区域 B 前体物排放量的变化通过二次 $PM_{2.5}$ 的跨区域传输（即第二个过程）导致的区域 A 的 $PM_{2.5}$ 浓度的变化。

此外，还需要知道 $[PM_{2.5}\_Trans]_{B\to A}$ 与区域 B 的前体物排放量之间的关系，因此，我们采用传统 RSM 技术建立了 $[PM_{2.5}\_Trans]_{B\to A}$ 与区域 B 的前体物排放量之间的响应曲面：

$$[PM_{2.5}\_Trans]_{B\to A} = RSM_{B\to A}^{PM_{2.5}-Trans}(Emis\_NO_x\_1_B, Emis\_NO_x\_2_B, Emis\_NH_{3B})$$

$$\tag{7-14}$$

对于待预测的控制情景，我们考虑一个一般情况，即所有 3 个区域的排放量都是随机给定的。在这种情况下，区域 A 的 $PM_{2.5}$ 浓度是本地（区域 A）前体物排放量变化、前体物跨区域传输进而在本地发生化学反应，以及二次 $PM_{2.5}$ 跨区域传输等过程综合影响的结果，用公式表示如下：

$$
\begin{aligned}
[PM_{2.5}]_A = {} & [PM_{2.5}]_{A0} + RSM_{A\to A}^{PM_{2.5}}([NO_x]_{A0} + [NO_x]_{A\to A} + [NO_x]_{B\to A} \\
& + [NO_x]_{C\to A}, [NH_3]_{A0} + [NH_3]_{A\to A} + [NH_3]_{B\to A} + [NH_3]_{C\to A}) \\
& + [PM_{2.5}\_Trans]_{B\to A} + [PM_{2.5}\_Trans]_{C\to A} \tag{7-15}
\end{aligned}
$$

式中，$[PM_{2.5}\_Trans]_{B\to A}$ 采用式(7-14)进行计算，$[PM_{2.5}\_Trans]_{C\to A}$ 则采用与式(7-14)等同，而仅仅是自变量换成 C 区域前体物排放的一个公式进行计算。需要注意的是，$[PM_{2.5}\_Trans]_{B\to A}$ 不能采用式(7-13)计算，因为式(7-13)仅仅在只有 B 区域的排放量变化（其他区域的排放量都与基准情景排放量相同）时才能成立。

严格来说，$[PM_{2.5}\_Trans]_{B\to A}$ 和 $[PM_{2.5}\_Trans]_{C\to A}$ 之间可以相互影响。换句话说，区域 C 前体物排放量的变化，可以影响区域 B 二次 $PM_{2.5}$ 的生成，进而影响二次 $PM_{2.5}$ 从区域 B 向区域 A 的传输。式(7-14)和式(7-15)隐含了一个假设，即 $[PM_{2.5}\_Trans]_{B\to A}$ 仅与区域 B 的前体物排放量有关，而与其他区域的前体物排放量无关，也就是说，$[PM_{2.5}\_Trans]_{B\to A}$ 和 $[PM_{2.5}\_Trans]_{C\to A}$ 之间的相互影响被忽略掉了。接下来将对这一假设的合理性进行简要验证。

为了证明这一假设的合理性，我们尝试说明在长三角地区，江苏和"其他"的前体物排放量对 $[PM_{2.5}\_Trans]_{浙江\to上海}$（即由于浙江前体物排放量的变化通过二次 $PM_{2.5}$ 的跨区域传输导致的上海 $PM_{2.5}$ 浓度的变化）的影响微乎其微。

我们设计了若干成对的 CMAQ 情景，总结在表 7-1 中。每一对中两个情景的区别是浙江的前体物排放量。不同对情景的区别是江苏和"其他"的前体物排放量。因此，根据同一对中的两个情景，我们可以计算在特定的江苏和"其他"的排放

表 7-1　用于测试 ERSM 假设的 CMAQ 控制情景（模拟时段为 2010 年 8 月）

情景对编号	情景编号	情景描述	设计情景的目的
1	1	CMAQ 基准情景	计算当除浙江外其他区域的排放量保持基准情景排放量不变时[$PM_{2.5}\_Trans$]$_{浙江→上海}$ 的数值
	2	浙江的 NO_x、SO_2 和 NH_3 排放减少 50%，而其他区域则保持基准情景的排放量不变	
2	3	江苏的 NO_x、SO_2 和 NH_3 排放减少 50%，而其他区域则保持基准情景的排放量不变	计算当江苏的 NO_x、SO_2 和 NH_3 排放减少 50%时[$PM_{2.5}\_Trans$]$_{浙江→上海}$ 的数值
	4	浙江和江苏的 NO_x、SO_2 和 NH_3 排放减少 50%，而其他区域则保持基准情景的排放量不变	
3	5	"其他"的 NO_x、SO_2 和 NH_3 排放减少 50%，而其他区域则保持基准情景的排放量不变	计算当"其他"的 NO_x、SO_2 和 NH_3 排放减少 50%时[$PM_{2.5}\_Trans$]$_{浙江→上海}$ 的数值
	6	浙江和"其他"的 NO_x、SO_2 和 NH_3 排放减少 50%，而其他区域则保持基准情景的排放量不变	
4	7	江苏和"其他"的 NO_x 排放减少 50%，其他区域则保持基准情景的排放量不变	计算当江苏和"其他"的 NO_x 排放减少 50%时[$PM_{2.5}\_Trans$]$_{浙江→上海}$ 的数值
	8	浙江的 NO_x、SO_2 和 NH_3 排放减少 50%，江苏和"其他"的 NO_x 排放减少 50%，而其他区域则保持基准情景的排放量不变	
5	9	江苏和"其他"的 SO_2 排放减少 50%，而其他区域则保持基准情景的排放量不变	计算当江苏和"其他"的 SO_2 排放减少 50%时[$PM_{2.5}\_Trans$]$_{浙江→上海}$ 的数值
	10	浙江的 NO_x、SO_2 和 NH_3 排放减少 50%，江苏和"其他"的 SO_2 排放减少 50%，而其他区域则保持基准情景的排放量不变	
6	11	江苏和"其他"的 NH_3 排放减少 50%，而其他区域则保持基准情景的排放量不变	计算当江苏和"其他"的 NH_3 排放减少 50%时[$PM_{2.5}\_Trans$]$_{浙江→上海}$ 的数值
	12	浙江的 NO_x、SO_2 和 NH_3 排放减少 50%，江苏和"其他"的 NH_3 排放减少 50%，而其他区域则保持基准情景的排放量不变	

量下$[PM_{2.5}\_Trans]_{浙江\to 上海}$的数值。然后,通过比较上面计算的所有$[PM_{2.5}\_$ $Trans]_{浙江\to 上海}$的数值,我们可以评估江苏和"其他"的前体物排放量对$[PM_{2.5}\_$ $Trans]_{浙江\to 上海}$的影响。

根据情景1~2式(7-12)、式(7-13),我们估算得到$[PM_{2.5}\_Trans]_{浙江\to 上海}$为 $-3.92\ \mu g/m^3$。同样,根据情景3~4和式(7-12)、式(7-13),我们估算得到,当江 苏的NO_x、SO_2和NH_3排放减少50%时,$[PM_{2.5}\_Trans]_{浙江\to 上海}$为$-3.91\ \mu g/m^3$。 类似地,我们可以估算得到各种情形下$[PM_{2.5}\_Trans]_{浙江\to 上海}$的数值,总结在 表7-2中。可以看出,江苏和"其他"前体物排放量的变化仅能使$[PM_{2.5}\_$ $Trans]_{浙江\to 上海}$改变1%以内。这就支持了我们关于"$[PM_{2.5}\_Trans]_{浙江\to 上海}$只与浙 江的前体物排放有关,而与其他区域的前体物排放无关"的假设。

表7-2　各种情形下$[PM_{2.5}\_Trans]_{浙江\to 上海}$的数值

除浙江外其他区域的前体物排放	$[PM_{2.5}\_Trans]_{浙江\to 上海}$	相应的 CMAQ 情景
基准情景的排放量	-3.92	情景对1(即情景1~2)
江苏的 NO_x、SO_2 和 NH_3 排放减少50%	-3.91	情景对2(即情景3~4)
"其他"的 NO_x、SO_2 和 NH_3 排放减少50%	-3.89	情景对3(即情景5~6)
江苏和"其他"的 NO_x 排放减少50%	-3.91	情景对4(即情景7~8)
江苏和"其他"的 SO_2 排放减少50%	-3.93	情景对5(即情景9~10)
江苏和"其他"的 NH_3 排放减少50%	-3.89	情景对6(即情景11~12)

接下来我们回到 ERSM 构建方法的介绍。式(7-6)将区域 A 的$PM_{2.5}$浓度的 变化(也即相当于区域 A 的$PM_{2.5}$化学生成量的变化)与区域 A 的前体物浓度关 联起来,而该式是基于基准情景与只有 A 区域的控制变量变化、其他区域的控制 变量保持不变的50个情景建立的。这意味着,式(7-6)只适用于下面的浓度范围 (以NO_x为例,对NH_3也是同样的):

$$[NO_x]_A \geqslant [NO_x]_{A,min} = [NO_x]_{A0} + [NO_x]_{A\to A,min} = [NO_x]_{A0} + RSM_{A\to A}^{NO_x}(0,0,0)$$

$$(7\text{-}16)$$

式中,$[NO_x]_{A,min}$定义为区域 A 的前体物排放任意变化而其他区域的前体物排放 量保持在基准情景的排放量不变时,区域 A 的NO_x浓度的最小值。式(7-15)是依 赖于式(7-6)的,因此,式(7-15)的适用范围不可能超过式(7-6)的适用范围。当应 用于中国这样的大区域时,由于各区域间的前体物传输很弱,因此$[NO_x]_{A,min}$很 小,也即式(7-15)可近似应用于前体物排放的全局变化。但在城市群地区,由于各 区域间的前体物传输显著,$[NO_x]_{A,min}$取值较大,因此,当多个区域的前体物排放 量同时大幅削减时,有可能会明显超出式(7-16)所示的适用范围,即$[NO_x]_A <$

$[NO_x]_{A,min}$ 或 $[NH_3]_A < [NH_3]_{A,min}$。在这种情况下,我们采用另一种方法定量因本地化学生成量的变化导致的 $PM_{2.5}$ 浓度的变化。

在多数三维空气质量模型中,$PM_{2.5}$ 的本地化学生成量是很容易追踪的。例如,在 CMAQ 中有一个叫做"过程分析(Process Analysis)"的模块,这个模块可以输出各个主要的物理化学过程对污染物浓度的贡献。区域 A 的 $PM_{2.5}$ 的化学生成量可通过下式计算:

$$Prod\_PM_A = AERO\_PM_A + CLDS\_PM_A \qquad (7-17)$$

式中,$AERO\_PM_A$ 和 $CLDS\_PM_A$ 分别是气溶胶过程和云过程对区域 A 的 $PM_{2.5}$ 浓度的贡献,是从 CMAQ 的"过程分析"模块中提取出来的。当 ERSM 应用在其他空气质量模式上时,$PM_{2.5}$ 的化学生成量可以很容易地通过类似的方式提取出来。此外,区域 A 的 $PM_{2.5}$ 化学生成量和由此导致的 $PM_{2.5}$ 浓度之间呈现线性关系,这一线性关系可通过基准情景和只有 A 区域的控制变量变化、其他区域的控制变量保持不变的 50 个情景拟合得到。

$$[PM_{2.5}]_A = k \cdot Prod\_PM_A + b \qquad (7-18)$$

其中,k、b 为待定参数,通过线性拟合确定,拟合的相关系数约为 0.99。接下来,我们采用基准情景和所有区域 NO_x 和 NH_3 的排放量均发生变化(同一污染物的所有控制变量,如 $Emis\_NH_{3A}$、$Emis\_NH_{3B}$ 和 $Emis\_NH_{3C}$,保持相互一致)的 30 个情景,建立区域 A 的 $PM_{2.5}$ 化学生成量和区域 A 前体物浓度的响应曲面:

$$Prod\_PM_A = RSM_{A \to A}^{Prod\_PM}([NO_x]_A, [NH_3]_A) \qquad (7-19)$$

结合式(7-18)和式(7-19),同时考虑二次 $PM_{2.5}$ 的跨区域传输[式(7-14)],我们得到:

$$
\begin{aligned}
[PM_{2.5}]_A = &k \cdot RSM_{A \to A}^{Prod\_PM}([NO_x]_{A0} + [NO_x]_{A \to A} + [NO_x]_{B \to A} + [NO_x]_{C \to A}, \\
& [NH_3]_{A0} + [NH_3]_{A \to A} + [NH_3]_{B \to A} + [NH_3]_{C \to A}) + b \\
& + [PM_{2.5}\_Trans]_{B \to A} + [PM_{2.5}\_Trans]_{C \to A} \\
& (适用于 [NO_x]_A < [NO_x]_{A,min} \text{ 或 } [NH_3]_A < [NH_3]_{A,min}) \qquad (7-20)
\end{aligned}
$$

需要注意的是,"过程分析"模块也可以用在第一种算法[式(7-15)]中来区分化学生成和跨区域传输的贡献。然而,在第一种算法中,即便不用这个模块,我们也可以区分两者的贡献[见式(7-12)和式(7-13)]。如果采用了这个模块,我们还需要建立 $PM_{2.5}$ 的化学生成量与 $PM_{2.5}$ 浓度的关系,这样就比原来的算法多了一个步骤,增加了算法的复杂性。

为保证式(7-15)和式(7-20)之间的连续性,我们引入了 $([NO_x]_{A,min},$ $[NO_x]_{A,min} + \delta_{NO_x})$ 和 $([NH_3]_{A,min}, [NH_3]_{A,min} + \delta_{NH_3})$ 的"过渡区间",其中 $\delta_{NO_x} =$

$0.1\times[NO_x]_{A0}$、$\delta_{NH_3}=0.1\times[NH_3]_{A0}$。当$[NO_x]_A\geqslant[NO_x]_{A,min}+\delta_{NO_x}$、$[NH_3]_A\geqslant$ $[NH_3]_{A,min}+\delta_{NH_3}$时用式(7-15),而在上述"过渡区间"内,我们在式(7-15)与式(7-20)之间线性插值。对于在长三角地区的应用案例(7.2节),这两种建模方法在过渡区间内预测结果的差异在$1\%\sim8\%$之间。

7.1.4　ERSM 的局限性

ERSM 技术解决了城市群地区 PM$_{2.5}$浓度与多区域、多部门、多污染物排放之间响应关系的建模问题,但该方法仍存在一定的局限性。首先,ERSM 目前未考虑气象条件的变化对 PM$_{2.5}$浓度的影响。其次,虽然 ERSM 技术建模所需的情景数比传统 RSM 技术少得多,但对于一个中等的算例,仍需要数百个情景,今后的研究应在确保响应曲面准确性的基础上,进一步减少建模所需的情景数。第三,建模所需要的控制情景受实验设计(如控制区域和控制变量的选取)影响显著。如果对实验设计做很小的修改,不需要重算大量的控制情景,例如,如果增加一个控制区域,我们只需要增加一组只有该区域排放量变化,而其他区域排放量保持基准情景排放量不变的控制情景,并且重算所有区域排放量同时变化的控制情景;再例如,如果某个区域的排放部门发生变化,我们只需重算一组只有该区域排放量变化而其他区域保持基准情景排放量不变的控制情景。然而,如果实验设计发生了较大的变化(比如选定的前体物发生变化,或者各区域的排放部门均发生变化等),那么大多数控制情景均需重新计算。因此,在开始三维空气质量模拟前,须对 ERSM 实验设计认真评估,反复斟酌。

7.2　长三角地区 ERSM 的构建

7.2.1　长三角地区细颗粒物污染模拟与校验

我们将 ERSM 技术与 WRF/CMAQ 模式联用,应用于中国的长三角地区。本研究采用了 CMAQ4.7.1 版本。如 4.3.1 节所述,为了满足长三角地区高精度模拟的需求,我们采用 3 层嵌套的方法,如图 4-11 所示。模拟域在垂直方向上从地面层到对流层顶不均等划分为 14 层,层顶高度为 100 mbar,较密集的分布在近地面的混合层(PBL)内。模拟采用 CB05 机理作为气相化学反应机理。气溶胶反应机理采用 AERO5,其中的气溶胶热力学模型为 ISORROPIA,二次有机气溶胶采用双产物模型方法。模拟域 1 采用默认的边界条件,模拟域 2 和模拟域 3 依次采用其外层网格生成的边界场。

本研究采用由美国国家大气研究中心(National Center for Atmospheric

Research)开发的中尺度气象预报模型 WRF 进行气象场的模拟,采用的版本是 2011 年 4 月刚刚发布的 WRFv3.3。WRF 的模拟区域采取 Lambert 投影,两条真纬度分别为北纬 25°和北纬 40°;为保证边界气象场的准确性,WRF 模拟区域比空气质量模拟区域的水平各边界多 3 个网格。模拟层顶为 100 mb,垂直分为以下 23 个 σ 层:1.000、0.995、0.988、0.980、0.970、0.956、0.938、0.916、0.893、0.868、0.839、0.808、0.777、0.744、0.702、0.648、0.582、0.500、0.400、0.300、0.200、0.120、0.052 和 0.000。

　　地形和地表类型数据采用美国地质调查局(USGS)的全球数据;第一猜测场来自于美国国家环境预报中心(NCEP)的全球分析资料,水平分辨率为 1°×1°,时间间隔为 6 h;客观分析采用 NCEP ADP(Automated Data Processing)全球地表和高空观测资料,进行网格四维数据同化(Grid FDDA)。模拟域的物理过程的参数化选择如下:Grell-Devenyi 积云参数化方案,Noah 土地表层参数化方案,Mellor-Yamada-Janjic 边界层参数化方案,WSM 3-class 微物理过程参数化方案,rrtmg 辐射参数化方法。

　　模拟域 1 和模拟域 2 的人为源排放清单来自清华大学(Zhao et al,2013;Wang S X,2014)。主要排放部门包括电厂、工业、民用、交通及生物质燃烧。首先根据基于分省的能源、工业产品产量等统计数据,计算各污染物分省的排放量,然后基于人口、GDP、路网等代用参数,将分省的排放量分配到网格内。其中电厂、钢铁、水泥三大行业通过细致的调查,获取了各企业的位置、排放强度等信息,从而对排放源进行了细致的空间定位,改善了模拟精度。模拟域 3 的人为源排放清单采用第三章建立的长三角地区高精度排放清单。清单基于分地级市的能源、工业产品产量等统计数据,计算各污染物分地级市的排放量,然后基于人口、GDP、路网等代用参数,将分地级市的排放量分配到网格内。其中电厂、钢铁、水泥三大行业同样作为点源进行处理,对排放源进行了细致的空间定位。本研究的 3 层网格均采用了 MEGANv2.04 计算自然源分物种的 NMVOC 排放量(Guenther et al,2006)。

　　由于建立 ERSM 运算量较大,本研究选取了 2010 年 1 月和 8 月进行 ERSM 建模,分别代表冬季和夏季。每个时段均提前 5 天开始模拟,以排除初始条件的影响。第 4 章中已将 2011 年加强观测时段内模型的模拟结果,与 PM$_{2.5}$ 及其组分的观测数据进行了比较,证实了模型机制的可靠性。在本章我们仅对 2010 年 1 月和 8 月这两个 ERSM 建模时段内的模拟值与观测值进行对比。由于在 2010 年 1 月和 8 月这两个模拟时段内,缺少长三角地区 PM$_{2.5}$ 及其组分的观测数据,因此,本研究仅通过 PM$_{10}$ 的比对说明模型的可靠性。

　　在模拟时段内,中国环境保护部在其官方网站上(http://datacenter.

mep. gov. cn)公布了模拟域 3 中 12 个城市每天的空气污染指数(Air Pollution Index,API)及首要污染物。根据每个城市的 API 数值及首要污染物,可以反算出首要污染物浓度的日均值。在绝大部分天数,PM$_{10}$都是首要污染物。如果某城市可根据 API 反算 PM$_{10}$浓度的天数占到模拟时段总天数的 70% 以上,我们便将该城市 PM$_{10}$浓度的模拟值与根据 API 反算的 PM$_{10}$浓度进行比较。需要说明的是,API 值一般代表的是一个城市城区平均的污染水平,而大部分地级市的城区范围要明显大于一个网格的范围,因此,我们采用了城区覆盖的全部网格(见图 7-4)的平均浓度,作为 PM$_{10}$浓度的模拟值,与观测值进行了对比,结果如图 7-5 和表 7-3所示。可以看出,模式能够很好地模拟出 PM$_{10}$浓度的时间变化趋势。从 12 个城市的平均结果看,模拟值相对于观测值有所低估,低估范围在 $-20.8\%\sim-22.2\%$之间。考虑到排放清单中尚未包括扬尘源,以及模式对二次有机气溶胶的系统性低估,模式对 PM$_{10}$浓度有所低估是比较合理的结果(Zhao et al,2013)。

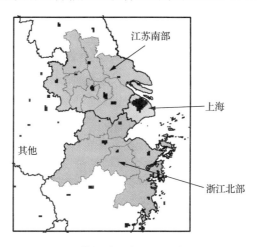

图 7-4　模拟域 3 中 4 个区域的划分

图中的粗黑线表示省界、细灰线表示地级市界。图中的深色网格表示地级及以上城市的城区范围

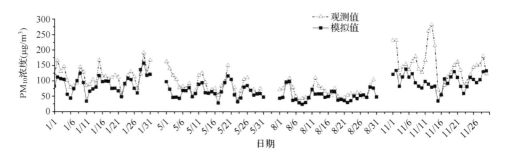

图 7-5　CMAQ 模拟的 PM$_{10}$浓度与观测数据的比较(12 个城市平均浓度)

表 7-3　CMAQ 模拟的 PM₁₀ 浓度与观测数据的比较

月份	平均观测值($\mu g/m^3$)	平均模拟值($\mu g/m^3$)	NMB	NME	MFB	MFE
参考值					±60%[a]	75%[a]
目标值					±30%[a]	50%[a]
1 月	116.0	90.3	−22.2%	31.7%	−26.6%	36.9%
8 月	65.3	51.7	−20.8%	36.5%	−26.9%	43.3%

a. 参考值和目标值来源于 Boylan 等(2006)

为进一步对模拟结果进行评估,我们采用了一系列统计指标来对模拟结果进行定量评价,包括平均观测值、平均模拟值、标准平均偏差(Normalized Mean Bias,NMB)、标准平均误差(Normalized Mean Error,NME)、平均比例偏差(Mean Fractional Bias,MFB)和平均比例误差(Mean Fractional Bias,MFE),这些评价指标的定义如下:

$$NMB = \sum\nolimits_{i=1}^{N_s}(S_i - O_i) \Big/ \sum\nolimits_{i=1}^{N_s} O_i \tag{7-21}$$

$$NME = \sum\nolimits_{i=1}^{N_s} |S_i - O_i| \Big/ \sum\nolimits_{i=1}^{N_s} O_i \tag{7-22}$$

$$MFB = \frac{2}{N_s}\sum\nolimits_{i=1}^{N_s}\big[(S_i - O_i)/(S_i + O_i)\big] \tag{7-23}$$

$$MFE = \frac{2}{N_s}\sum\nolimits_{i=1}^{N_s}\big[|S_i - O_i|/(S_i + O_i)\big] \tag{7-24}$$

式中,N_s 为模拟时段内有效的模拟值-观测值数据对的总数目;i 为数据对的编号;S_i 和 O_i 分别是第 i 个数据对的污染物浓度模拟值和观测值。

表 7-3 给出了上述统计指标的计算结果。Boylan 等(2006)根据大量模拟研究的结果,提出了模拟结果的评价标准,并在之后的空气质量模拟研究中得到了广泛应用。如果 PM 浓度模拟结果同时满足 MFB≤±60% 和 MFB≤75%,那么该模拟结果是可以接受的;如果同时满足 MFB≤±30% 和 MFB≤50%,那么该模拟结果已达到"目标值",即该模拟结果已经接近三维空气质量模型所能达到的最好水平。从表 7-3 中的统计指标来看,两个月份的 MFB 和 MFE 均在"目标值"的范围内,因此按照 Boylan 等(2006)的评价标准,本研究的模拟结果具有较高的准确性。

7.2.2　控制变量选取和控制情景设计

我们将模拟域 3 分成了 4 个区域(见图 7-4),即上海、江苏南部、浙江北部和"其他"。之所以这样划分,是因为上海、江苏南部和浙江北部共 16 个城市属于传统意义上的"长三角"地区;近年加入"长三角"经济区的城市有所增加,但国务院2010 年发布的《长江三角洲地区区域规划》仍将上海、江苏南部和浙江北部的 16

个城市明确为"长三角核心区"。在下文中,为简单起见,我们将"江苏南部"简称"江苏","浙江北部"简称"浙江"。研究建立了两套 RSM/ERSM 预测系统(如表 7-4 所示)。两套预测系统的响应变量都是 4 个区域地级市城区(见图 7-4)的 $PM_{2.5}$、SO_4^{2-}、NO_3^- 和 NH_4^+ 浓度。第一个预测系统采用传统 RSM 技术和 101 个由 LHS 方法生成的控制情景,建立上述响应变量与模拟域 3 中 NO_x、SO_2、NH_3、NMVOC 和一次 $PM_{2.5}$ 的总排放量之间的响应曲面。该预测系统建立的目的有二,一是通过将该预测系统与采用 ERSM 技术建立的第二个预测系统的结果进行比较,校验 ERSM 技术的可靠性;二是评估 $PM_{2.5}$ 及组分浓度对各污染物排放的响应关系。对于第二个预测系统,每个区域包括 6 个前体物控制变量和 3 个一次 $PM_{2.5}$ 控制变量,共计(6+3)×4-36 个控制变量(详见表 7-4)。第二个预测系统采用 ERSM 技术建立,共生成了 663 个情景控制情景用于建立响应曲面。根据 7.1 节中生成控制情景的方法,这些控制情景包括:①一个 CMAQ 基准情景;②对上海的 6 个前体物控制变量采用 LHS 方法进行随机采样,得到 N=150 个控制情景,采用同样的方法分别对江苏、浙江和"其他"的前体物控制变量进行采样,各得到 150 个情景,共计 600 个情景;③对模拟域 3 中 NO_x、SO_2、NH_3 的排放总量共 3 个

表 7-4 本研究 RSM/ERSM 预测系统的设置

方法	控制变量数	控制变量	控制情景数	控制情景
传统 RSM 技术	5	NO_x、SO_2、NH_3、NMVOC 和一次 $PM_{2.5}$ 的排放总量	101	1 个 CMAQ 基准情景; 100[a] 情景:对所有 5 个控制变量使用 LHS 方法生成
ERSM 技术	36	4 个区域中,每个区域 9 个控制变量,其中包括 6 个前体物控制变量,即 (1) NO_x/电厂源 (2) NO_x/工业民用源 (3) NO_x/交通源 (4) SO_2/电厂源 (5) SO_2/其他源 (6) NH_3/所有源 以及 3 个一次 $PM_{2.5}$ 控制变量,即 (7) $PM_{2.5}$/电厂源 (8) $PM_{2.5}$/工业民用源 (9) $PM_{2.5}$/交通源	663	1 个 CMAQ 基准情景; 600 个情景:包括对上海的 6 个前体物控制变量采用 LHS 方法采得的 150[a] 个情景,对江苏、浙江和"其他"分别采用同样的方法各得到 150 个情景; 50[a] 个情景:对 NO_x、SO_2、NH_3 的排放总量采用 LHS 方法采样得到; 12 个情景:每个情景将一个一次 $PM_{2.5}$ 控制变量设为基准情景的 0.25 倍,其他控制变量均与基准情景取值相同

a. 对 5 个、6 个和 3 个控制变量采用传统 RSM 技术建立响应曲面各需要 100、150 和 50 个情景(Xing et al,2011;Wang et al,2011)

变量,采用 LHS 方法进行随机采样,得到 $M=50$ 个控制情景;在这组情景中,同一污染物的所有控制变量均同步变化,例如,如果在某个控制情景中,SO_2 排放总量为基准情景的 0.5 倍,那么所有区域、所有部门的 SO_2 排放量均为基准情景的 0.5 倍;④12 个情景,每个情景将一个一次 $PM_{2.5}$ 控制变量设为基准情景的 0.25 倍,其他控制变量均与基准情景取值相同。上文中 $N=150$,$M=50$ 是根据此前研究(Xing et al,2011;Wang et al,2011)中数值实验的结果来确定的。对 6 个和 3 个控制变量采用传统 RSM 技术建立相应曲面,要达到较高预测准确度(MNE<1%、相关系数>0.99),分别需要 150 个和 50 个控制情景,因此 $N=150$、$M=50$。最后,我们生成了 40 个额外的情景用于外部验证,这将在 7.3.1 节中进行详细介绍。

7.3 长三角地区 ERSM 的可靠性校验

传统 RSM 技术的可靠性已在此前的研究中得到充分的验证(Xing et al,2011;Wang et al,2011),本研究中,我们将重点对 ERSM 技术的可靠性进行评估。采用的主要方法包括外部验证和等值线验证。其中,外部验证侧重于验证 ERSM 技术的"准确性",即 ERSM 预测的响应变量数值与空气质量模型模拟值的吻合程度。等值线验证侧重于验证 ERSM 技术的"稳定性",即 ERSM 技术是否能够重现出前体物排放量在全局范围内连续变化时响应变量的变化趋势。

7.3.1 外部验证

外部验证是生成一系列与建立 ERSM 所用的控制情景相独立的情景,分别采用 ERSM 和 CMAQ 计算这些情景对应的响应变量的数值,通过将 ERSM 预测值与 CMAQ 模拟值进行对比,以验证 ERSM 的可靠性。本研究共生成了 40 个独立的控制情景用于外部验证,如表 7-5 所示。

40 个情景中包括了 32 个只有前体物控制变量变化,而一次 $PM_{2.5}$ 控制变量保持基准情景数值不变的情景(情景 1~32),4 个只有一次 $PM_{2.5}$ 控制变量变化,而前体物控制变量保持基准情景数值不变的情景(情景 33~36),还有 4 个前体物控制变量和一次 $PM_{2.5}$ 控制变量同时发生变化的情景(情景 37~40)。大部分情景是用 LHS 方法随机生成的(情景 4~6,10~12,16~18,22~24,28~40),还有部分情景人为设定所有控制变量均发生大幅度的变化(情景 1~3,7~9,13~15,19~21,25~27),用以测试 ERSM 对大幅度排放变化的预测能力。

研究采用了一系列统计指标来评价 ERSM 的可靠性,分别是相关系数、标准误差(Normalized Error,NE)、MNE 和最大标准误差(Maximum Normalized Error,MaxNE),除相关系数外的定义如下:

表 7-5 外部验证情景描述

情景编号	情景描述
1~6	上海的前体物控制变量变化，而其他控制变量均保持基准情景的数值不变。对于情景 1、2、3，上海的所有前体物控制变量分别设为基准情景的 0.1 倍、0.5 倍和 1.45 倍。情景 4~6 是对上海的所有前体物控制变量采用 LHS 方法生成的。
7~12	与情景 1~6 相同，只是将上海换成江苏。
13~18	与情景 1~6 相同，只是将上海换成浙江。
19~24	与情景 1~6 相同，只是将上海换成"其他"。
25~32	各区域的前体物控制变量变化，但一次 $PM_{2.5}$ 控制变量保持基准情景的数值不变。对于情景 25、26、27，所有前体物控制变量分别设为基准情景的 0.1 倍、0.5 倍和 1.45 倍。情景 28~32 是对所有前体物控制变量采用 LHS 方法生成的。
33~36	各区域的一次 $PM_{2.5}$ 控制变量变化（采用 LHS 方法生成），但前体物控制变量保持基准情景的数值不变。
37~40	对所有控制变量采用 LHS 方法随机采样生成。

$$\mathrm{NE} = \mid P_i - S_i \mid / S_i \tag{7-25}$$

$$\mathrm{MNE} = \frac{1}{N_s} \sum_{i=1}^{N_s} [\mid P_i - S_i \mid / S_i] \tag{7-26}$$

$$\mathrm{MaxNE} = \max_{1 \leqslant i \leqslant N_s} [\mid P_i - S_i \mid / S_i] \tag{7-27}$$

式中，P_i 和 S_i 分别是 ERSM 预测的和 CMAQ 模拟的第 i 个外部验证情景的 $PM_{2.5}$ 浓度；N_s 是外部验证情景的数量。

图 7-6 采用散点图对比了 ERSM 预测的和 CMAQ 模拟的 $PM_{2.5}$ 浓度，表 7-6 给出了对比结果的统计指标。可以看出，ERSM 预测的 $PM_{2.5}$ 浓度与 CMAQ 的模拟值吻合很好，两者的相关系数在 1 月和 8 月分别达到 0.98 和 0.99 以上。上海、江苏、浙江的 MNE 在 1 月分别为 1.0%、0.7% 和 0.9%；在 8 月分别为 0.8%、0.5% 和 1.7%。1 月和 8 月的 MaxNE 分别在 6% 和 10% 以内。但实际上，对于 95% 的情景，其标准误差小于 3.5%，较大的误差仅仅出现在所有污染物的排放量均有很大幅度削减的情景中。如前所述，40 个用于外部验证的样本既包括了只有单一区域控制因子变化的样本，也包括了四个区域控制因子均发生变化的样本，且包括了各控制因子变化幅度均较大的样本，具有较好的全局代表性。因此，该验证结果表明，研究建立的 ERSM 预测系统能够较好地重现 CMAQ 预测的 $PM_{2.5}$ 浓度。此外，情景 33~36 的 MaxNE 均在 0.2% 以内，这说明，$PM_{2.5}$ 浓度与一次 $PM_{2.5}$ 的排放量之间确实具有近乎完美的线性关系，这证实了 ERSM 技术对一次 $PM_{2.5}$ 控制变量建模方法的合理性。

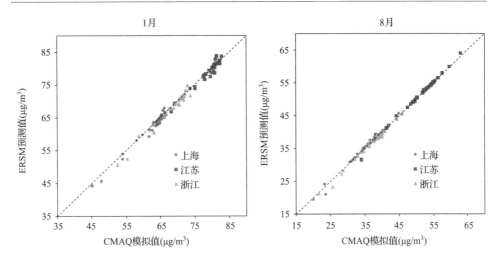

图 7-6　PM$_{2.5}$响应表面模型的外部验证(CMAQ 模拟值和 RSM 预测值均为地级市平均浓度)

表 7-6　PM$_{2.5}$响应表面模型的外部验证的统计指标

	1 月			8 月		
	上海	江苏	浙江	上海	江苏	浙江
相关系数	0.989	0.980	0.987	0.995	0.997	0.994
MNE(%)	1.0	0.7	0.9	0.8	0.5	1.7
MaxNE(%)	4.5	3.0	5.2	10.2	7.7	9.6
NE 的 95%分位数(%)	2.8	2.7	3.5	3.0	1.6	3.1
MNE(情景 33~36,%)	0.0	0.0	0.0	0.1	0.1	0.1
MaxNE(情景 33~36,%)	0.1	0.1	0.1	0.1	0.1	0.2

7.3.2　等值线验证

在 ERSM 预测系统能够基本重现 PM$_{2.5}$浓度的基础上,我们更加关心的是,当前体物的排放量在全局范围内连续变化时,ERSM 预测系统是否能够重现 PM$_{2.5}$浓度的变化趋势。如果 ERSM 预测的浓度变化趋势与实际吻合,则可以说明,即便 ERSM 不可避免地存在一些误差,这些误差不会导致变化趋势上的严重错误,那么将 ERSM 应用于污染控制政策环境效果的评估就是可靠的。基于这一考虑,我们进一步采用"等值线验证"的方法,对 ERSM 可靠性进行验证。具体来说,我们分别利用 ERSM 技术和传统 RSM 技术,预测模拟域 3 内任意两种前体物的排放量在全局范围内变化时,PM$_{2.5}$浓度的变化趋势,做出 PM$_{2.5}$浓度"等值线",并将两种技术预测的等值线进行对比。由于传统 RSM 技术的可靠性已在此前研究中得到充分验证,可以认为是"准真值"。如果两种方法预测的等值线形状吻合,则可以验证 ERSM 的准确性。

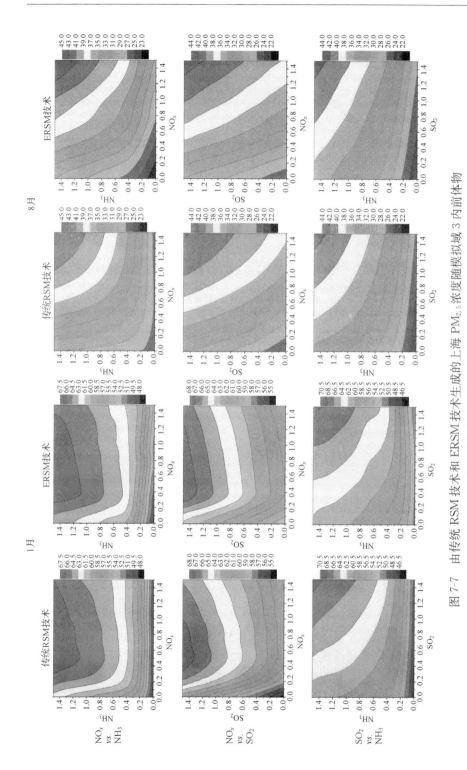

图 7-7　由传统 RSM 技术和 ERSM 技术生成的上海 PM$_{2.5}$ 浓度随模拟域 3 内前体物
总排放量变化的二维等值线的相互比较

X 轴和 Y 轴表示排放系数，即变化后的排放量与基准情景排放量的比值，颜色梯度表示 PM$_{2.5}$ 浓度（单位：$\mu g/m^3$）

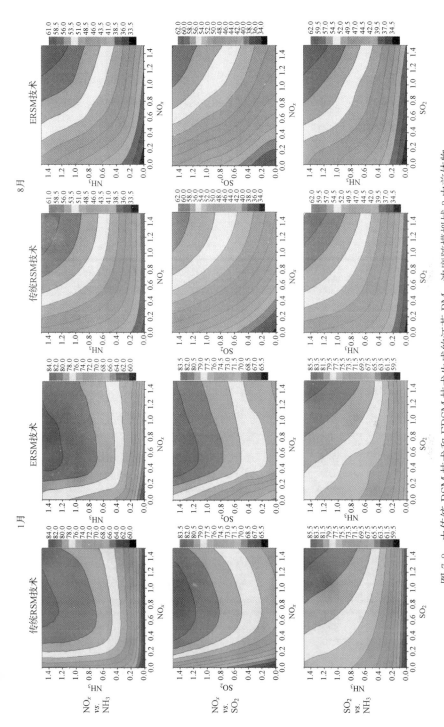

图 7-8　由传统 RSM 技术和 ERSM 技术生成的江苏 PM$_{2.5}$ 浓度随模拟域 3 内前体物总排放量变化的二维等值线的相互比较

X 轴和 Y 轴表示排放系数，即变化后的排放量与基准情景排放量的比值，颜色梯度表示 PM$_{2.5}$ 浓度（单位：μg/m^3）

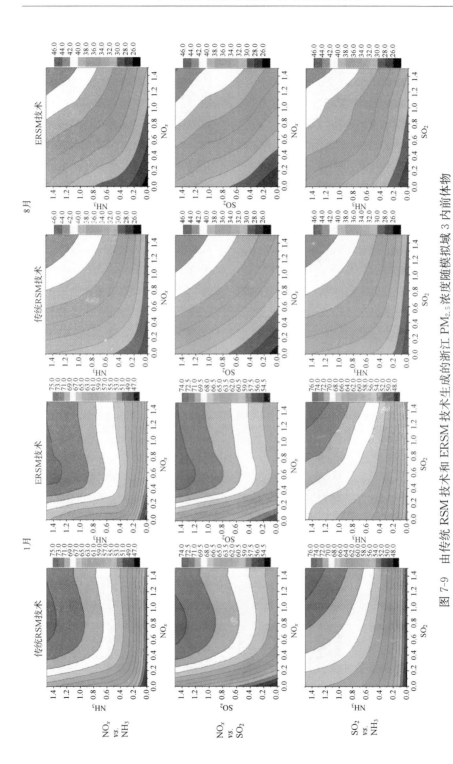

图 7-9　由传统 RSM 技术和 ERSM 技术生成的浙江 PM$_{2.5}$ 浓度随模拟域 3 内前体物
总排放量变化的二维等值线的相互比较

X 轴和 Y 轴表示排放系数，即变化后的排放量与基准情景排放量的比值，颜色梯度表示 PM$_{2.5}$ 浓度（单位：$\mu g/m^3$）

图 7-7、图 7-8 和图 7-9 分别给出了上海、江苏和浙江 PM$_{2.5}$ 浓度随模拟域内前体物总排放量变化的等值线。图中 X 轴和 Y 轴表示的是"排放系数",即某污染物变化后的排放量与基准情景排放量的比值。例如,排放系数为 1.5,相当于某污染物排放量相对于基准情景的排放量增加了 50%。本研究取的"排放系数"范围是0~1.5。研究(Zhao et al,2013;Wang S X,et al,2014)表明,长三角地区污染物排放量在 2010 年后的增长潜力一般不会超过 50%,因此,0~1.5 代表了各污染物排放量的全局变化范围。从图中可以看出,由两种方法预测的等值线形状总体吻合良好。ERSM 和传统 RSM 技术预测结果的一致性,说明 ERSM 技术可以较好地重现出前体物排放量在 0~150% 之间连续变化时,PM$_{2.5}$ 浓度的变化趋势。

7.4 本 章 小 结

(1) 本章开发了 ERSM 技术,该技术可建立 PM$_{2.5}$ 及其组分浓度与多个区域、多个部门、多种污染物排放量之间的快速响应关系。ERSM 技术首先利用传统RSM 技术建立 PM$_{2.5}$ 浓度与每个单一区域的前体物排放量之间的关系,然后量化区域间前体物及二次 PM$_{2.5}$ 的传输对目标区域 PM$_{2.5}$ 浓度的影响,这使得 ERSM技术可应用于多区域排放-浓度响应关系的建模。此外,ERSM 技术利用统计学手段表征了目标区域前体物排放及源区域前体物跨区域传输的影响,以及目标区域大气化学反应对 PM$_{2.5}$ 浓度的贡献,从而使该技术适用于各区域间相互影响显著的城市群地区。

(2) 研究利用三层嵌套的 WRF/CMAQ 空气质量模拟系统对长三角地区的PM$_{2.5}$ 及其主要组分浓度进行了模拟,在此基础上利用 ERSM 技术建立了长三角地区 PM$_{2.5}$ 及其组分浓度与 36 个控制变量(即区域/部门/污染物组合)之间的快速响应关系。研究利用 40 个独立的控制情景对 ERSM 技术的可靠性进行了外部验证,结果表明,ERSM 的预测的 PM$_{2.5}$ 浓度与 CMAQ 模拟值吻合很好,两者的相关系数在 1 月和 8 月分别达到 0.98 和 0.99 以上,MNE 在 1 月和 8 月分别在1.0% 和 2.0% 以内。等值线验证的结果进一步表明,ERSM 技术可以较好地重现出前体物排放量在 0~150% 之间连续变化时 PM$_{2.5}$ 浓度的变化趋势。

参 考 文 献

邢佳. 2011. 大气污染排放与环境效应的非线性响应关系研究:博士学位论文. 北京:清华大学环境学院.

Boylan J W, Russell A G. 2006. PM and light extinction model performance metrics, goals, and criteria for three-dimensional air quality models. Atmospheric Environment, 40: 4946-4959. DOI 10. 1016/j. atmosenv. 2005. 09. 087.

Gao Y, Zhao C, Liu X H, et al. 2014. WRF-Chem simulations of aerosols and anthropogenic aerosol radiative forcing in East Asia. Atmospheric Environment, 92: 250-266. DOI 10. 1016/j. atmosenv. 2014. 04.

038.

Guenther A, Karl T, Harley P, et al. 2006. Estimates of global terrestrial isoprene emissions using MEGAN (Model of Emissions of Gases and Aerosols from Nature). Atmospheric Chemistry and Physics, 6: 3181-3210.

Hammersley J. 1960. Monte Carlo methods for solving multivariable problems. Proceedings of the New York Academy of Science, 86: 844-874.

Iman R L, Davenport J M, Zeigler D K. 1980. Latin Hypercube Sampling (Program User's Guide), Sandia National Laboratories, Albuquerque, NM, U. S. , 78 pp.

Santner T J, Williams B J, Notz W. 2003. The Design and Analysis of Computer Experiments. New York: Springer Verlag.

Wang S X, Xing J, Jang C R, et al. 2011. Impact assessment of ammonia emissions on inorganic aerosols in east China using response surface modeling technique. Environmental Science & Technology, 45: 9293-9300. DOI 10. 1021/Es2022347.

Wang S X, Zhao B, Cai S Y, et al. 2014. Emission trends and mitigation options for air pollutants in East Asia. Atmospheric Chemistry and Physics, 14: 6571-6603. DOI 10. 5194/acp-14-6571-2014.

Wang Y X, Zhang Q Q, Jiang J K, et al. 2014. Enhanced sulfate formation during China's severe winter haze episode in January 2013 missing from current models. Journal of Geophysical Research-Atmosphere, 119: 10425-10440. DOI 10. 1002/2013jd021426.

Wang Y, Zhang Q Q, He K, et al. 2013. Sulfate-nitrate-ammonium aerosols over China: Response to 2000—2015 emission changes of sulfur dioxide, nitrogen oxides, and ammonia. Atmospheric Chemistry and Physics, 13: 2635-2652. DOI 10. 5194/acp-13-2635-2013.

Xing J, Wang S X, Jang C, et al. 2011. Nonlinear response of ozone to precursor emission changes in China: A modeling study using response surface methodology. Atmospheric Chemistry and Physics, 11: 5027-5044. DOI 10. 5194/acp-11-5027-2011.

Zhao B, Wang S X, Wang J D, et al. 2013. Impact of national NO_x and SO_2 control policies on particulate matter pollution in China. Atmospheric Environment, 77: 453-463. DOI 10. 1016/j. atmosenv. 2013. 05. 012.

Zhao B, Wang S X, Xing J, et al. 2015. Assessing the nonlinear response of fine particles to precursor emissions: Development and application of an extended response surface modeling technique v1. 0. Geoscientific Model Development, 8: 115-128. DOI 10. 5194/gmd-8-115-2015.

第8章 基于非线性响应模型的细颗粒物来源解析

开展大气 $PM_{2.5}$ 及其组分的来源识别,是制定经济有效的综合控制措施的重要依据。传统意义上的源解析是将各排放源对二次污染物浓度的贡献直接量化,然而,在一个非线性体系,二次污染物浓度对某排放源排放量变化的响应是随着其排放的变化而改变的,单纯一个数值很难体现出其中的非线性特征,这也是目前的敏感性分析方法存在的局限性。然而,ERSM 技术作为二次污染物来源解析的有效工具,它可以快速计算当多个区域、多个部门、多种前体物的排放量在全局范围内同时变化时,$PM_{2.5}$ 及其组分浓度的响应关系,这是此前的源解析方法所不能实现的。第 8.1 节将利用 ERSM 技术,解析 $PM_{2.5}$ 及其组分的来源;第 8.2 节将进一步计算 $PM_{2.5}$ 的健康影响,评估各污染源对健康终点的贡献。

8.1 PM$_{2.5}$ 及其组分的非线性源解析

8.1.1 PM$_{2.5}$ 的非线性源解析

与此前的敏感性分析研究一样,我们将"$PM_{2.5}$ 敏感性"定义为 $PM_{2.5}$ 浓度的变化率与污染物减排率的比值,如式(8-1)所示:

$$S_a^X = [(C^* - C_a)/C^*]/(1-a) \qquad (8-1)$$

式中,S_a^X 为 $PM_{2.5}$ 对排放源 X 在排放率为 a 时的敏感性;C_a 为当排放源 X 的排放率为 a 时 $PM_{2.5}$ 的浓度;C^* 为基准情景(即排放源 X 的排放率为 1)时 $PM_{2.5}$ 的浓度。其他污染物,如硫酸盐、硝酸盐的敏感性与 $PM_{2.5}$ 敏感性的定义相似。

图 8-1 给出了 $PM_{2.5}$ 浓度对各一次污染物排放量在不同控制水平下的敏感性,图 8-2 给出了 $PM_{2.5}$ 浓度对各部门各污染物的排放量在不同控制水平下的敏感性。需要指出的是,这里未考虑长三角地区模拟区域外排放量的变化(即边界条件的变化),而仅考虑了模拟域内(即四个区域)排放量的变化。

在 1 月和 8 月,一次 $PM_{2.5}$ 总体上都是对 $PM_{2.5}$ 浓度贡献最大的单一污染物。在一次 $PM_{2.5}$ 的各排放源中,工业民用源是最主要的贡献源,占到 $PM_{2.5}$ 排放源总贡献的 80% 以上。不同排放源的贡献大小主要取决于排放量,同时与排放高度有关,如电厂的排放高度大是导致其贡献低的重要原因。随着减排率的增加,$PM_{2.5}$ 浓度对一次 $PM_{2.5}$ 排放的敏感性保持不变。

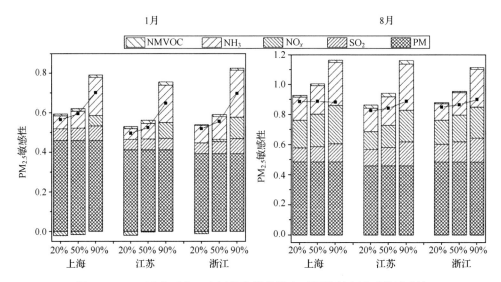

图 8-1　PM$_{2.5}$浓度对各一次污染物排放量在不同控制水平下的敏感性

横坐标为减排率(即 1－排放率);纵坐标为 PM$_{2.5}$的敏感性,即 PM$_{2.5}$浓度的变化率除以一次污染物的减排率。图中柱子代表当某种污染物减排而其他污染物均保持基准情景排放量不变时 PM$_{2.5}$的敏感性;点划线代表各污染物同时减排时 PM$_{2.5}$的敏感性

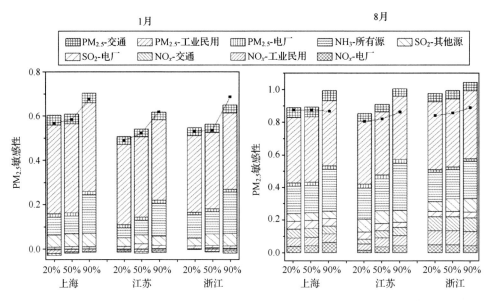

图 8-2　PM$_{2.5}$浓度对各部门各污染物的排放量在不同控制水平下的敏感性

横坐标为减排率(即 1－排放率);纵坐标为 PM$_{2.5}$的敏感性,即 PM$_{2.5}$浓度的变化率除以一次污染物的减排率。图中柱子代表当某个污染源减排而其他污染源均保持基准情景排放量不变时 PM$_{2.5}$的敏感性;点划线表示当所有污染源同步减排时 PM$_{2.5}$的敏感性

在 1 月份,各种气态前体物对 $PM_{2.5}$ 浓度的贡献之和一般小于一次 $PM_{2.5}$ 的贡献;而在 8 月份,所有气态前体物对 $PM_{2.5}$ 浓度的贡献之和一般要超过一次 $PM_{2.5}$ 的贡献。这主要是因为夏季温度较高,光化学反应比较活跃,因此二次颗粒物生成较为迅速。在各种前体物中,1 月份 $PM_{2.5}$ 浓度对 NH_3 的排放最为敏感。而在 8 月份,SO_2、NO_x 和 NH_3 对 $PM_{2.5}$ 浓度均有比较明显的贡献,它们的贡献大小总体上比较接近。NMVOC 对 $PM_{2.5}$ 的贡献较低,这主要是受到 CMAQ 模拟对 SOA 低估的影响(Carlton et al,2010)。在 SO_2 的排放源中,电厂源的贡献小于其他源,这主要是因为其排放量较小,且排放高度较高的缘故。电厂源相对于其他源的贡献率在 8 月份大于 1 月份,这是因为 8 月份扩散条件较好,有利于垂直混合过程,从而使电厂的排放可以充分参与大气化学反应形成 $PM_{2.5}$。在 NO_x 的排放源中,电厂源、工业和民用源、交通源三大类排放源的贡献比较接近。

与一次 $PM_{2.5}$ 不同,随着减排率的增加,$PM_{2.5}$ 浓度对各种前体物排放的敏感性均有所增加。在 1 月份,当减排率较低时,NH_3 对 $PM_{2.5}$ 浓度的贡献与 SO_2 的贡献相当或略大,但当减排率为 90% 时,NH_3 对 $PM_{2.5}$ 浓度的贡献则远远大于其他前体物。这一变化主要因为当 NH_3 减排率逐渐增大时,反应体系逐渐由相对富氨的状态转变为相对贫氨的状态。对于 NO_x,当减排率小于临界值(40%~70%,因地区而异)时,NO_x 减排会导致 $PM_{2.5}$ 浓度升高,当减排率大于临界值(40%~70%,因地区而异)时,NO_x 减排会使 $PM_{2.5}$ 浓度降低,甚至其削减 $PM_{2.5}$ 的作用可超过 SO_2。这一很强的非线性关系在此前的研究中也得到了证实(Zhao et al,2013;Dong et al,2014)。冬季臭氧化学处于 NMVOC 控制区,较小幅度的 NO_x 减排会导致 O_3 和 HO_x 自由基浓度升高,进而加强 SO_4^{2-} 的生成(见图 8-3)。此外,O_3 和 HO_x 自由基的增加还加速了夜间通过 $NO_2 + O_3$ 反应生成 N_2O_5 和 HNO_3 这一过程,从而也有利于 NO_3^- 的生成(见图 8-3)。因此,冬季 NO_x 小幅减排会导致 $PM_{2.5}$ 浓度升高。而当 NO_x 大幅减排时,臭氧化学由 NMVOC 控制区进入 NO_x 控制区,因此 NO_2、O_3 和 HO_x 自由基浓度均降低,从而使 $PM_{2.5}$ 浓度降低。因此,同时对多部门的 NO_x 排放施以大幅度的减排,对于削减 $PM_{2.5}$ 浓度是非常重要的。在 8 月份,$PM_{2.5}$ 对 SO_2、NO_x 和 NH_3 的敏感性均随控制水平的增加有明显增加,这是因为贫氨与富氨相互转化的缘故。

当所有污染物排放量同时削减时(图 8-1 和图 8-2 中点划线),在 1 月份,$PM_{2.5}$ 的敏感性随减排率的增加而增大,而在 8 月份,则变化不大。1 月份 $PM_{2.5}$ 敏感性随减排率增大主要是因为 NO_x 在低减排率时对 $PM_{2.5}$ 浓度有负贡献,当减排率较大时逐渐转变为正贡献(详见上段)。从图中还可看出,对各污染源单独减排的效果之和与对所有污染源同时减排的效果一般是不同的。一般而言,单独减排的效果之和大于共同减排的效果,这是因为,参与硫酸铵和硝酸铵生成的主要前体物都有两种,每种前体物的单独减排都会导致其浓度下降,同时减排时两种前体物减排

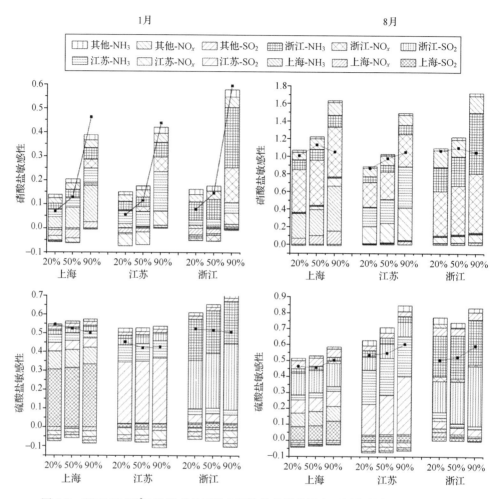

图 8-3　NO_3^- 和 SO_4^{2-} 浓度对各区域各污染物的排放量在不同控制水平下的敏感性

横坐标为减排率(即 1−排放率);纵坐标为 NO_3^-/SO_4^{2-} 的敏感性,即 NO_3^-/SO_4^{2-} 浓度的变化率除以一次污染物的减排率。柱子代表当某个污染源减排而其他污染源均保持基准情景排放量不变时 NO_3^-/SO_4^{2-} 的敏感性;点划线表示当所有污染源同步减排时 NO_3^-/SO_4^{2-} 的敏感性

的贡献会相互重叠而部分抵消。

接下来,我们利用 ERSM 技术,评估了不同区域的一次 $PM_{2.5}$ 排放量和气态前体物排放量对 $PM_{2.5}$ 浓度的贡献,如表 8-1 所示。在 1 月份,四个区域一次 $PM_{2.5}$ 排放对 $PM_{2.5}$ 浓度的总贡献在 39%～46% 之间;在 8 月份,一次 $PM_{2.5}$ 排放的贡献在 43%～46% 之间。其中本地一次 $PM_{2.5}$ 的排放的贡献明显高于其他区域,这反映出一次 $PM_{2.5}$ 主要对距排放源较近的地区产生影响,区域性不明显。

1 月份四个区域气态前体物排放对 $PM_{2.5}$ 浓度的总贡献在 25%～36% 之间,8

月份则在 48%～50% 之间。本地气态前体物排放的贡献一般也是四个区域中最大的,但与一次 $PM_{2.5}$ 不同的是,外地排放的贡献与本地的贡献处于同一量级上。各区域的贡献大小与气象条件和该区域前体物的排放量有明显的相关性。上海市对其他区域的贡献一般较小,这主要是因为上海气态前体物排放量较少。8 月份,浙江省气态污染物排放对各区域 $PM_{2.5}$ 贡献均很明显,这一是因为其排放量较大,二是因为其处于上风向(夏季以偏南风为主),其排放的前体物或生成的颗粒物容易传输到其他地区。相反,1 月份江苏省的气态前体物排放对其他区域贡献较大。

模拟域以外的污染物排放对 1 月份上海、江苏、浙江 $PM_{2.5}$ 浓度的贡献高达 25%～34%。这主要是因为冬季以西北风为主,而长三角西北方向的华北地区又是我国最典型的高颗粒物污染地区。8 月份远程传输对 $PM_{2.5}$ 浓度的贡献明显小于 1 月,上海、江苏和浙江为 7%～8%。这主要是因为夏季以偏南风为主,大量气团来自海洋,比较清洁,即便来自陆地,我国华南地区的 $PM_{2.5}$ 浓度也明显低于华北地区,对长三角地区 $PM_{2.5}$ 浓度影响较小。在远程传输中,气态前体物的贡献明显高于一次 $PM_{2.5}$,这主要是因为一次 $PM_{2.5}$ 局地性较强,而气态前体物形成的二次气溶胶具有很强的区域性。

表 8-1　各区域的一次 $PM_{2.5}$ 排放量和前体物排放量对 $PM_{2.5}$ 浓度的贡献(%)

	1 月			8 月		
	上海	江苏	浙江	上海	江苏	浙江
上海的一次 $PM_{2.5}$ 排放	35.5	1.1	1.3	36.9	1.0	0.4
江苏的一次 $PM_{2.5}$ 排放	5.6	35.0	4.1	2.2	37.5	0.9
浙江的一次 $PM_{2.5}$ 排放	1.9	2.3	32.2	4.3	2.5	42.8
"其他"的一次 $PM_{2.5}$ 排放	2.9	2.9	1.7	2.0	1.9	1.5
四个区域一次 $PM_{2.5}$ 的总排放	46.0	41.2	39.4	45.4	42.9	45.7
上海的气态前体物排放	11.3	0.2	1.0	18.9	1.8	2.5
江苏的气态前体物排放	3.3	11.7	3.9	5.2	30.1	4.3
浙江的气态前体物排放	2.7	4.3	20.9	18.3	12.6	36.3
"其他"的气态前体物排放	1.7	2.4	2.8	5.7	4.6	7.2
四个区域的气态前体物总排放	25.2	24.9	35.7	48.3	50.4	47.7
模拟域外的一次 $PM_{2.5}$ 排放	7.4	9.1	6.3	0.7	0.8	1.6
模拟域外的气态前体物排放	20.6	24.5	19.1	6.6	7.1	6.1

8.1.2　二次无机气溶胶的非线性源解析

$PM_{2.5}$ 各化学组分的生成机制有显著差异,因此在解析 $PM_{2.5}$ 来源的基础上,对 $PM_{2.5}$ 主要化学组分的来源分别进行解析,对于制定有效的控制政策有重要意义。二次无机气溶胶的生成过程具有很强的非线性特征,是构成二次颗粒物的最重要的组分,因此本节重点对二次无机气溶胶(主要是 NO_3^- 和 SO_4^{2-})进行了非线性源解析。由于 CMAQ 模型对 SOA 浓度有明显的低估,因此本研究暂未对有机气溶胶进行源解析,这项工作将在今后开展。图 8-3 给出了 NO_3^- 和 SO_4^{2-} 浓度对各区域各污染物的排放量在不同控制水平下的敏感性,图 8-4 给出了 NO_3^- 和 SO_4^{2-} 浓度对各部门各污染物的排放量在不同控制水平下的敏感性。

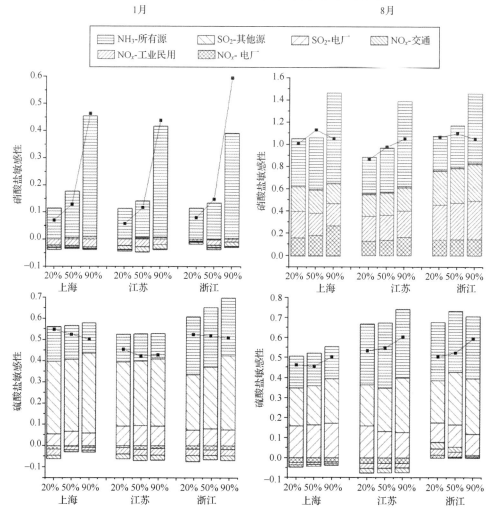

图 8-4　NO_3^- 和 SO_4^{2-} 浓度对各部门各污染物的排放量在不同控制水平下的敏感性

横坐标为减排率(即 1−排放率);纵坐标为 NO_3^-/SO_4^{2-} 的敏感性,即 NO_3^-/SO_4^{2-} 浓度的变化率除以一次污染物的减排率。柱子代表当某个污染源减排而其他污染源均保持基准情景排放量不变时 NO_3^-/SO_4^{2-} 的敏感性;点划线表示当所有污染源同步减排时 NO_3^-/SO_4^{2-} 的敏感性对于硝酸盐,1 月份 NH_3 是最主要的敏感性物种,其中,本地 NH_3 排放的贡献明显大于外地氨排放的贡献。NO_x 的控制水平较低时也会导致硝酸盐浓度的略微上升,如上节所述,这主要是因为大气氧化性增强促进硝酸盐生成的效果抵消了 NO_x 减排不利于硝酸盐生成的效果。当各区域 NO_x 联合控制,且控制比例较大时,NO_x 的负贡献会逐渐减弱,并最终转变为正贡献。当单独控制工业民用源或交通源的 NO_x 排放时,会使硝酸盐浓度有所升高,而当单独控制电厂源的 NO_x 排放时,则会略降低硝酸盐浓度(见图 8-4),这一方面是因为电厂排放高度较大,会在更大尺度上影响细颗粒物浓度,另一方面是从城区到农村、从地面到高空,光化学特征逐渐由 NMVOC 控制区向 NO_x 控制区转化(Xing et al,2011)。由于热力学效应,SO_2 的控制会导致硝酸盐浓度的略微升高。

在 8 月份,NH_3 排放对硝酸盐的贡献也很突出,可达 50% 左右,其中本地 NH_3 排放的贡献明显地大于外地氨排放。与 1 月份不同的是,NO_x 的控制对硝酸盐的削减也有明显的正贡献,亦可达 50% 左右。NO_x 控制的效果具有明显的区域性,即某区域硝酸盐浓度不仅受到本地 NO_x 控制的影响,受到外地 NO_x 控制的影响也十分显著。与 1 月不同,电厂源、工业民用源和交通源的 NO_x 排放对硝酸盐浓度的贡献比较接近。

对于硫酸盐,1 月份 SO_2 和 NH_3 是主要的敏感性物种,其中 SO_2 的贡献约 60%~75%。本地 NH_3 和 SO_2 排放的贡献明显大于外地。NO_x 对硫酸盐有一定的负贡献,这是热力学效应(对氨的竞争)和 NO_x 控制导致大气氧化性增强的综合效果。

8 月份,硫酸盐的贡献源与 1 月份类似,SO_2 和 NH_3 是主要的敏感性物种,其中 SO_2 的贡献也可达 60%~70%。同样,本地 NH_3 和 SO_2 排放的贡献明显大于外地。NO_x 对硫酸盐有一定的负贡献。在 1 月和 8 月,电厂源的 SO_2 排放对硫酸盐浓度的贡献都小于其他源的 SO_2 排放,这是因为电厂源排放量相对较小而排放高度较大。

8.1.3　主要污染源贡献率排序

以上分析了各区域、各物种的排放对 $PM_{2.5}$ 以及 SO_4^{2-}、NO_3^- 的贡献。在此基础上,将各单一排放源(各个区域-物种-部门的组合)对 $PM_{2.5}$ 浓度的贡献率进行排序,从控制成效的角度排定各污染源控制的优先序,对于制定经济有效的控制措施,具有重要意义。

表 8-2 给出了各排放源(各个区域-物种-部门的组合)对 1 月和 8 月上海、江苏、浙江平均 $PM_{2.5}$ 浓度的贡献及其排序。值得注意的是,这里定量各污染源贡献的方法,并非将各污染源排放量完全关停,而是将其设为达到"最大减排潜力"时的排放量,利用 ERSM 技术评估其对 $PM_{2.5}$ 浓度的影响。本研究定量"最大减排潜

力"的方法,是首先预测到 2030 年经济发展和服务量需求的增长潜力,其次假定未来出台严苛的可持续的能源政策,推动生产生活方式的转变、能源结构的调整,以及能源利用效率的提高,从而预测 2030 年的能源消费量;进而假设目前效率最高的末端控制技术得到最大限度的利用,据此估算 2030 年各污染物排放量,即得到各污染物的"最大减排潜力"。因此,确切地说,本节定量的各污染源的贡献,是该污染源在充分应用现有最佳控制技术的条件下,所导致的 $PM_{2.5}$ 浓度削减量。相对于将其排放完全关停的方法,该定量方法在用于决策支持时更具有实际意义。此外,如前所述,$PM_{2.5}$ 浓度与污染物排放量有显著的非线性关系,为了考虑多污染源共同控制时的增强效应,我们定量了各区域、各部门的特定污染物(如 NO_x)同时控制时对 $PM_{2.5}$ 浓度的贡献,并利用该数值对单一排放源对 $PM_{2.5}$ 浓度的贡献进行归一化。少数污染源(如上海_NO_x_电厂源)单独控制时导致 $PM_{2.5}$ 浓度上升,这时我们将其浓度贡献设置为 0。

表 8-2　各排放源对 $PM_{2.5}$ 浓度贡献和单位排放量贡献排序

编号	排放源名称	达最大减排潜力时的排放率	对上海、江苏、浙江的平均 $PM_{2.5}$ 浓度贡献($\mu g/m^3$)	排序	单位减排量对 $PM_{2.5}$ 浓度削减的贡献 $[\mu g/(m^3 \cdot Mt)]$	排序
1	上海_NO_x_电厂源	0.35	0.00	34	0.0	34
2	上海_NO_x_工业民用源	0.24	0.00	35	0.0	35
3	上海_NO_x_交通源	0.18	0.00	36	0.0	36
4	上海_SO_2_电厂源	0.47	0.11	27	2.3	23
5	上海_SO_2_其他源	0.17	0.92	9	8.6	13
6	上海_NH_3_所有源	0.55	0.70	13	57.5	5
7	江苏_NO_x_电厂源	0.24	0.01	33	0.0	32
8	江苏_NO_x_工业民用源	0.26	0.01	31	0.1	31
9	江苏_NO_x_交通源	0.24	0.01	32	0.0	33
10	江苏_SO_2_电厂源	0.42	0.37	18	1.9	24
11	江苏_SO_2_其他源	0.25	1.18	5	3.7	17
12	江苏_NH_3_所有源	0.55	1.03	7	12.4	12
13	浙江_NO_x_电厂源	0.27	0.78	10	3.3	20
14	浙江_NO_x_工业民用源	0.28	0.67	14	3.9	16
15	浙江_NO_x_交通源	0.19	0.55	16	3.5	18
16	浙江_SO_2_电厂源	0.34	0.47	17	2.5	22
17	浙江_SO_2_其他源	0.25	1.04	6	6.3	14
18	浙江_NH_3_所有源	0.55	1.32	4	17.7	9

续表

编号	排放源名称	达最大减排潜力时的排放率	对上海、江苏、浙江的平均PM$_{2.5}$浓度贡献（μg/m³）	排序	单位减排量对PM$_{2.5}$浓度削减的贡献［μg/(m³·Mt)］	排序
19	其他_NO$_x$_电厂源	0.28	0.29	22	1.0	27
20	其他_NO$_x$_工业民用源	0.28	0.37	19	1.4	26
21	其他_NO$_x$_交通源	0.25	0.32	21	1.6	25
22	其他_SO$_2$_电厂源	0.41	0.05	29	0.3	30
23	其他_SO$_2$_其他源	0.26	0.13	25	0.6	29
24	其他_NH$_3$_所有源	0.55	0.18	24	0.7	28
25	上海_PM$_{2.5}$_电厂源	0.27	0.12	26	26.3	8
26	上海_PM$_{2.5}$_工业民用源	0.37	3.68	3	122.0	1
27	上海_PM$_{2.5}$_交通源	0.16	0.71	12	117.1	2
28	江苏_PM$_{2.5}$_电厂源	0.22	0.36	20	15.9	10
29	江苏_PM$_{2.5}$_工业民用源	0.21	6.46	1	42.9	7
30	江苏_PM$_{2.5}$_交通源	0.14	0.75	11	55.6	6
31	浙江_PM$_{2.5}$_电厂源	0.16	0.19	23	13.8	11
32	浙江_PM$_{2.5}$_工业民用源	0.28	4.87	2	60.4	4
33	浙江_PM$_{2.5}$_交通源	0.14	0.65	15	69.5	3
34	其他_PM$_{2.5}$_电厂源	0.23	0.07	28	5.2	15
35	其他_PM$_{2.5}$_工业民用源	0.19	0.95	8	3.5	19
36	其他_PM$_{2.5}$_交通源	0.13	0.04	30	3.3	21

从表中可以看出，工业民用源排放的一次PM$_{2.5}$排放是贡献最大的单项污染源，这与上节的分析是一致的。紧随其后的是NH$_3$和"其他源"的SO$_2$。对于SO$_2$，电厂源的贡献小于其他源，这与十一五期间电厂脱硫设备的大规模运行有关。NO$_x$的控制具有较强非线性，虽然单一部门的控制效果未必很明显，但随着控制水平的上升，敏感性逐渐增加，因次多部门联合控制时，可产生更明显的削减效果。当所有部门的NO$_x$均达到最大减排潜力时，其对PM$_{2.5}$浓度削减的贡献与SO$_2$相当甚至更大。与一次PM$_{2.5}$不同的是，NO$_x$的三个主要排放部门，即电厂源、工业民用源、交通源对PM$_{2.5}$浓度的贡献相近。

在此基础上，我们进一步定量了各污染源单位减排量对PM$_{2.5}$浓度削减的贡献，同样如表8-2所示。从表中可以看出，单位减排量对PM$_{2.5}$浓度削减效果最明显的，是一次PM$_{2.5}$的排放源，其成效明显高于其他排放源。除一次颗粒物外，NH$_3$的单位减排量对PM$_{2.5}$浓度削减的贡献最明显，其敏感性明显高于SO$_2$和NO$_x$。

8.2　基于健康终点的 PM$_{2.5}$来源解析

8.2.1　PM$_{2.5}$健康影响的评估方法

　　大气污染控制政策最终是以保护人类身体健康为目的,因此,大气污染物的健康影响一直是环境科学和公共卫生研究的热点。2012 年 12 月,美国华盛顿大学健康指标与评估研究所、世界卫生组织(WHO)等多家机构联合发布《2010 年全球疾病负担评估》,公布我国由大气 PM$_{2.5}$污染导致的疾病负担位居不良饮食习惯、高血压与吸烟之后,名列第四位,2010 年导致 123.4 万人过早死亡(Lim et al,2012;Burnett et al,2014)。Chen 等(2013)援引了 WHO(2009)、WB 和 SEPA(2007)、Yu 等(2012)等研究,评估我国因室外空气污染造成每年 35～50 万人死亡。Cheng 等(2013)研究表明,我国因 PM$_{10}$导致的早逝由 2001 年的 418 000 人增长到 2011 年的 514 000。近 20 年来,还有一些机构或个人对我国的颗粒物健康影响进行了货币化估值。例如,世界银行《污染的负担在中国》报告中用统计学生命价值法评估了我国颗粒物健康损失,指出我国 2003 年因城市颗粒物污染造成的健康损失为 5200 亿元人民币(WB and SEPA,2007)。上述研究表明,PM$_{2.5}$污染对已对我国人民的健康带来了巨大的损害,系统评估长三角地区 PM$_{2.5}$污染的健康影响,并系统评估主要污染源对健康影响的贡献,对于制定经济有效的控制措施,具有重要意义。

　　本节根据长三角地区的实际污染情况,评估了长三角地区 PM$_{2.5}$导致的急性早逝人数及其货币化估值。研究应用了 BenMAP-CE 模型进行 PM$_{2.5}$健康效应评估。BenMAP-CE 由美国环境保护署(U.S. EPA)发布,用于系统性分析空气质量改变造成的健康影响,下文将对模型的原理进行详细介绍。

　　大气污染造成的健康影响是多方面的,涵盖了从肺功能下降到死亡等不同健康终点,如图 8-5 所示。但在健康评估中,并非所有健康终点都可以得到定量化的评估,因此大多数研究都集中在图 8-5 的上部,即发病率(所有病因或某种病因,如心血管疾病、呼吸道疾病的急诊、住院率)影响与死亡率(所有病因或某种病因)影响。但如 Voorhees 等(2014)所讨论的,虽然我国不同的暴露响应关系研究包含了发病率(如心脑血管疾病和呼吸系统疾病导致的住院、门诊等)和死亡率等多种健康终点,但由于长三角地区缺少不同疾病导致的住院人数与门诊人数统计,我们无法评估 PM$_{2.5}$导致的早逝以外的健康终点。因此,在本研究中,只评估了 PM$_{2.5}$导致的急性早逝。而从大多数健康评估研究来看,早逝所导致的货币化损失大多都占据主导地位,约占总健康损失的 90%。因此,这一评估仍具有很高的合理性。

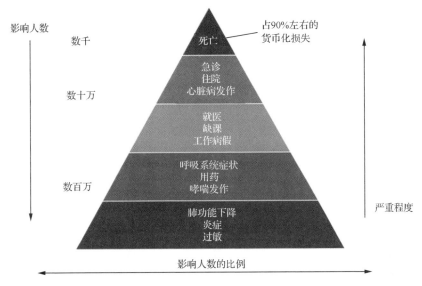

图 8-5　大气污染物健康影响评价的健康终点

引自美国环境保护署. http://www2. epa. gov/benmap/how-benmap-ce-estimates-health-and-economic-effects-air-pollution

为了评估颗粒物的健康影响,单位颗粒物浓度增长所导致的死亡率变化的流行病学文献是必需的。据在欧洲(29 个城市)和美国(20 个城市)进行的多城市研究报道,PM_{10} 的短期暴露浓度每增加 10 μg/m³(24 h 均值),死亡率将分别增加 0.62% 和 0.46%(Katsouyanni et al,2001;Samet et al,2000)。对来自西欧和北美之外的 29 个城市的资料进行 Meta 分析发现,PM_{10} 每增加 10 μg/m³ 将导致死亡率增加 0.5%(Cohen et al,2004)。中国的系统性多城市研究主要包括亚洲公共卫生与大气污染研究(PAPA)中国部分(Kan et al,2008),以及中国大气污染健康效应研究(CAPES;Chen et al,2012)。CAPES 研究发现,大气中 PM_{10} 每增加 10 μg/m³,居民总死亡风险增加 0.35%,略低于欧美研究结果。本研究采用 Shang 等(2013)的 Meta 分析结果,$PM_{2.5}$ 每增加 10 μg/m³ 将导致死亡率增加 0.38%(95% 置信区间为 0.31%~0.45%)。

大多数急性暴露的流行病学研究采用泊松分布(Poisson distribution)来表述某一地区大气 $PM_{2.5}$ 浓度与死亡人数之间的关系,如式(8-2)所示。

$$Y = E_0 \times Pop \times (1 - e^{-\beta \times (C-C_0)}) \qquad (8-2)$$

式中,Y 为 $PM_{2.5}$ 导致的急性死亡人数;E_0(%)为基线发病率,即现有 $PM_{2.5}$ 浓度下的死亡率,来自我国卫生部(现卫计委)发布的 2011 年中国健康统计年鉴;Pop 为暴露的人口数;β 为浓度响应系数,由上述流行病学文献中,单位颗粒物浓度增长导致的死亡率变化反演而来；C 为现阶段 $PM_{2.5}$ 浓度，而 C_0 为 $PM_{2.5}$ 浓度的阈值，代表 $PM_{2.5}$ 浓度在 C_0 以下时，$PM_{2.5}$ 没有显著的健康影响。大多数现有流行病学文献并没有发现存在显著的 $PM_{2.5}$ 浓度的阈值（Cao et al，2012）。因此，本研究中，我们假定 $PM_{2.5}$ 浓度的阈值为 0。

本研究所采用的人口数据来自美国橡树岭国家实验室基于地理信息系统与卫星遥感所制作的的人口数据产品 Landscan。为与空气质量数据相匹配，在使用前我们将人口数据进行了重新网格化，并与 2010 年中国人口普查数据进行了详细的对比与校验。

对环境污染相关健康损失的经济评估是制定科学有效的环境政策的重要依据，而如何评估人类生命的货币化价值一直是社会学研究的难题。根据评估方式与健康终点的不同，评估方法包括了条件评价法（CVM）、人力资本法（HC）和疾病成本法（COI）等多种方法。其中条件评价法（CVM）通过调查居民支付意愿（WTP）确定统计生命价值（VSL），是目前国际上应用最广泛的环境污染对健康经济损失评价方法。Voorhees 等（2014）汇总了我国部分研究，结果显示，换算至2010 年，研究中 VSL 的范围从 84 000 元到 2 100 000 元人民币，相差 25 倍。而徐晓程等（2013）的 Meta 分析结果显示，换算至 2008 年，我国大气污染相关 VSL 约为 86 万元，城镇 VSL 约为 159 万元，农村 VSL 约为 32 万元。而 Dekker 等（2011）的 26 个国家调查结果与 Kochi 等（2006）的欧美国家调查结果分别为 437万美元和 280 万美元。与发达国家相比，我国 VSL 值相对较小。调查居民支付意愿法在具体调查方式上又分为叙述性偏好法与选择实验方法，叙述性偏好法最大的难点是受访者对健康风险和支付意愿的理解存在很大困难。而选择实验方法改进了健康效益价值评估中对环境健康风险的理解，更准确地揭示了支付意愿。因此本研究采用了 Xie（2011）选择实验方法的结果，统计生命价值约为 168 万元。

评估所采用的 $PM_{2.5}$ 数据来自上文 ERSM 的基础情景，长三角地区每个城市$PM_{2.5}$ 导致的早逝人数及其货币化估值如表 8-3 所示。长三角地区 2010 年因$PM_{2.5}$ 导致的总早逝人数为 13162（95% CI：10761～15554），其带来的经济损失约为 220（95% CI：181～261）亿元人民币。其中，上海、南京、杭州、苏州是受影响最严重的城市，四个城市之和约占长三角地区总损失的一半。

8.2.2 主要排放源对健康终点的贡献评估

上节评估了 $PM_{2.5}$ 的健康影响，而开展这一评估的根本目的，是为污染控制提供决策支持，因此，本节进一步开展了以健康终点为目标的 $PM_{2.5}$ 来源解析，即评估不同区域、不同部门、不同污染物的排放量对健康终点的贡献，从而识别应重点加强控制的污染源。

表 8-3　长三角地区每个城市 PM$_{2.5}$导致的早逝人数及其货币化估值

省份	城市	PM$_{2.5}$导致的早逝	货币化估值(百万元)
上海	上海市	2415(1974,2854)	4058(3317,4795)
江苏	南京市	1303(1066,1539)	2189(1791,2585)
	无锡市	919(752,1086)	1544(1263,1825)
	常州市	689(563,814)	1157(946,1367)
	苏州市	1146(937,1354)	1926(1574,2275)
	南通市	981(802,1160)	1649(1347,1949)
	扬州市	753(616,890)	1266(1035,1496)
	镇江市	490(400,578)	822(672,972)
	泰州市	763(624,902)	1282(1048,1515)
浙江	杭州市	1159(947,1369)	1946(1592,2300)
	宁波市	664(542,785)	1115(911,1318)
	嘉兴市	524(428,620)	881(720,1041)
	湖州市	410(335,484)	688(563,814)
	绍兴市	547(447,647)	920(751,1087)
	舟山市	1(1,1)	2(2,2)
	台州市	398(325,471)	669(546,791)
总计		13162(10761,15554)	22113(18078,26130)

　　首先,我们评估了模拟域内一次 PM$_{2.5}$ 和 NO$_x$、SO$_2$、NH$_3$、NMVOC 四种前体物排放对早逝人数的贡献,如图 8-6 所示。从图中可以看出,无论在 1 月还是 8 月,一次 PM$_{2.5}$ 排放是对健康终点的贡献最大。所有气态污染物贡献之和在 1 月与 8 月差别不大。然而,对于单个气态前体物而言,呈现明显的季节性。1 月份,NH$_3$ 对于 PM$_{2.5}$ 导致的早逝贡献最大,而 SO$_2$ 和 NMVOC 相对不敏感。而 8 月份,无机前体物,NH$_3$、NO$_x$、SO$_2$ 贡献大致相当。这个结果意味着基于保护人体健康的目的而言,氨排放的控制应该获得更多的关注。其中值得注意的是,由于所用模型二次有机气溶胶的机制仍有较大的不确定性(Jaemeen et al,2011),NMVOC 的贡献在本研究中可能被低估。

　　图 8-7 展示了不同部门排放导致的早逝人数,长三角地区本地电力、工业与民用部门、交通部门排放在 1 月份导致的死亡人数分别为 36、809、40;在 8 月份导致的死亡人数分别为 107、528、63。从中我们可以看出,工业与民用部门的贡献最为显著,在 1 月和 8 月分别占 91% 和 75%。一个可能的原因是,长三角地区制造业非常发达,而与电力部门相比,工业部门的污控设施尚不够完善,排放因子较高。本书第 3 章显示,工业过程和工业燃烧之和占长三角地区人为源一次 PM$_{2.5}$ 和

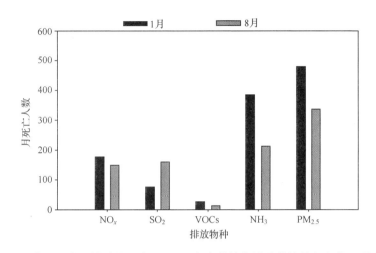

图 8-6　长三角地区本地排放的一次 PM$_{2.5}$ 和气态前体物导致的月早逝人数(1 月和 8 月)

SO$_2$ 排放的 50% 和 43.4%。这表明,长三角地区对工业与民用部门的控制是现阶段最急迫的任务。

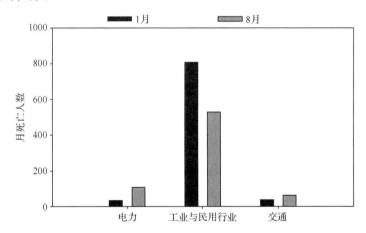

图 8-7　长三角地区本地不同部门污染物排放导致的月早逝人数(1 月和 8 月)

接下来,我们评估了各区域的污染物排放对健康终点的贡献,如表 8-4 所示。表中显示,在 1 月,模拟域外传输的 PM$_{2.5}$ 及其气态前体物导致长三角地区 470 人死亡,约占 PM$_{2.5}$ 导致总死亡人数的 35%;而在 8 月,污染物传输导致的死亡人数不足 100 人,约占 PM$_{2.5}$ 导致总死亡人数的 10%。这表明冬季远程传输作用十分显著,这主要是由于冬季的主导风向为西北风,且我国北方地区由于取暖导致燃煤使用量增加,污染物排放增强。1 月份我国北方地区(包括北京、天津、河北、山东、河南)民用源 SO$_2$、NO$_x$、VOC、一次 PM$_{2.5}$ 排放分别为 11.81 万吨、4.73 万吨、23.69 万吨、15.26 万吨,远高于 8 月份的 2.60 万吨、1.05 万吨、5.43 万吨、3.42

万吨(Wang et al,2010;Zhao et al,2013)。而在夏季,长三角地区盛行风向为东南风,风从海洋地区带来了清洁的空气,因此传输的贡献较低。在远程传输中,前体物的贡献远高于一次颗粒物,这意味着长三角地区与周边省份气态前体物的联防联控对于空气质量提高和人体健康保障有重要意义。1月份,上海、江苏南部地区、浙江北部地区对本区域总早逝人数的贡献分别为50%、39%、37%;而在8月份,本地贡献分别为57%、62%、53%。模拟域内除本区域以外的其他区域对上海、江苏南部地区、浙江北部地区早逝人数的贡献在1月份分别为21%、20%、26%,在8月份分别为36%、30%、28%。

表 8-4　各区域的污染物排放导致的早逝人数

	1月			8月		
	上海	江苏	浙江	上海	江苏	浙江
上海排放	120	17	13	97	20	5
江苏排放	24	246	61	13	230	37
浙江排放	13	60	147	33	54	118
"其他"排放	14	52	30	14	38	19
模拟域外一次 $PM_{2.5}$ 排放	18	69	37	1	2	5
模拟域外地前体物排放	51	187	109	11	25	37

8.3　本章小结

(1) 研究将 ERSM 技术用于长三角地区 $PM_{2.5}$ 及其组分的非线性源解析。结果表明,在1月和8月,一次 $PM_{2.5}$ 总体上都是对 $PM_{2.5}$ 浓度贡献最大的单一污染物。在1月份,各种气态前体物对 $PM_{2.5}$ 浓度的贡献之和一般小于一次 $PM_{2.5}$ 的贡献;而在8月份,所有气态前体物对 $PM_{2.5}$ 浓度的贡献之和一般要超过一次 $PM_{2.5}$ 的贡献。在各种前体物中,1月份 $PM_{2.5}$ 浓度对 NH_3 的排放最为敏感;而在8月份,SO_2、NO_x 和 NH_3 对 $PM_{2.5}$ 浓度均有比较明显的贡献,它们的贡献大小总体上比较接近。随着减排率的增加,$PM_{2.5}$ 浓度对一次 $PM_{2.5}$ 排放的敏感性保持不变,而对各种前体物排放的敏感性均有所增加,特别是 $PM_{2.5}$ 浓度对 NH_3 和 NO_x 的敏感性随减排率增大有明显增加。一次 $PM_{2.5}$ 排放对 $PM_{2.5}$ 浓度的贡献以本地源为绝对主导;相比之下,本区域和其他区域前体物排放对 $PM_{2.5}$ 浓度均有重要贡献。

(2) 1月份,NO_3^- 浓度对 NH_3 排放最为敏感,其中本地 NH_3 排放的敏感性明显大于外地氨排放的敏感性;在8月份,NO_3^- 浓度对 NO_x 和 NH_3 的排放均很敏感,两者的贡献基本相当。在1月和8月,SO_2 排放都是 SO_4^{2-} 浓度的最主要贡献源,对 SO_4^{2-} 浓度的贡献可达所有排放源的 $60\%\sim75\%$,其中本地 SO_2 排放的贡献明显大于外地。

（3）长三角地区 2010 年因 $PM_{2.5}$ 导致的总早逝人数为 13162 人,其带来的经济损失约为 220 亿元人民币。一次 $PM_{2.5}$ 排放是对早逝人数的贡献最大。在气态前体物中,1 月份,NH_3 对于 $PM_{2.5}$ 导致的早逝贡献最大,而 SO_2 和 NMVOC 相对不敏感。而 8 月份,NH_3、NO_x、SO_2 贡献大致相当。工业与民用部门对 $PM_{2.5}$ 导致早逝的贡献最为显著,应在污染控制中予以特别关注。

参 考 文 献

徐晓程,陈仁杰,阚海东,等. 2013. 我国大气污染相关统计生命价值的 mcta 分析,中国卫生资源(1),64-67.

Burnett R T, Pope C A, Ezzati M, et al. 2014. An integrated risk function for estimating the global burden of disease attributable to ambient fine particulate matter exposure. Environmental Health Perspectives, 122: 397-403. Doi 10. 1289/Ehp. 1307049.

Cao J J, Xu H M, Xu Q, et al. 2012. Fine particulate matter constituents and cardiopulmonary mortality in a heavily polluted Chinese city. Environmental Health Perspectives, 120(3): 373-378. doi: 10. 1289/ehp. 1103671.

Carlton A G, Bhave P V, Napelenok S L, et al. 2010. Model representation of secondary organic aerosol in CMAQv4. 7. Environmental Science & Technology, 44: 8553-8560. DOI 10. 1021/Es100636q.

Cheng Z, Jiang J K, Fajardo O, et al. 2013. Characteristics and health impacts of particulate matter pollution in China (2001—2011), Atmospheric Environment, 65: 1-9.

Chen R J, Huang W, Wong C M, et al. 2012. Short-term exposure to sulfur dioxide and daily mortality in 17 Chinese cities: The China air pollution and health effects study (CAPES). Environmental Research, 118: 101-106. doi: 10. 1016/j. envres. 2012. 07. 003.

Chen Z, Wang J N, Ma G X, et al. 2013. China tackles the health effects of air pollution. The Lancet, 382 (9909): 1959-1960.

Cohen A. et al. 2004. Mortality impacts of urban air pollution. In: Ezzati M, et al, eds. Comparative quantification of health risks: Global and regional burden of disease attributable to selected major risk factors. Geneva, World Health Organization: 1353-1434.

Dekker T, Brouwer R, Hofkes M, et al. 2011. The effect of risk context on the value of a statistical life: A bayesian meta-model. Environmental and Resource Economics, 49(4): 597-624. doi: 10. 1007/s10640-011-9456-z.

Dong X Y, Li J, Fu J S, et al. 2014. Inorganic aerosols responses to emission changes in Yangtze River Delta, China, Science of the Total Environment, 481: 522-532. DOI 10. 1016/j. scitotenv. 2014. 02. 076.

Jaemeen B, Yongtao H, Odman M T, et al. 2011. Modeling secondary organic aerosol in CMAQ using multigenerational oxidation of semi-volatile organic compounds. Journal of Geophysical Research—Atmosphere, 116(D22): 204-212. doi: 10. 1029/2011jdo15911.

Kan H, London S J, Chen G, et al. 2008. Season, sex, age, and education as modifiers of the effects of outdoor air pollution on daily mortality in Shanghai, China: The Public Health and Air Pollution in Asia (PAPA) study. Environmental Health Perspectives, 116(9): 1183-1188. doi: 10. 1289/ehp. 10851.

Katsouyanni K, et al. 2001. Confounding and effect modification in the short-term effects of ambient particles on total mortality: Results from 29 European cities within the APHEA2 Project. Epidemiology, 12(5): 521-531.

Kochi I, Hubbell B, Kramer R, et al. 2006. An empirical bayes approach to combining and comparing estimates of the value of a statistical life for environmental policy analysis. Environmental and Resource Economics, 34(3): 385-406. doi: 10. 1007/s10640-006-9000-8.

Lim S S, Vos T, Flaxman A D, et al. 2012. A comparative risk assessment of burden of disease and injury attributable to 67 risk factors and risk factor clusters in 21 regions, 1990-2010: A systematic analysis for the Global Burden of Disease Study 2010, The Lancet, 380: 2224-2260. http: //dx. doi. org/10. 1016/S0140-6736(12)61766-8.

Samet J M, Zeger S L, Dominici F, et al. 2000. The national morbidity, mortality, and air pollution study, Part Ⅱ: Morbidity and mortality from air pollution in the United States. Research report (Health Effects Institute), 94(pt 2): 5-79.

Shang Y, Sun Z W, Cao J J, et al. 2013. Systematic review of Chinese studies of short-term exposure to air pollution and daily mortality. Environmental International, 54(0): 100-111. doi: http: //dx. doi. org/10. 1016/j. envint. 2013. 01. 010.

Voorhees A S, Wang J D, Wang C C, et al. 2014. A proof-of-concept methodology with application to BenMAP. Science of the Total Environment, 485-486(0): 396-405. doi: http: //dx. doi. org/10. 1016/j. scitotenv. 2014. 03. 113.

Wang S X, Zhao M, Xing J, et al. 2010. Quantifying the air pollutants emission reduction during the 2008 olympic games in beijing. Environmental Science & Technology, 44 (7): 2490-2496. doi: 10. 1021/es9028167.

WHO. 2009. Country profile of environmental burden of disease: China. http: //www. who. int/entity/quantifying_ehimpacts/national/countryprofile/china. pdf. 2013-09-01.

World Bank (WB), State Environmental Protection Administration (SEPA). 2007. Cost of pollution in China: Economic estimates of physical damages. www. worldbank. org/eapenvironment.

Xie X X. 2011. The value of health: Applications of choice experiment approach and urban air pollution control strategy. Peking University, Beijing, China.

Xing J, Wang S X, Jang C, et al. 2011. Nonlinear response of ozone to precursor emission changes in China: A modeling study using response surface methodology. Atmospheric Chemistry and Physics, 11: 5027-5044. DOI 10. 5194/acp-11-5027-2011.

Yu F, Ma G X, Qi J, et al. 2012. Report of China's environmental-economic accounting in 2007-2008. Beijing: China Environmental Science Press.

Zhao B, Wang S X, Wang J D, et al. 2013. Impact of national NO_x and SO_2 control policies on particulate matter pollution in China, Atmospheric Environment, 77(0): 453-463. doi: http: //dx. doi. org/10. 1016/j. atmosenv. 2013. 05. 012.

第 9 章　长三角区域霾污染控制对策与措施

本章将在前面章节的基础上,提出长三角地区霾污染控制的对策和措施。霾污染本质上是 $PM_{2.5}$ 污染,因此,本章首先设定了 $PM_{2.5}$ 浓度控制目标。接下来,采用情景分析法,预测了全国和长三角地区未来主要污染物排放量的增长潜力和减排潜力,框定了未来主要污染物排放的合理变化范围。接下来,采用 ERSM 技术,在上述变化范围内确定了数种使 $PM_{2.5}$ 浓度达标的污染减排方案。最后,采用能源和污染控制技术模型,确定了成本最低的污染物减排技术路径。

9.1　长三角地区空气质量目标和污染物减排方案

9.1.1　长三角地区空气质量目标

依据《环境空气质量标准》(GB 3095—2012)、国务院"大气污染防治行动计划"、世界卫生组织(WHO)"空气质量准则(2005 年更新版)"、中国工程院和环境保护部"中国环境宏观战略研究"(中国工程院和环境保护部,2011),并参考发达国家和地区的空气质量改善历程,提出适合我国的环境空气质量改善目标。

《环境空气质量标准》(GB 3095—2012)规定的 $PM_{2.5}$ 年均浓度限值为 35 μg/m³。考虑到长三角地区的污染现状以及达标的难度,本研究提出 2030 年全面达到上述浓度目标。目前我国按照《环境空气质量标准》(GB 3095—2012)开展 $PM_{2.5}$ 监测的 74 个重点城市,主要是地级及以上城市,因此,本研究以地级及以上城市城区的 $PM_{2.5}$ 浓度作为评判达标与否的依据。在下文中,我们将以 2030 年长三角地区地级及以上城市城区 $PM_{2.5}$ 浓度达标作为核心环境目标,研究污染减排的对策和技术路径。

9.1.2　主要污染物排放趋势预测

我国 2030 年的空气质量改善目标,需要一次 PM 以及 SO_2、NO_x、NMVOC、NH_3 等气态前体物的同时大幅削减才能实现(Wang et al,2012)。要确定实现 $PM_{2.5}$ 达标的污染物减排量,首先应确定未来各部门、各污染物排放的合理变化范围。本研究针对的是长三角地区,但是,从 8.1 节的分析可以看出,长三角模拟域外的污染物排放对长三角地区 $PM_{2.5}$ 浓度的贡献在 1 月份高达 25%～34%,因此模拟域外的控制政策也是分析长三角地区 $PM_{2.5}$ 控制政策时不得不考虑的因素。

本节在 2010 年全国分省、分部门多污染物排放清单基础上,采用能源和污染排放技术模型(Zhao et al,2013a;Wang et al,2014),预测了我国中长期(到 2030 年)SO_2、NO_x、一次 $PM_{2.5}$、BC、OC、NMVOC、NH_3 等污染物排放量变化趋势。预测方法、情景设置和预测结果均已在作者发表的论文(Zhao et al,2013a;Wang et al,2014)中进行了详细介绍,以下仅简要介绍情景预测的基本假设和核心结果,更多细节请参见作者已发表的论文。

排放预测的基本方法介绍如下:对于基准年 2010 年,本研究组已采用排放因子法分别建立了全国多污染物排放清单和长三角高精度排放清单。其中全国多污染物排放清单在 Zhao 等(2013b)中进行了详细介绍,并在 7.2.1 节中作为模拟域 1 和模拟域 2 的排放清单输入;长三角地区高精度排放清单在第 3 章中进行了详细介绍。以上清单中的能源消费量的信息主要来自于统计数据。为了给未来预测提供一个可靠的基准,我们同时采用自下而上的方式,由服务量需求(如发电量、工业产品产量、交通周转量、采暖能量需求等)、能源技术分布和能源效率计算了基准年的能源消费量,并利用能源统计资料对自下而上的计算结果进行了校准。在校准基准年数据后,即开始未来预测的工作。我们首先预测了未来人口、GDP、城市化率等驱动力的变化趋势,进而据此预测了未来能源服务量的需求。接下来,我们考虑未来可能的节能政策,假设了能源技术参数和能源技术构成的变化,从而预测了未来的能源消费量。进一步,我们考虑了未来污染控制技术去除率和装配率的变化,最终预测了主要污染物排放量。

研究设置了三个污染控制情景,分别是趋势照常情景(Business as Usual,BAU),循序渐进情景(Progressive,PR)和最大减排潜力情景(Maximum Feasible Reduction,MFR)。BAU 情景假定未来继续采用 2010 年底之前出台的政策,并保持 2010 年底前的执行力度,例如根据国家规划,到 2020 年单位 GDP 的 CO_2 排放量应相对于 2005 年降低 40%~45%。PR 情景在能源政策方面与 BAU 情景相同,但在末端控制政策方面,假定未来不断出台新的控制政策,控制政策循序渐进地不断加严。MFR 情景假设目前技术上可行的减排措施均得到了最大限度的应用,是在目前技术水平下,通过各种污染控制措施可以实现的最大限度的减排策略。其中在能源政策方面,假设国家将出台新的、可持续的能源政策,这些政策将推动生产生活方式的转变、能源结构的调整,以及能源利用效率的提高;在末端控制政策方面,假设目前效率最高的末端控制技术得到充分利用。各情景的名称和定义如表 9-1 所示。

接下来从驱动力、能源政策和末端控制政策三个方面,介绍上述情景的基本假设。

表 9-1　污染控制情景定义

污染控制情景	能源政策	末端控制政策
趋势照常情景(BAU)	现有的政策和现有的执行力度(到 2010 年末)	现有的政策和现有的执行力度(到 2010 年末)
循序渐进情景(PR)	现有的政策和现有的执行力度(到 2010 年末)	未来不断出台新的控制政策,控制政策循序渐进地不断加严
最大减排潜力情景(MFR)	假设国家将出台新的、可持续的能源政策,推动生产生活方式的转变、能源结构的调整,以及能源利用效率的提高	技术上可行的减排技术得到了最大限度的应用

1) 驱动力

研究在所有情景中对人口、GDP 和城市化率的假设均相同,如表 9-2 所示。其中,假设年均 GDP 增长率在 2011~2015 年间为 8.0%,随后每 5 年递降 0.5%,到 2026~2030 年间为 5.5%。

表 9-2　驱动力和能源情景核心假设

项目	2010 年	BAU 和 PR		MFR	
		2020 年	2030 年	2020 年	2030 年
GDP(2005 年不变价)(亿元)	311654	657407	1177184	657407	1177184
人口(亿人)	13.40	14.40	14.74	14.40	14.74
城市化率(%)	49.9	58.0	63.0	58.0	63.0
发电量(TWh)	4205	6690	8506	5598	7457
燃煤发电比例(%)	75	74	73	64	57
燃煤电厂供电综合效率(%)	35.7	38.0	40.0	38.8	41.7
粗钢产量(Mt)	627	710	680	610	570
水泥产量(Mt)	1880	2001	2050	1751	1751
城镇居民人均住宅面积(m²)	23.0	29.0	33.0	27.0	29.0
农村居民人均住宅面积(m²)	34.1	39.0	42.0	37.0	39.0
千人机动车保有量	58.2	191.2	380.2	178.5	325.2
轿车新车燃油经济性(km/L)	13.5	13.5	13.5	16.0	18.0
重型车新车燃油经济性(km/L)	3.32	3.52	4.15	4.15	5.20

2) 能源情景假设

能源情景的核心假设如表 9-2 所示。

在电力部门,研究预测总发电量在 MFR 情景中比 BAU/PR 情景中低 12%左右。MFR 情景假设新能源和可再生能源发电技术得到迅猛发展,因此,到 2030

年,燃煤发电量的比例在 MFR 情景中仅为 57%,而在 BAU/PR 情景中为 73%。在燃煤发电中,新建机组几乎均为 300 MW 以上的大机组,能源效率较高的超临界、超超临界和 IGCC 机组所占比例将显著增大,这一趋势在 MFR 情景中格外突出。

在工业部门,研究采用"弹性系数法"预测未来工业产品产量,用于基础设施建设的能源密集型产品产量在 2020 年前将保持增长,而在 2020 年后则稳定或下降;而与人民日常生活相关的产品产量在 2030 年前都将保持增长,但增长速率逐渐放慢。由于推行节约型生活方式,MFR 情景中工业产品产量将低于 BAU/PR 情景。此外,在 MFR 情景中,能源效率较高的先进生产技术所占比例将明显大于 BAU/PR 情景;对于特定的生产技术,MFR 情景中能源效率的改进幅度也将大于 BAU/PR 情景。

对于民用商用部门,研究假设 MFR 情景下居民人均居住面积在城镇和农村地区都比 BAU/PR 情景低 $3\sim4$ m^2。MFR 情景假设实施新的建筑节能标准,因此单位建筑面积的采暖用能需求低于 BAU/PR 情景。在城镇和农村地区,我们都假设散煤燃烧和生物质直接燃烧逐渐被清洁能源替代,在 MFR 情景中替代速度明显快于 BAU/PR 情景。

对于交通部门,研究预测 2030 年千人机动车保有量在 BAU/PR 情景和 MFR 情景分别为 380 辆和 325 辆。MFR 情景假设实施发达国家先进的燃油经济性标准,2030 年轿车和重型车的新车燃油经济性将分别比 2010 年提高 33% 和 57%。MFR 情景还假设电动车得到大力推广。

对于溶剂使用部门,未来溶剂使用量基于使用溶剂的部门的发展情况进行预测。例如,涂料可用于建筑、木器、汽车等多个部门,其中用于汽车的使用量则假设与汽车产量保持相同的增长率。

3) 污染控制策略假设

对于电力部门,BAU 基于现有政策和标准。PR 情景假设《国家环境保护"十二五"规划》和 2011 年新颁布的《火电厂大气污染物排放标准》得到实施。烟气脱硫(FGD)系统的安装比例到 2015 年即达到 100%;从 2011 年起,新建电厂须安装低氮燃烧技术和烟气脱硝装置,现有 300 MW 以上机组须在 2015 年前完成烟气脱硝改造,现有 300 MW 以下机组也将在 2015 年后逐渐推广烟气脱硝装置;高效除尘技术(布袋除尘、电袋复合除尘等)逐渐推广,到 2020 年和 2030 年装配率分别达到 35% 和 50%。MFR 假定最先进的减排技术得到充分利用。

对于工业部门,BAU 情景假设采取现有政策和现有执行力度。在 PR 情景中,工业锅炉的控制措施主要依据《国家环境保护"十二五"规划》及其延续,对于 SO_2,FGD 得到大规模推广,到 2015 年、2020 年和 2030 年应用比例分别达到 20%、40% 和 80%;对于 NO_x,在 $2011\sim2015$ 年间,新建工业锅炉安装低氮燃烧技术,重点地区的现有锅炉开始进行低氮燃烧改造;到 2020 年,大多数现有锅炉都将安装低氮燃烧技术;对于 PM,电除尘和布袋等高效除尘将逐渐取代低效的湿法除尘。对于工业过程源,假设 2010～2013 年间颁布的最新排放标准逐步实施,考虑到实际执行过程中的难度,控制措施的落实时间相对于标准的规定会有所滞后;这些新颁布的标准包括《炼铁工业大气污染物排放标准》等 6 项钢铁工业排放标准、《炼焦化学工业污染物排放标准》、《水泥工业大气污染物排放标准》、《砖瓦工业大气污染物排放标准》、《陶瓷工业污染物排放标准》、《平板玻璃工业大气污染物排放标准》、《铅、锌工业污染物排放标准》、《铝工业污染物排放标准》、《硝酸工业污染物排放标准》、《硫酸工业污染物排放标准》等。MFR 假定最先进的减排技术得到充分利用。

对民用商用部门和生物质开放燃烧,在 BAU 情景中没有采用 SO_2 和 NO_x 末端控制措施,民用锅炉的除尘措施以旋风除尘和湿法除尘为主。在 PR 情景中,布袋除尘和低硫型煤得到逐步采用,两者的应用比例在 2020 年和 2030 年均分别达到 20％和 40％。此外,我们考虑了先进煤炉,先进生物质炉灶(如燃烧方式调整、催化炉灶)等措施的运用。在 MFR 情景下,最先进的控制措施得到充分应用,除以上提到的控制措施外,还包括推广生物质成型燃料炉灶以及强力禁止开放燃烧。

对于交通部门,在 BAU 情景下,仅仅实施现有的标准。在 PR 和 MFR 情景下,欧洲现有的标准将逐渐在中国实施,两个标准之间间隔的时间与欧洲的情况相同或者略短。在 MFR 情景中,高排放车辆还将加快淘汰,因此到 2030 年,达到欧洲现有最严格排放标准的车辆比例几乎达到 100％。

对于溶剂使用部门,BAU 情景仅仅考虑了现有的政策和执行力度。PR 情景假定在"十二五"期间,新的 NMVOC 排放标准(覆盖范围和严格程度与欧盟指令 1999/13/EC 和 2004/42/EC 相似或略弱,因不同行业而异)将会在重点省份颁布并执行;"十三五"期间,在其他省份也会颁布执行。之后,NMVOC 的排放标准会进一步逐渐加严。MFR 情景假定最佳可用技术得到充分的应用。

根据以上关于驱动力、能源政策和末端控制政策的假设,计算了各情景下未来的能源消费量和主要污染物排放量。在 BAU/PR 和 MFR 情景下,中国能源消费总量将从 2010 年的 4159 Mtce[①] 分别增加到 2030 年的 6817 Mtce 和 5295 Mtce,增长率分别为 64％和 27％。煤所占的比重将从 2010 年的 68％下降到 2030 年的 60％(BAU/PR 情景)和 52％(MFR 情景);天然气、核能和可再生能源(不包括生物质)所占比例将从 2010 年的 11％增加到 2030 年的 14％(BAU/PR 情景)和 25％(MFR 情景)。

表 9-3 给出了全国和长三角三省(上海市、江苏省、浙江省)各情景下主要污染

---

① Mtce,million ton coal equivalent(百万吨煤当量),即每百万吨标准煤产生的热量

物的排放量。从表中可以看出,在现有的政策和现有执行力度下(BAU情景),预计到 2030 年,我国 SO_2、NO_x、NMVOC 的排放量将分别相对于 2010 年增长 26%、36% 和 27%,$PM_{2.5}$、BC 和 OC 的排放量则分别下降 8%、10% 和 25% 左右。而如果充分采用技术上可行的控制技术(MFR情景),包括节能技术和末端控制技术,到 2030 年,我国 SO_2、NO_x、NMVOC、$PM_{2.5}$、BC 和 OC 的排放量将分别相对于 2010 年下降 66%、72%、55%、79%、85% 和 90%。以上两个情景,代表了未来污染物排放量的最大增长潜力和最大减排潜力。此外,考虑到"十二五"期间,我国已经在落实"'十二五'规划"中的控制措施,且在 2013 年颁布了《大气污染防治行动计划》(简称"国十条"),因此上述 BAU 情景实际上发生的可能性很小,而 PR 情景在短期考虑了上述控制政策,在长期则假定控制政策继续缓慢加严,是一个很有希望实现的控制情景。在这个情景下,到 2030 年,我国 SO_2、NO_x、NMVOC、$PM_{2.5}$、BC 和 OC 的排放量将分别相对于 2010 年下降 25%、39%、11%、38%、43% 和 43%。

表 9-3　2010 年和各情景下 2030 年全国和长三角二省一市主要污染物排放量(万吨)

情景	SO_2	NO_x	$PM_{2.5}$	BC	OC	NMVOC	NH_3
全国							
2010 年	2442.3	2605.5	1178.6	192.6	321.3	2286.0	962.1
BAU	3068.4	3535.1	1087.2	174.0	241.9	2897.4	962.1
PR	1822.6	1581.6	729.0	109.0	183.2	2045.7	962.1
MFR	833.5	718.3	250.2	28.6	32.6	1036.7	529.2
长三角二省一市							
2010 年	214.7	277.7	64.4	10.7	14.1	382.2	73.0
BAU	239.1	359.5	60.2	9.3	10.7	526.8	73.0
PR	139.6	146.1	39.3	5.0	7.8	339.5	73.0
MFR	64.6	69.5	15.0	1.3	1.4	172.7	40.2

长三角地区污染物排放量的变化趋势与全国类似,这里不再赘述。最后,需要说明的是,由于 NH_3 控制措施实施和排放源监管难度大,本研究没有对未来 NH_3 排放进行情景预测。根据国际系统分析研究所(IIASA)针对欧盟 25 国的研究成果(Amann et al,2010),采用国际上最先进的技术,NH_3 最大可能的减排幅度约为基准年排放量的 45%,因此,我们假设 MFR 情景下的排放量为 2010 年排放量的 55%,而其他情景中,则假设其保持 2010 年排放量不变。

9.1.3　污染物减排方案

本节在上节的基础上,利用第 7 章建立的长三角地区 ERSM 预测系统,确定使 PM$_{2.5}$ 浓度达标的污染物减排方案。具体方法是,在 BAU 情景(代表污染物排放的最大增长潜力)和 MFR 情景(代表污染物排放的最大减排潜力)之间,变动各污染物的排放量,利用 ERSM 技术,快速预测相应的 PM$_{2.5}$ 浓度。如果长三角地区 PM$_{2.5}$ 浓度接近但不超过目标限值,说明该控制策略是较合理的;如果超过限值,应加严控制;如果明显低于限值,应减弱控制。为确保减排方案科学合理,我们还对减排方案设定了一个额外的限制,即各区域、各污染物的控制措施,不得弱于 PR 情景下的控制措施。PR 情景中假设的"'十二五'规划"的控制措施在过去几年中正在有条不紊地实施,部分政策的执行力度甚至大于"'十二五'规划"的要求,此外,出于改善空气质量的民生需求,未来污染控制政策缓慢加严也是顺理成章,因此,本研究制定的减排方案应与 PR 情景相当或比它更严格。

如 9.1.1 节所述,本研究的空气质量目标是 PM$_{2.5}$ 年均浓度不超过 35 μg/m^3。作为一项示范研究,本研究仅建立了 1 月、8 月两个月的 ERSM 预测系统,因此,本研究近似地采用 1 月和 8 月平均 PM$_{2.5}$ 及组分浓度代替年均浓度。根据上段的思路,本研究提出了 5 种代表性的使 PM$_{2.5}$ 浓度达标的污染物减排方案。下文将对 5 种方案的思路和内容进行详细介绍。各方案下各排放源的排放系数(目标排放量与基准年排放量的比值),以及各方案下上海、江苏、浙江地级市城区平均 PM$_{2.5}$ 浓度如表 9-4 所示。

表 9-4　PM$_{2.5}$ 浓度达标的污染减排方案及其环境效果

	最大减排潜力	达标减排方案				
		1	2	3	4	5
模拟域外排放是否控制		否	是	是	是	是
排放系数						
上海_NO$_x$_电厂源	0.35	0.35	0.55	0.35	0.35	0.35
上海_NO$_x$_工业民用源	0.24	0.24	0.82	0.25	0.24	0.25
上海_NO$_x$_交通源	0.18	0.18	0.28	0.18	0.18	0.18
上海_SO$_2$_电厂源	0.47	0.47	0.47	0.77	0.47	0.77
上海_SO$_2$_其他源	0.17	0.17	0.18	0.44	0.17	0.44
上海_NH$_3$_所有源	0.55	0.55	1.00	1.00	0.55	1.00
江苏_NO$_x$_电厂源	0.24	0.24	0.38	0.24	0.24	0.24
江苏_NO$_x$_工业民用源	0.26	0.26	0.83	0.31	0.26	0.31
江苏_NO$_x$_交通源	0.24	0.24	0.35	0.24	0.24	0.24
江苏_SO$_2$_电厂源	0.42	0.42	0.42	0.71	0.42	0.42
江苏_SO$_2$_其他源	0.25	0.25	0.26	0.75	0.25	0.26
江苏_NH$_3$_所有源	0.55	0.55	1.00	1.00	0.55	1.00

续表

	最大减排潜力	达标减排方案				
		1	2	3	4	5
浙江_NO$_x$_电厂源	0.27	0.27	0.41	0.27	0.27	0.27
浙江_NO$_x$_工业民用源	0.28	0.28	0.86	0.30	0.28	0.30
浙江_NO$_x$_交通源	0.19	0.19	0.29	0.19	0.19	0.19
浙江_SO$_2$_电厂源	0.34	0.34	0.34	0.55	0.34	0.55
浙江_SO$_2$_其他源	0.25	0.25	0.27	0.75	0.25	0.75
浙江_NH$_3$_所有源	0.55	0.55	1.00	1.00	0.55	1.00
其他_NO$_x$_电厂源	0.28	0.28	0.42	0.28	0.28	0.28
其他_NO$_x$_工业民用源	0.28	0.28	0.83	0.33	0.28	0.33
其他_NO$_x$_交通源	0.25	0.25	0.35	0.25	0.25	0.25
其他_SO$_2$_电厂源	0.41	0.41	0.41	0.66	0.41	0.66
其他_SO$_2$_其他源	0.26	0.26	0.27	0.73	0.26	0.73
其他_NH$_3$_所有源	0.55	0.55	1.00	1.00	0.55	1.00
上海_PM$_{2.5}$_电厂源	0.27	0.27	0.27	0.27	1.03	0.90
上海_PM$_{2.5}$_工业民用源	0.37	0.37	0.40	0.40	0.73	0.65
上海_PM$_{2.5}$_交通源	0.16	0.16	0.16	0.16	0.22	0.22
江苏_PM$_{2.5}$_电厂源	0.22	0.22	0.22	0.22	0.45	0.22
江苏_PM$_{2.5}$_工业民用源	0.21	0.21	0.24	0.24	0.40	0.27
江苏_PM$_{2.5}$_交通源	0.14	0.14	0.14	0.14	0.16	0.14
浙江_PM$_{2.5}$_电厂源	0.16	0.16	0.16	0.16	0.66	0.55
浙江_PM$_{2.5}$_工业民用源	0.28	0.28	0.31	0.31	0.62	0.55
浙江_PM$_{2.5}$_交通源	0.14	0.14	0.14	0.14	0.19	0.19
其他_PM$_{2.5}$_电厂源	0.23	0.23	0.23	0.23	0.79	0.79
其他_PM$_{2.5}$_工业民用源	0.19	0.19	0.23	0.23	0.61	0.61
其他_PM$_{2.5}$_交通源	0.13	0.13	0.13	0.13	0.17	0.17
长三角地级及以上城市城区1月、8月平均PM$_{2.5}$浓度($\mu g/m^3$)						
上海		28.9	29.7	29.1	33.3	34.3
江苏		34.7	35.0	35.0	34.8	34.2
浙江		28.9	30.8	29.9	32.5	34.6

　　在第 1 种方案下,假设模拟域外的排放量保持不变,仅通过模拟域内地区的减排,使上海、江苏、浙江的地级及以上城市城区 PM$_{2.5}$ 浓度达到年均 35 $\mu g/m^3$ 的标准。在这一前提下,只有 4 个区域各部门均采取最严格的控制措施,也即各部门各

污染物的减排量都达到最大减排潜力,才能使上海、江苏、浙江地级及以上城市城区的 PM$_{2.5}$ 浓度均达到 35 μg/m³ 的标准。从表 9-4 可以看出,在各部门均达到最大减排潜力的情况下,上海、江苏、浙江地级及以上城市城区的平均 PM$_{2.5}$ 浓度分别下降到 28.9 μg/m³、34.7 μg/m³ 和 28.9 μg/m³。然而,随着减排量接近最大减排潜力,减排的难度会明显加大,单位减排量成本也会显著提高,这显然是不够经济的。

第 2~5 种方案,均假设在国家相关政策的推动下,长三角以外的区域同时开展减排工作,通过长三角地区和外区域的协同减排,实现空气质量达标的目标。我们假设模拟域外地区全面实施 PR 情景下的控制措施,即 "'十二五'规划" 中的控制措施得到执行,在 2015 年后,末端控制政策继续缓慢加严,先进的控制技术循序渐进地推广。从近期的控制政策实施力度来看,这一情景的实施是顺理成章且难度不大的。在这一假设下,模拟域外污染物排放对长三角各省市的影响明显降低,这就给长三角地区留出了更多的政策选择空间,即可以综合考虑各类措施的成本和效果,选择最优的政策措施。如前所述,在试算长三角地区的减排方案时,我们假定模拟域内各区域、各污染物的控制措施,也不得弱于 PR 情景下的控制措施。

单纯实施 PR 情景中设定的控制措施,不足以使 PM$_{2.5}$ 浓度达标,因此如何在此基础上,进一步加严控制措施,就有多种选择。在方案 2 和方案 3 中,我们考虑到 PM$_{2.5}$ 浓度对一次 PM$_{2.5}$ 排放的响应最为敏感,因此对一次 PM$_{2.5}$ 采取尽可能严格的措施。然而,当减排量与最大减排潜力过于接近时,减排成本会迅速上升,且部分控制措施难以充分实行,比如禁止生物质开放燃烧等。因此,方案 2 和方案 3 中,我们虽假设对一次 PM$_{2.5}$ 尽可能进行大力度的控制,但部分推行难度大,难以充分实行的措施(如禁止生物质开放燃烧、全面推广生物质型煤等)不施行或仅部分施行,我们在本研究中,将这种减排方式称为 "准最大减排"。然而,仅对一次 PM$_{2.5}$ 实施 "准最大减排" 措施仍不能使 PM$_{2.5}$ 浓度达标,还需加严气态前体物控制措施。在方案 2 中,假定 4 个区域的一次 PM$_{2.5}$ 和 SO$_2$ 均实施 "准最大减排" 措施;在方案 3 中,假定 4 个区域的一次 PM$_{2.5}$ 和 NO$_x$ 均实施 "准最大减排" 措施,这两套方案都基本上恰好使 PM$_{2.5}$ 浓度达标。

与方案 2 和方案 3 的侧重点不同,在方案 4 中,我们重点控制气态前体物(SO$_2$、NO$_x$、NH$_3$)的排放量。然而,如果一次 PM$_{2.5}$ 不加严控制,即便 SO$_2$、NO$_x$、NH$_3$ 均达到最大减排潜力,江苏的 PM$_{2.5}$ 浓度仍不能达标。因此方案 4 在 SO$_2$、NO$_x$、NH$_3$ 均达到最大减排潜力的前提下,对江苏地区的一次 PM$_{2.5}$ 略加严控制,使 PM$_{2.5}$ 浓度达标。

在方案 5 中,我们考虑对达标难度较大的区域实施较严格的控制措施,而对达标难度较小的区域实施较宽松的控制措施。由于 PM$_{2.5}$ 浓度最高、达标难度最大的是江苏地区,因此我们对江苏地区的一次 PM$_{2.5}$ 和 SO$_2$ 实施 "准最大减排" 措施,其他地区一次 PM$_{2.5}$ 和 SO$_2$ 的控制措施则比较弱。对于 NO$_x$，如果减排力度不大，对 PM$_{2.5}$ 削减效果很弱甚至有负效应，且考虑到 NO$_x$ 环境影响的多样性（对 PM$_{2.5}$、臭氧、土壤酸化、土壤富营养化均有贡献），因此，在 4 个区域均对 NO$_x$ 实施"准最大减排"的措施。由于 NH$_3$ 的控制技术实施难度大，假定 NH$_3$ 保持基准年排放量不变。实施这些措施后，PM$_{2.5}$ 浓度也基本上恰好达标。在该方案下，上海、江苏、浙江地级及以上城市城区 1 月和 8 月的平均 PM$_{2.5}$ 浓度分别下降到 34.3 μg/m^3、34.2 μg/m^3 和 34.6 μg/m^3。

9.2　长三角地区大气污染物减排技术途径

上节确定了 PM$_{2.5}$ 浓度达标所需的各区域、各部门、各污染物减排量，本节进一步利用能源和污染控制技术模型 AIM/Enduse，探索了实现上述减排的最优化技术途径。

9.2.1　AIM/Enduse 模型原理概述

AIM/Enduse 模型由日本国立环境研究所（NIES）开发。该模型通过线性优化的方式，以成本最低为目标进行情景分析，对能源技术和污染控制技术进行选择，最终形成技术组合方案。其基本结构如图 9-1（Hibino et al, 2002）所示。模型根据服务量需求（包括用电需求、交通运输周转量、工业产品产量等）和设定的污染物排放限值对能源技术和污染控制技术进行选择，使能源技术和污染控制技术的组合方案同时满足服务量需求、排放量限值和成本最小化三重要求。模型方法的数学函数为多约束单目标线性优化方程组，约束包括排放量约束、服务需求量约束、技术普及率约束、运行装机容量约束和能源供给约束等，目标函数为总成本最小化。模型输出为技术组合方案、行业能耗情况及污染物排放情况。

1. 约束条件

1）排放量约束

模型中污染物排放量计算如式（9-1）所示。

$$Q_i^m = \sum_{(l,p)} (X_{l,p,i} \cdot e_{l,p,i}^m) \tag{9-1}$$

式中，Q_i^m 为 i 部门中污染物 m 的排放量；$X_{l,p,i}$ 为 i 部门中污控技术 p 与能源技术 l 组合的运行容量；$e_{l,p,i}^m$ 为 i 部门中单位容量的污控技术 p 与能源技术 l 组合的污染物 m 排放量，其计算公式如式（9-2）所示。

$$e_{l,p,i}^m = \sum_k f_{k,l}^m (1 - \xi_{l,i}) \cdot E_{k,l,p,i} \cdot d_{l,p,i}^m \tag{9-2}$$

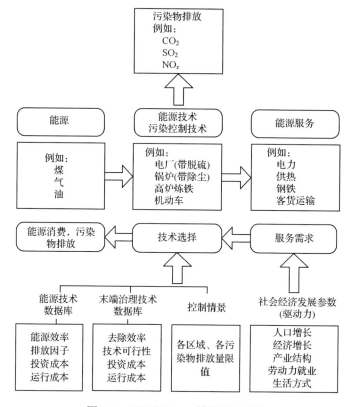

图 9-1　AIM/Enduse 模型基本结构

式中，$f_{k,l}^m$ 为能源技术 l 燃烧单位能源 k 产生的污染物 m 排放量；$\xi_{l,i}$ 为 i 部门中能源技术 l 对能源 k 的能耗节省率；$E_{k,l,p,i}$ 为 i 部门中单位容量的污控技术 p 与能源技术 l 组合对能源 k 的消耗量；$d_{l,p,i}^m$ 为 i 部门中污控技术 p 与能源技术 l 组合产生的污染物 m 的排放率（1-去除率）。

　　排放量约束条件如式（9-3）所示，即 i 部门 m 污染物的排放量不能大于设置的污染物 m 的排放量限值。

$$\sum_i Q_i^m \leqslant \hat{Q}^m \tag{9-3}$$

式中，$\hat{Q}^m$ 为污染物 m 的排放量限值。

　　2）服务需求量约束

　　服务需求量约束如式（9-4）所示，即服务需求量不能大于所有能源技术提供的服务供给量。

$$D_{j,i} \leqslant \sum_{l,p} A_{l,j,i} \cdot X_{l,p,i} \tag{9-4}$$

式中，$D_{j,i}$ 为 i 部门中服务 j 的需求量；$A_{l,j,i}$ 为 i 部门中单位容量的能源技术 l 输出的服务 j。

在本研究中，电力部门服务量需求为电量需求，交通部门服务量需求为客运周转量及货运周转量需求，工业部门服务量需求为各子部门的产品产量需求，民用部门服务量需求则为采暖和炊事热水有用能需求。

3）技术普及率约束

技术普及率约束如式(9-5)所示，即对服务 j，由能源技术 l 提供的服务量占总服务量的比例不能超过设定的最大比例。该最大比例是由研究者设定的，其目的是保证各项技术的比例在合理范围内，避免脱离实际情况。

$$\theta_{l,j,i} \cdot \sum_{(l',p')} A_{l',j,i} \cdot X_{l',p',i} \geqslant A_{l,j,i} \cdot \sum_{p} X_{l,p,i} \tag{9-5}$$

式中，$\theta_{l,j}$ 为服务 j 中由能源技术 l 提供的最大比例。

4）运行装机容量约束

运行装机容量约束如式(9-6)所示，即 i 部门中能源技术 l 与污控技术 p 组合的运行装机容量不能大于其装机容量与运行率的乘积。

$$X_{l,p,i} \leqslant (1 + \Lambda_{l,i}) \cdot S_{l,p,i} \tag{9-6}$$

式中，$1 + \Lambda_{l,i}$ 为 i 部门中能源技术 l 的运行效率；$S_{l,p,i}$ 为 i 部门中能源技术 l 与污控技术 p 组合的装机容量。

5）能源供给约束

能源供给约束如式(9-7)所示，即能源总供给量不能大于该部门允许的最大供给量。

$$\sum_{i} \sum_{(l,p)} \left[(1 - \xi_{k,l,i}) \cdot E_{k,l,p,i} \cdot X_{l,p,i} \right] \leqslant \hat{E}_k \tag{9-7}$$

式中，$\hat{E}_k$ 为能源 k 的最大供给量。

2. 目标函数

AIM/Enduse 模型以总成本最小作为目标函数。其中总成本包含了年均化固定成本、运行成本、能源成本三部分，如式(9-8)所示。

$$\sum_{l,p} \left[C_{l,p} \cdot S_{l,p} + g_{l,p}^0 \cdot X_{l,p} + \sum_{k} (g_k E_{k,l,p}) X_{l,p} \right] \text{最小} \tag{9-8}$$

式中，$C_{l,p}$ 为单位容量的能源技术 l 与污控技术 p 组合的年均化固定成本；$g_{l,p}^0$ 为单位容量的能源技术 l 与污控技术 p 组合的运行成本；g_k 为能源 k 的价格。

年均化固定成本 $C_{l,p}$ 的计算方法如式(9-9)所示。

$$C_{l,p} = B_{l,p} \cdot \frac{\alpha \left(1+\alpha\right)^{T_{l,i}}}{\left(1+\alpha\right)^{T_{l,i}}-1} \tag{9-9}$$

式中,$B_{l,p}$ 为单位容量的污控技术 p 与能源技术 l 组合的初始投资;α 为折现率;$T_{l,i}$ 为 i 部门中能源技术 l 的寿命。

9.2.2　AIM/Enduse 参数数据库的建立

能源技术参数数据库和污染物控制技术参数数据库是开展技术优化的基础。本研究建立了涵盖了电力、交通、工业、民用等部门,涉及 SO_2、NO_x、一次 $PM_{2.5}$ 三种污染物的能源技术和污染物控制技术数据库。NMVOC 的控制技术十分复杂,目前商业化程度低,成本信息获取困难,NH_3 控制技术商业化应用则更少,数据来源更为缺乏,因此数据库中暂时没有包括 NMVOC 和 NH_3 控制技术。表 9-5 列出了本研究参数数据库中涵盖的主要能源技术和污控技术。

表 9-5　参数数据库中各部门的能源技术及污控技术

部门	能源技术	污控技术
电力	燃煤发电、燃气发电、水力发电、风电等	NO_x:LNB、SCR、SNCR 等 SO_2:FGD、CFB-FGD 等 $PM_{2.5}$:CYC、WET、ESP、HED 等
交通	货车、客车、轿车(传统和新能源)等	国家排放标准对应的控制技术
工业	工业锅炉:燃煤、燃气、燃油锅炉 工业过程:钢铁、水泥、石油化工、炼油、制砖等	NO_x:LNB、SCR、SNCR 等 SO_2:FGD、CFB-FGD、LINJ 等 $PM_{2.5}$:CYC、WET、ESP、HED 等
民用	采暖:集中供热、燃煤锅炉、燃气锅炉、分散燃煤、电采暖、热泵采暖等 炊事:燃煤灶、燃气灶、电炊、沼气灶等	NO_x:LNB、SCR、SNCR 等 SO_2:FGD、CFB-FGD 等 $PM_{2.5}$:CYC、WET、ESP、HED 等

能源技术所需的参数包括装机容量、服务量供给及需求、运行效率、固定及运行成本等,污控技术所需的参数包括污染物去除效率、装机容量、固定及运行成本等,此外还需要搜集各部门各项技术使用的燃料数据。下面分部门进行介绍。

1. 电力部门

1) 燃料数据

电力部门的燃料主要包括煤、天然气、柴油、燃料油、生物质等。本研究中主要涉及各燃料在基准年和未来年份的价格以及燃烧产生的各污染物的无控排放因子(EF),如表 9-6 所示。

表 9-6　电力部门燃料价格及各污染物无控排放因子

能源种类	2010 年燃料价格（元/tce）	2030 年燃料价格（元/tce）	EF(SO$_2$)（kg/tce）	EF(NO$_x$)（kg/tce）	EF(PM$_{2.5}$)（kg/tce）
煤（层燃炉）	840	916	17.65	9.95	16.78
煤（煤粉炉<100 MW）	840	916	20.01	9.95	12.78
煤（煤粉炉≥100 MW）	840	916	20.01	10.67	12.78
煤（流化床）	840	916	20.01	3.15	11.98
煤（IGCC[a]）	840	916	0.20	3.02	0.01
柴油	4868	9895	2.75	4.50	0.34
燃料油	3430	3603	7.00	4.59	0.44
天然气	2256	5702	0.30	3.08	0.11
生物质	0	0	0.46	1.90	46.50

a. IGCC：整体煤气化联合循环技术

其中基准年的燃料价格来自中国物价统计年鉴（《中国物价年鉴》编辑部，2011）和煤炭交易网，未来年份的燃料价格参考了 2050 中国能源和碳排放研究课题组（2009）；各污染物的无控排放因子来自 Zhao 等（2013b）、Fu 等（2013）、田贺忠（2003）。以上数据均针对长三角地区。

2）能源技术数据

电力部门的服务量即发电量，用于发电的能源技术既包含了传统的燃煤、燃油、燃气发电，也包含了新型发电类型，包括核电、水电、风电、太阳能发电、生物质能发电等。这些发电技术所发的电量用于满足全社会的用电需求。虽然目前我国仍以燃煤发电为主要发电方式，但在未来的 20 年内，随着化石燃料的逐渐消耗，以及新型发电技术的日益成熟，可以预见新型发电技术将得到长足的发展。从污染物排放的角度来看，传统的燃煤燃油发电向大气中排放了大量的 NO$_x$、SO$_2$ 及一次 PM$_{2.5}$，而新型发电技术相对来说更加清洁。

电力部门的能源技术数据包含了各发电技术的能源消耗、单位技术容量的服务量供给、寿命、固定及运行成本，如表 9-7 所示。

上述参数中，寿命、固定投资及运行成本数据参考了国家电力监管委员会（2012）、Liu 等（2009）、中国经济信息网（2009）、Zhao 等（2008）、Cao 等（2008）等研究；服务量供给及能源消耗来自中国电力年鉴（《中国电力年鉴》编辑委员会，2011）。

传统发电技术随着技术的改进，其单位能耗和投资成本将逐渐下降。而新型发电技术随着技术的进一步成熟，其固定投资和运行成本也将随着时间逐渐变化。因此，本研究结合文献调研（2050 中国能源和碳排放研究课题组，2009；国网能源

表 9-7 电力部门能源技术相关参数

能源技术	寿命（年）	固定投资（万元/MW）	运行成本〔万元/（MW·a）〕	单位技术容量的服务量供给（MWh/MW）	能源种类	能源消耗（tce/MW）
层燃炉	25	340	19	5023	煤（层燃炉）	2009
小型亚临界（<100 MW）	25	345	19	5023	煤（煤粉炉<100 MW）	1808
中型亚临界（100~300 MW）	30	345	18	5023	煤（煤粉炉≥100 MW）	1708
大型亚临界（>300 MW）	30	345	18	5023	煤（煤粉炉≥100 MW）	1673
超临界	30	350	19	5023	煤（煤粉炉≥100 MW）	1586
超超临界	30	370	20	5023	煤（煤粉炉≥100 MW）	1520
流化床	30	400	21	5023	煤（流化床）	1829
IGCC	30	720	40	5023	煤（IGCC）	1353
燃油发电	30	280	16	5023	柴油	1659
					燃料油	1381
天然气发电	30	300	16	5023	天然气	1208
核电	50	1000	43	7861	—	—
水电	50	687	16	3424	—	—
风电	25	890	30	1571	—	—
太阳能发电	25	2100	2	1600	—	—
生物质能发电	30	998	310	4000	生物质	1460

研究院，2012；Amann et al，2008；陈衬兰，2005），对 2010~2030 年燃煤、燃气及燃油发电的单位能耗以及各类发电技术的固定投资和运行成本也做了相应预测，如图 9-2 至图 9-4 所示。

燃煤、燃气、燃油发电技术的单位能耗总体呈下降趋势，2030 年单位能耗为 2010 年的 90% 左右，这与我国政策要求火电厂实施节能减排，逐步降低电厂能耗的要求相符。

从成本上看，无论是传统的燃煤、燃气发电还是新型发电技术（除水电外），其固定投资和运行成本均呈下降趋势。但新型发电技术由于发展进一步成熟，其成本下降幅度更大。对于水电固定投资和运行成本的预测，根据电监会发布的《"十一五"期间投产电力工程项目造价情况》（国家电力监管委员会，2012），"十一五"

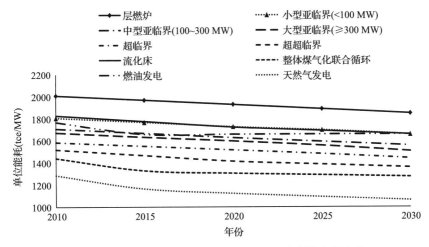

图 9-2　2010～2030 年燃煤、燃气及燃油发电单位能耗变化

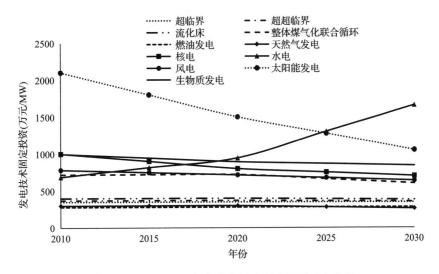

图 9-3　2010～2030 年各发电技术固定投资成本变化

（2006～2010 年）期间水电工程造价受征地移民补偿标准提高和物价上涨等因素影响，总体呈上涨趋势，决算单位造价为 6870 元/kW，与"十五"期间决算造价相比，增幅为 19.08%。考虑到开发难度的逐渐增大，本研究假设水电单位造价成本在 2010～2015 这 5 年期间增大 20%，2015～2020 期间增大 25%，2020～2025 期间增大 30%，2025～2030 期间增大 35%。此外，对比各发电技术的固定投资与运营成本可看出其存在较大差异，如固定投资较高的太阳能发电，其所需的运行成本反而最低，而固定投资相对较低的核能发电，其运行成本却相对较高。因此模型需要综合考虑固定投资、运行成本和燃料成本，才能对发电技术进行正确选择。

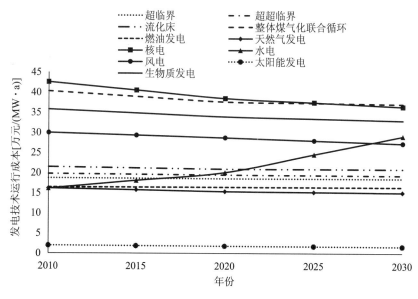

图 9-4　2010~2030 年各发电技术运行成本变化

除各种发电技术自身的参数外,本研究结合中国电力年鉴(《中国电力年鉴》编辑委员会,2011)及 Fu 等(2013)的研究总结了 2010 年长三角地区各地级市的发电技术装机容量组成,由于城市数量较多,此处仅列出上海、江苏部分及浙江部分的总体情况,如图 9-5 所示。图中的百分比表示煤电装机容量比例,可以看出,上海市煤电装机容量比例最高,达 91.5%,其次为江苏地区,为 79.8%,浙江地区由于核电和水电发展成熟,因此煤电比例仅为 59.1%。三个地区的煤电机组中,300 MW 以上的机组均占 85% 以上,可见长三角地区小容量发电机组存量较少,煤电结构较为合理。浙江部分的燃油发电装机容量比例最高,达 12.7%,江苏部分和上海市仅为 2%~3%。天然气发电上江苏部分最高,为 9.3%,上海和浙江部分均在 5% 左右。从新型发电技术结构上看,上海市较为单一,仅有少量的风电,浙江省以核电和水电为主,装机容量比例分别达 7% 和 15%,而江苏省新型发电技术发展较为均衡,各类技术装机容量比例维持在 0.5%~3% 左右。

3) 污控技术数据

电厂是我国化石燃料消耗最大的部门,也是最主要的污染物排放源之一,因此一直受到国家和环保部门的重视。目前电厂污染控制技术主要包括各类除尘、脱硫、脱硝技术。其中脱硫技术主要包含烟气脱硫(FGD)和循环流化床脱硫(CFB-FGD,用于流化床机组)。烟气脱硫是目前电厂脱硫项目的主流工艺。电厂除尘技术主要有高效除尘(HED)、电除尘(ESP)、湿法除尘(WET)和旋风除尘(CYC)。控制电厂 NO_x 排放的主流技术有两类,第一类是在燃烧过程中控制 NO_x 产生的

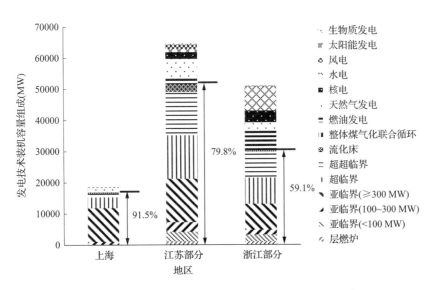

图 9-5　2010 年长三角各地区各发电技术装机容量组成

低氮燃烧技术(LNB),包括使用低氮燃烧器,应用空气分级燃烧技术或再燃技术,其中低氮燃烧器技术因为无需更改燃烧系统和炉膛结构,只需对燃烧器进行替换,工艺简单经济,又能有效降低 NO_x 排放,故应用最为广泛,目前长三角地区 95% 的火电机组已普遍使用 LNB 技术。控制 NO_x 排放的第二类技术是烟气脱硝主要包括选择性催化还原技术(SCR)和选择性非催化还原技术(SNCR),但与 LNB 相比这两种技术的投资和运行成本更高,因此基准年应用比例很低。本研究对上述污染控制技术的污染物去除效率、基准年应用比例进行了调研及总结,如表 9-8 所示,此外,由于末端技术的成本与机组装机容量有关,因此根据装机容量大小对各末端技术的单位装机容量成本(含年均化固定投资及运行成本)进行了总结,如表 9-9 所示。

表 9-8　2010 年 SO_2、NO_x、$PM_{2.5}$ 主要控制技术应用比例

发电技术	污染控制技术	技术比例(%)			污染物去除效率
		上海	江苏	浙江	
层燃炉	CYC($PM_{2.5}$)	0	0.0	0.0	0.10
	WET($PM_{2.5}$)	0	100	100	0.70
	ESP($PM_{2.5}$)	67	0.0	0.0	0.94
	HED($PM_{2.5}$)	33	0.0	0.0	0.99

发电技术	污染控制技术	技术比例(%)			污染物去除效率
		上海	江苏	浙江	
煤粉炉 (0~100 MW)	WET(PM$_{2.5}$)	48	0	0	0.70
	ESP(PM$_{2.5}$)	52	100	100	0.94
	HED(PM$_{2.5}$)	0	0	0	0.99
	FGD(SO$_2$)	0	15	12	0.9
	LNB(NO$_x$)	87	87	87	0.3
	LNB+SNCR(NO$_x$)	0	0	0	0.58
	LNB+SCR(NO$_x$)	0	0	0	0.86
煤粉炉 (100~300 MW)	WET(PM$_{2.5}$)	0	0	0	0.70
	ESP(PM$_{2.5}$)	100	100	100	0.94
	HED(PM$_{2.5}$)	0	0	0	0.99
	FGD(SO$_2$)	0	40	30	0.9
	LNB(NO$_x$)	75	75	75	0.3
	LNB+SNCR(NO$_x$)	2	2	2	0.58
	LNB+SCR(NO$_x$)	12	12	12	0.86
煤粉炉 (≥300 MW)	WET(PM$_{2.5}$)	0	0	0	0.70
	ESP(PM$_{2.5}$)	95	100	100	0.94
	HED(PM$_{2.5}$)	5	0	0	0.99
	FGD(SO$_2$)	90	95	95	0.9
	LNB(NO$_x$)	75	75	75	0.3
	LNB+SNCR(NO$_x$)	2	2	2	0.58
	LNB+SCR(NO$_x$)	12	12	12	0.86
流化床	WET(PM$_{2.5}$)	0	0	0	0.70
	ESP(PM$_{2.5}$)	100	100	100	0.94
	HED(PM$_{2.5}$)	0	0	0	0.99
	CFB-FGD(SO$_2$)	0	50	50	0.6
	SNCR(NO$_x$)	0	0	0	0.4
	SCR(NO$_x$)	0	0	0	0.8
天然气发电	LNB(NO$_x$)	74	74	74	0.3
	LNB+SNCR(NO$_x$)	1	1	1	0.58
	LNB+SCR(NO$_x$)	5	5	5	0.86

表 9-9 SO₂、NOₓ、PM₂.₅主要控制技术单位装机容量成本

表 9-9 SO_2、NO_x、$PM_{2.5}$主要控制技术单位装机容量成本

控制技术	装机容量范围(MW)	2010 年单位成本[万元/(MW・a)]
FGD	0～100	14.72
	100～300	9.34
	≥300	4.45
CFB-FGD	0～100	1.15
	100～300	1.15
	≥300	1.15
CYC	0～100	0.86
	100～300	0.65
	≥300	0.54
WET	0～100	1.33
	100～300	1.11
	≥300	0.92
ESP	0～100	1.96
	100～300	1.80
	≥300	1.60
HED	0～100	2.07
	100～300	1.87
	≥300	1.70
LNB	0～100	0.34
	100～300	0.34
	≥300	0.34
SCR	0～100	5.70
	100～300	4.26
	≥300	2.91
SNCR	0～100	2.78
	100～300	2.78
	≥300	2.78

表 9-8 中,各地区各种控制技术比例根据环境保护部公布的《全国投运燃煤机组脱硫设施清单》(环境保护部,2011a)及《全国投运燃煤机组脱硝设施清单》(环境保护部,2011b)以及 Fu 等(2013)的研究归纳得到,污染物去除效率采用 Fu 等(2013)针对长三角地区的研究。表 9-9 中各种控制技术的单位成本根据长三角地区多家电厂脱硫、脱硝、除尘的项目成本投资及运行费用,并参考相关文献(廖永进

等,2007;环境保护部,2012a,2012b)总结而得。

2. 交通部门

1) 燃料数据

交通部门涉及的燃料主要为汽油、柴油、压缩天然气和液化石油气。由于不同类别车型燃烧相同燃料的污染物排放因子各不相同,因此将燃料按照车型进行划分。其在基准年和未来年份的价格以及燃烧产生的各污染物的无控排放因子如表9-10所示。

表 9-10　交通部门燃料价格及各污染物无控排放因子

能源种类	2010 年燃料 价格(元/tce)	2030 年燃料 价格(元/tce)	EF(NO$_x$) (kg/tce)	EF(PM$_{2.5}$) (kg/tce)
G-HDB	5566	11609	13.03	0.59
G-MDB	5566	11609	7.42	0.20
G-LDB	5566	11609	21.12	0.25
G-MIDB	5566	11609	21.12	0.25
G-HDT	5566	11609	15.90	0.72
G-MDT	5566	11609	15.90	0.72
G-LDT	5566	11609	26.42	0.71
G-MIDT	5566	11609	16.98	0.20
D-HDB	4868	9895	44.34	3.32
D-MDB	4868	9895	12.46	0.96
D-LDB	4868	9895	16.69	2.31
D-MIDB	4868	9895	16.69	2.31
D-HDT	4868	9895	48.55	3.64
D-MDT	4868	9895	48.55	3.64
D-LDT	4868	9895	23.45	1.82
D-MIDT	4868	9895	11.57	1.60
LPG-HDB	4023	7040	12.90	0.13
LPG-LDB	4023	7040	18.89	0.08
CNG-HDB	2256	5702	16.70	0.13
CNG-LDB	2256	5702	18.89	0.08
ELE	4068	9601	0.00	0.00

注:能源种类代码中,"-"前的字母表示能源类型,"-"后的代码表示使用该能源的车型;G 代表汽油,D 代表柴油,LPG 代表液化石油气,CNG 代表压缩天然气,ELE 代表电力;HDB 代表大型客车,MDB 代表中型客车,LDB 代表小型客车,MIDB 代表微型客车,HDT 代表重型货车,MDT 代表中型货车,LDT 代表轻型货车,MIDT 代表微型货车

表 9-10 中,燃料 2010 年价格来自中国物价年鉴,2030 年价格参考了马钧等 (2009)、庄幸等(2012)的研究,污染物无控排放因子来自 Fu 等(2013)和 Zhang 等 (2014)的研究。以上数据中燃料价格针对长三角地区,无控排放因子为全国通用数据。

2）能源技术数据

由于目前涉及能源技术和污染控制技术的选择主要集中在道路交通中的客运和货运,因此本研究中涉及的能源技术主要包含各类型的客车和货车,分为重、中、轻、微四个类型,除传统车型外还包括各类新能源车型(含混合动力、插电式混合动力和纯电动)。新能源车在燃料消耗上更具优势,但相应的技术成本更高。其相关参数如表 9-11、表 9-12 所示。

表 9-11　交通部门客运机动车技术参数

能源技术	寿命 (年)	固定投资 （万元/车）	运行成本 ［万元/ (车·a)］	单车服务 量供给 （人·km/车）	能源种类	单车年均能 源消耗 ［tce/(车·a)］
HDB-G	12	35.1	1.0	412500	G-HDB	16.18
HDB-D	12	35.1	1.0	412500	D-HDB	15.48
MDB-G	12	20.3	1.0	152500	G-MDB	3.89
MDB-D	12	20.3	1.0	152500	D-MDB	4.24
LDB-G	12	12.3	0.5	23640	G-LDB	2.03
LDB-D	12	12.3	0.5	23640	D-LDB	1.82
MIDB-G	12	4.2	0.5	11820	G-MIDB	2.03
MIDB-D	12	4.2	0.5	11820	D-MIDB	1.82
HDB-CNG	12	45.1	1.0	412500	CNG-HDB	2.38
HDB-LPG	12	45.1	1.0	412500	LPG-HDB	2.33
HDB-HD	12	63.1	1.0	412500	D-HDB	10.07
HDB-HG	12	63.1	1.0	412500	G-HDB	12.13
HDB-PD	12	63.1	1.0	412500	D-HDB	5.74
HDB-PG	12	63.1	1.0	412500	G-HDB	5.25
HDB-EV	12	68.7	1.0	412500	ELE	6.19
LDB-HD	12	30.3	0.5	23640	D-LDB	1.40
LDB-HG	12	30.3	0.5	23640	G-LDB	1.54
LDB-PD	12	30.3	0.5	23640	D-LDB	1.16

续表

能源技术	寿命 （年）	固定投资 （万元/车）	运行成本 ［万元/ （车·a）］	单车服务 量供给 （人·km/车）	能源种类	单车年均能 源消耗 ［tce/（车·a）］
LDB-PG	12	30.3	0.5	23640	G-LDB	1.28
LDB-EV	12	33.9	0.5	23640	ELE	0.49
LDB-CNG	12	20.3	0.5	23640	CNG-LDB	1.75
LDB-LPG	12	20.3	0.5	23640	LPG-LDB	2.01

注：能源种类代码参见表9-10注。能源技术代码中，"-"前的字母代表车型，"-"后的字母代表能源类型；表9-10注中已解释的代码不再赘述，HD表示燃用柴油的混合动力车，HG代表燃用汽油的混合动力车，PD表示燃用柴油的插电式混合动力车，PG表示燃用汽油的插电式混合动力车，EV表示纯电动车

表 9-12　交通部门货运机动车技术参数

能源技术	寿命 （年）	固定投资 （万元/车）	运行成本 ［万元/ （车·a）］	单车服务 量供给 （t·km/车）	能源种类	单车年均 能源消耗 ［tce/（车·a）］
HDT-G	10	27.2	1.0	450000	G-HDT	13.70
HDT-D	10	27.2	1.0	450000	D-HDT	13.20
MDT-G	10	16.8	1.0	225000	G-MDT	9.13
MDT-D	10	16.8	1.0	225000	D-MDT	8.80
LDT-G	10	6.5	0.5	82800	G-LDT	2.37
LDT-D	10	6.5	0.5	82800	D-LDT	3.63
MIDT-G	10	4.0	0.5	27750	G-MIDT	1.61
MIDT-D	10	4.0	0.5	27750	D-MIDT	1.38
LDT-HD	10	24.5	0.5	82800	D-LDT	2.57
LDT-HG	10	24.5	0.5	82800	G-LDT	1.59
LDT-PD	10	24.5	0.5	82800	D-LDT	2.03
LDT-PG	10	24.5	0.5	82800	G-LDT	1.32
LDT-EV	10	28.1	0.5	82800	ELE	0.75

注：能源种类代码和能源技术代码的解释参见表9-10注和表9-11注

　　上述参数中，固定投资数据来自中国物价年鉴（《中国物价年鉴》编辑部，2011）；寿命和运行成本来自实际调研，服务量供给是年均行驶里程、核定载客量（载货量）及满载率的乘积，年均行驶里程来自林博鸿（2010），核定载客量（载货量）来自实际调研，满载率来自刘欢（2008）；能源消耗由机动车燃油经济性与年均行驶里程相乘得到，燃油经济性参考了 Xing 等（2011）、欧训民（2008）的研究。

技术的改进会让机动车的燃油经济性随着时间逐渐提高,因此其单车的年均能耗将逐渐下降,同时随着新能源车技术的进一步成熟,其固定投资将进一步下降。本研究结合文献调研(齐天宇等,2009;欧训民等,2009,2010;Wang et al,2007),对 2015～2030 年各种车型单车年均能源消耗及新能源车的固定投资进行了相应预测,如表 9-13 和表 9-14 所示。

表 9-13　2015～2030 年各车型单车年均能源消耗变化[tce/(车・a)]

能源技术	2015 年	2020 年	2025 年	2030 年
HDB-G	16.18	16.04	15.73	15.42
HDB-D	15.48	15.17	14.56	13.70
MDB-G	3.89	3.85	3.78	3.70
MDB-D	4.24	4.16	3.99	3.76
LDB-G	2.03	1.96	1.94	1.94
LDB-D	1.82	1.74	1.72	1.72
MIDB-G	2.03	1.96	1.94	1.94
MIDB-D	1.82	1.74	1.72	1.72
HDB-CNG	2.38	2.32	2.22	2.08
HDB-LPG	2.33	2.33	2.33	2.33
HDB-HD	10.07	9.74	9.29	8.71
HDB-HG	12.13	11.79	11.52	11.43
HDB-PD	5.74	5.74	5.74	5.74
HDB-PG	5.25	5.25	5.25	5.25
HDB-EV	6.19	6.19	6.19	6.19
LDB-HD	1.40	1.39	1.37	1.35
LDB-HG	1.54	1.54	1.54	1.54
LDB-PD	1.16	1.12	1.09	1.05
LDB-PG	1.28	1.24	1.20	1.16
LDB-EV	0.49	0.49	0.49	0.49
LDB-CNG	1.75	1.71	1.70	1.70
LDB-LPG	2.01	2.01	2.01	2.01
HDT-G	13.70	13.70	13.70	13.70
HDT-D	13.20	12.86	12.18	11.30
MDT-G	9.13	9.13	9.13	9.13
MDT-D	8.80	8.57	8.12	7.53
LDT-G	2.37	2.14	2.10	2.10

能源技术	2015 年	2020 年	2025 年	2030 年
LDT-D	3.63	3.30	3.24	3.24
MIDT-G	1.61	1.46	1.43	1.43
MIDT-D	1.38	1.25	1.23	1.23
LDT-HD	2.57	2.57	2.57	2.57
LDT-HG	1.59	1.59	1.59	1.59
LDT-PD	2.34	2.34	2.34	2.34
LDT-PG	1.52	1.52	1.52	1.52
LDT-EV	0.75	0.75	0.75	0.75

注:能源技术代码的解释参见表 9-10 注和表 9-11 注

表 9-14 2015～2030 年新能源车单车固定投资变化(万元)

能源技术	2015 年	2020 年	2025 年	2030 年
HDB-HD	63.1	57.7	51.2	45.2
HDB-HG	63.1	57.7	51.2	45.2
HDB-PD	64.6	59.2	52.7	46.7
HDB-PG	64.6	59.2	52.7	46.7
HDB-EV	68.7	62.2	54.4	47.2
LDB-HD	30.3	26.7	22.8	19.2
LDB-HG	30.3	26.7	22.8	19.2
LDB-PD	31.8	28.2	24.3	20.7
LDB-PG	31.8	28.2	24.3	20.7
LDB-EV	33.9	29.6	24.9	20.6
LDT-HD	24.5	20.9	16.9	13.4
LDT-HG	24.5	20.9	16.9	13.4
LDT-PD	25.5	21.9	17.9	14.4
LDT-PG	25.5	21.9	17.9	14.4
LDT-EV	28.1	23.8	19.0	14.7

注:能源技术代码的解释参见表 9-10 注和表 9-11 注

除各类机动车自身的参数外,本研究根据中国交通年鉴(《中国交通年鉴》编辑委员会,2011)、江苏交通年鉴(《江苏交通年鉴》编辑委员会,2011)及浙江交通年鉴(《浙江交通年鉴》编辑委员会,2011)总结了 2010 年长三角各地级市的各类客车和货车的保有量,由于城市数量较多,此处仅列出上海、江苏部分和浙江部分的总体情况,如图 9-6 所示。

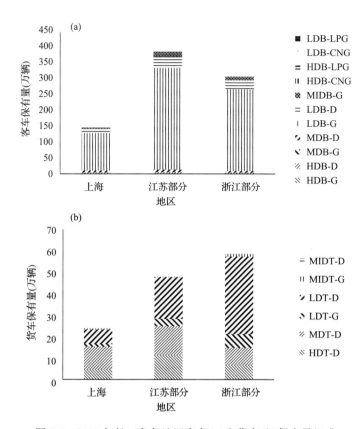

图 9-6　2010 年长三角各地区客车(a)和货车(b)保有量组成

从图 9-6 中可以看出,三个地区的客车保有量结构相似,轻型汽油客车占绝大多数,其次为轻型柴油客车。而从货车保有量结构上明显可以看出,浙江地区的轻型货车比例明显高于另外两个地区,而重型货车比例则较低。

（3）污控技术数据

机动车采用的污染控制技术能同时对 NO_x 和 $PM_{2.5}$ 进行削减,污染控制技术与国家实施的污染物排放标准(含国Ⅰ～国Ⅵ六个标准)一一对应,各个标准均对 NO_x 和 $PM_{2.5}$ 排放浓度限值进行了规定。本研究根据 Wu 等（2012）、Huo 等（2012a,2012b）等对实施国Ⅰ～国Ⅳ标准的机动车实际污染物排放因子的测算,总结了国Ⅰ～国Ⅵ标准下 NO_x 和 $PM_{2.5}$ 的去除效率;由于目前国Ⅴ只在极少数地区实施,国Ⅵ尚未实施,而我国实施的排放标准体系与欧洲一致,因此国Ⅴ和国Ⅵ的去除效率取自国际系统分析研究所（IIASA）的 Gains-Asia 模型（Amann et al,2008,2011）。研究还调研了各标准对应控制技术的成本,如表 9-15、表 9-16 所示,其中国Ⅴ和国Ⅵ的成本参数同样参考欧洲。

表 9-15　客车各车型国Ⅰ～国Ⅵ标准对应污染物去除效率及技术成本

客车		HDB-G	HDB-D	MDB-G	MDB-D	LDB-G	LDB-D	MIDB-G	MIDB-D
NO$_x$ 去除 效率	国Ⅰ	0.54	0.20	0.46	0.16	0.00	0.00	0.00	0.00
	国Ⅱ	0.56	0.44	0.56	0.00	0.00	0.00	0.00	0.00
	国Ⅲ	0.74	0.38	0.86	0.41	0.92	0.71	0.93	0.77
	国Ⅳ	0.87	0.33	0.94	0.67	0.95	0.85	0.96	0.89
	国Ⅴ	0.90	0.90	0.98	0.95	0.96	0.89	0.97	0.92
	国Ⅵ	0.98	0.98	0.98	0.98	0.96	0.95	0.97	0.96
PM$_{2.5}$ 去除 效率	国Ⅰ	0.00	0.26		0.35		0.44	0.00	0.59
	国Ⅱ	0.63	0.34	0.00	0.56	0.00	0.65	0.00	0.77
	国Ⅲ	0.75	0.70	0.00	0.74	0.00	0.80	0.00	0.85
	国Ⅳ	0.95	0.81	0.00	0.84	0.00	0.88	0.00	0.93
	国Ⅴ	0.95	0.95	0.95	0.99	0.82	0.99	0.82	0.99
	国Ⅵ	0.98	0.98	0.95	0.99	0.82	0.99	0.82	0.99
污控技 术成本 （元）	国Ⅰ	2000	2000	1000	1000	1000	1000	800	800
	国Ⅱ	4000	4000	2000	2000	2000	2000	1600	1600
	国Ⅲ	3409	10909	2727	6471	2500	5000	2000	4000
	国Ⅳ	4231	13188	3297	8364	3103	7057	2482	5646
	国Ⅴ	7940	20254	6187	11209	5823	9608	4658	7686
	国Ⅵ	8231	21557	6413	14511	6036	12899	4829	10319

表 9-16　货车各车型国Ⅰ～国Ⅵ标准对应污染物去除效率及技术成本

货车		HDT-G	HDT-D	MDT-G	MDT-D	LDT-G	LDT-D	MIDT-G	MIDT-D
NO$_x$ 去除 效率	国Ⅰ	0.49	0.40	0.00	0.36	0.00	0.00	0.00	0.00
	国Ⅱ	0.61	0.52	0.02	0.65	0.00	0.00	0.00	0.00
	国Ⅲ	0.76	0.48	0.43	0.58	0.95	0.50	0.93	0.77
	国Ⅳ	0.83	0.60	0.70	0.67	0.97	0.61	0.96	0.89
	国Ⅴ	0.90	0.90	0.97	0.98	0.98	0.96	0.97	0.92
	国Ⅵ	0.98	0.98	0.97	0.99	0.98	0.98	0.97	0.96
PM$_{2.5}$ 去除 效率	国Ⅰ	0.00	0.00	0.00	0.81	0.00	0.51	0.00	0.59
	国Ⅱ	0.63	0.63	0.00	0.87	0.00	0.69	0.00	0.77
	国Ⅲ	0.75	0.75	0.00	0.92	0.00	0.82	0.00	0.85
	国Ⅳ	0.95	0.95	0.00	0.95	0.00	0.90	0.00	0.93
	国Ⅴ	0.95	0.95	0.98	0.99	0.95	0.99	0.82	0.99
	国Ⅵ	0.98	0.98	0.98	0.99	0.95	0.99	0.82	0.99

货车		HDT-G	HDT-D	MDT-G	MDT-D	LDT-G	LDT-D	MIDT-G	MIDT-D
污控技术成本（元）	国Ⅰ	2000	2000	1000	1000	1000	1000	800	800
	国Ⅱ	4000	4000	2000	2000	2000	2000	1600	1600
	国Ⅲ	3409	10909	2727	6471	2500	5000	2000	4000
	国Ⅳ	4231	13188	3297	8364	3103	7057	2482	5646
	国Ⅴ	7940	20254	6187	11209	5823	9608	4658	7686
	国Ⅵ	8231	21557	6413	14511	6036	12899	4829	10319

从表 9-15、表 9-16 中可以看出，随着排放标准的加严，NO_x 和 $PM_{2.5}$ 的去除效率大幅度提升，从 20%～30% 上升到 95% 以上，可见机动车污染控制技术对污染物的削减程度很大，而相应的技术成本也大幅上升。

除了污控技术本身的参数外，本研究还调研了 2010 年长三角各地区各种机动车车型中各排放标准的比例，如图 9-7 所示。2010 年长三角地区新车实施国Ⅲ标

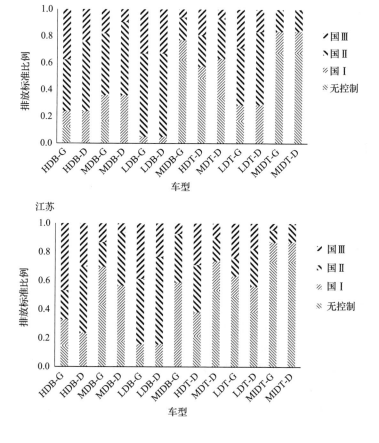

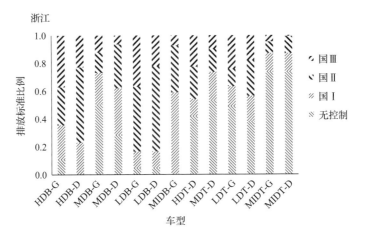

图 9-7　2010 年上海、江苏、浙江各种机动车车型中各排放标准的比例

准,因此其构成中主要为国Ⅰ～国Ⅲ,还有部分老旧机动车并未使用任何污控技术。

从图 9-7 可以看出,整个长三角地区 2010 年机动车污染控制尚显不足,客货车中均有一定数量的车未实施任何控制技术,货车中无控排放的比例明显高于客车,各类型货车中尤以微型货车无控排放比例最高,达 70％以上。江苏和浙江相较上海无控排放的车型种类更多,比例更高。

3. 工业部门

工业部门总体分为工业锅炉和工业过程两大部分,其中工业过程包含钢铁、水泥、石灰、炼焦等多个子部门。本研究涉及的工业过程及相应的污染物见表 9-17。

表 9-17　本研究涉及的工业过程及相应污染物

	烧结	炼铁	炼钢	铸造	水泥熟料	水泥	制砖	石灰	玻璃	焦炭	炼油
$PM_{2.5}$	√	√	√	√	√	√	√	√	√	√	√
SO_2	√				√			√		√	√
NO_x	√				√		√	√	√		√

1) 排放因子数据

由于工业过程中涉及的污染物排放环节较复杂,因此工业过程考虑污染物排放因子时,均以生产单位产品产生的污染物量作为排放因子。工业锅炉则与电厂相似,污染物排放来自燃料燃烧,因此以单位燃料产生的污染物量作为排放因子。本研究假定工业锅炉与电厂相同燃料的价格相同,在此不赘述。工业过程中,粗钢炼制分为转炉和电炉,水泥熟料生产工艺分为立窑、回转窑和新型干法三类,而新型干法随着生产能力的不同其污染物排放因子也有所不同,因此分类列出;水泥粉磨的排放因子也随着工艺的不同而有所区别,各工业过程涉及的污染物排放因子见表 9-18。表中排放因子数据来自 Zhao 等(2013b)和 Fu 等(2013)。

表 9-18　工业过程涉及的污染物排放因子

工业过程	单位	EF(SO$_2$)	EF(NO$_x$)	EF(PM$_{2.5}$)
烧结	kg/t 产品	7.00	0.14	2.80
生铁	kg/t 产品	—	—	0.38
转炉粗钢	kg/t 产品	—	—	22.75
电炉粗钢	kg/t 产品	—	—	4.30
铸造	kg/t 产品	—	—	10.69
立窑熟料烧制	kg/t 产品	2.40	0.33	7.18
回转窑熟料烧制	kg/t 产品	3.05	4.61	23.49
2000 t/d 以下新型干法熟料烧制	kg/t 产品	0.50	2.65	28.51
2000~4000 t/d 新型干法熟料烧制	kg/t 产品	0.47	2.48	26.73
4000 t/d 以上新型干法熟料烧制	kg/t 产品	0.44	2.32	24.95
立窑水泥粉磨	kg/t 产品			25.20
回转窑水泥粉磨	kg/t 产品			23.63
新型干法水泥粉磨	kg/t 产品			22.05
平板玻璃	kg/重量箱	—	0.26	0.41
制砖	kg/万块		6.87	6.75
石灰	kg/t 产品	0.98	1.60	0.70
焦炭	kg/t 产品	0.70	—	1.75
炼油	kg/t 产品	0.90	0.30	0.10

2) 能源技术数据

本研究中,工业锅炉的能源技术参数包括锅炉生产单位热的固定投资、运行成本及能源消耗,工业过程的能源技术参数涉及单位产品生产的固定投资、运行成本,其中运行成本包含了燃料成本。本研究结合文献调研(冶金经济发展研究中心,2012;邢秀丽等,2009;清河砖厂,2010;中证期货,2012),对上述参数进行了总结,工业锅炉能源技术参数如表 9-19 所示,工业过程能源技术参数如表 9-20所示。

除各种能源技术本身参数外,本研究还根据上海、江苏、浙江统计年鉴(上海市统计局,2011a;江苏省统计局,2011;浙江省统计局,2011)总结了 2010 年长三角各地区各种工业产品的产量,如表 9-21 所示。

表 9-19　工业锅炉能源技术参数

工业锅炉类型	固定投资 （元/tce 有效热）	运行成本 （元/tce 有效热）	燃料类型	能源消耗 （tce/tce 有效热）
燃煤锅炉-层燃炉	599.65	295.35	煤-层燃炉	1.61
燃煤锅炉-流化床	681.39	335.61	煤-流化床	1.61
燃油锅炉	525.95	259.05	柴油,燃料油	1.43
燃气锅炉	511.88	252.12	天然气	1.25

表 9-20　工业过程能源技术参数

工业过程	单位	固定投资	运行成本
烧结	元/t	100	2500
生铁	元/t	100	300
转炉	元/t	480	20
电炉	元/t	480	20
铸造	元/t	10	30
立窑熟料烧制	元/t	17	151
回转窑熟料烧制	元/t	17	151
2000 t/d 以下新型干法熟料烧制	元/t	17	120
2000～4000 t/d 新型干法熟料烧制	元/t	17	119
4000 t/d 以上新型干法熟料烧制	元/t	17	117
立窑水泥粉磨	元/t	38	349
回转窑水泥粉磨	元/t	38	349
新型干法水泥粉磨（2000 t/d 以下）	元/t	38	278
新型干法水泥粉磨（2000～4000 t/d）	元/t	38	274
新型干法水泥粉磨（4000 t/d 以上）	元/t	38	269
平板玻璃	元/重量箱	5	55
制砖	元/万块	50	2294
石灰	元/t	200	400
炼焦	元/t	350	1050
炼油	元/t	120	25

表 9-21　长三角各地区工业部门产品产量

产品	能源技术	单位	上海	江苏	浙江
烧结矿	烧结	万吨	2710	5544	396
生铁	生铁	万吨	1787	3657	261
转炉钢	转炉	万吨	1788	4445	636
电炉钢	电炉	万吨	244	606	87
钢锭	铸造	万吨	99	223	15
水泥熟料	立窑熟料烧制	万吨	28	2974	1926
	回转窑熟料烧制	万吨	0	141	254
	2000 t/d 以下新型干法熟料烧制	万吨	3	302	428
	2000～4000 t/d 新型干法熟料烧制	万吨	8	748	1061
	4000 t/d 以上新型干法熟料烧制	万吨	18	1575	2234
水泥	立窑水泥粉磨	万吨	57	5739	5904
	回转窑水泥粉磨	万吨	0	8123	3678
	新型干法水泥粉磨(2000 t/d 以下)	万吨	325	385	485
	新型干法水泥粉磨(2000～4000 t/d)	万吨	346	7167	7112
	新型干法水泥粉磨(4000 t/d 以上)	万吨	671	15675	11275
玻璃	平板玻璃	万重量箱	0	4228	2789
砖	制砖	亿块	0	8	33
石灰	石灰	万吨	53	1001	451
焦炭	炼焦	万吨	661	921	165
炼油	炼油	万吨	1925	2478	2097
有效热	燃煤锅炉-层燃炉	万 tce	277	1211	598
有效热	燃煤锅炉-流化床	万 tce	34	150	74
有效热	燃油锅炉	万 tce	472	629	375
有效热	燃气锅炉	万 tce	354	1866	481

3) 污控技术数据

工业部门的污染控制技术与电力行业类似,分为脱硫、脱硝和除尘三大类技术。脱硫技术主要包括 FGD、CFB-FGD、石灰注射(LINJ)等,脱硝技术主要包括 LNB、SCR、SNCR 及它们的组合技术,而除尘技术主要包括 CYC、WET、ESP、HED 等。各种技术对污染物的去除效率在上文已做讨论,在此不再赘述。除去除效率外,本研究对工业部门各子行业除尘、脱硫及脱硝技术的应用现状(2010 年)及单位产品去除污染物的成本(年均化固定投资成本与运行成本之和)进行了调研,如表 9-22 至表 9-24 所示。

表 9-22　长三角地区工业部门各子行业除尘技术应用比例（2010 年）**及单位产品除尘成本**

	除尘技术应用比例（%）					单位产品除尘成本				成本单位
	HED	ESP	WET	CYC	无控	HED	ESP	WET	CYC	
烧结	20	70	0	10	0	11.89	10.58	5.45	3.64	元/吨产品
生铁	10	0	90	0	0	11.89	10.58	5.45	3.64	元/吨产品
转炉钢	100	0	0	0	0	11.89	10.58	5.45	3.64	元/吨产品
电炉钢	100	0	0	0	0	11.89	10.58	5.45	3.64	元/吨产品
铸造	20	10	20	20	30	11.89	10.58	5.45	3.64	元/吨产品
立窑/回转窑	30	60	10	0	0	12.22	9.45	4.87	3.25	元/吨产品
新型干法	40	60	0	0	0	12.22	9.45	4.87	3.25	元/吨产品
玻璃	70	0	20	10	0	12.22	9.45	4.87	3.25	元/重量箱
制砖	0	20	20	30	30	12.22	9.45	4.87	3.25	元/万块
石灰	10	20	30	40	0	12.22	9.45	4.87	3.25	元/吨产品
焦炭	0	0	56	10	34	12.22	9.45	4.87	3.25	元/吨产品
炼油	0	0	0	0	100	12.22	9.45	4.87	3.25	元/吨产品
锅炉-层燃炉	5	0	95	0	0	52.19	44.42	26.88	17.95	元/tce 有效热
锅炉-流化床	0	100	0	0	0	52.19	44.42	26.88	17.95	元/tce 有效热

表 9-23　长三角地区工业部门各子行业脱硫技术应用比例（2010 年）**及单位产品脱硫成本**

	脱硫技术应用比例（%）			单位产品脱硫成本		成本单位
	FGD	LINJ/CFB-FGD	无控	FGD	LINJ/CFB-FGD	
烧结	80	0	20	35.0	20.0	元/吨产品
立窑/回转窑熟料烧制	0	0	100	35.0	20.0	元/吨产品
新型干法熟料烧制	65	0	35	35.0	20.0	元/吨产品
石灰	0	0	100	35.0	20.0	元/吨产品
焦炭	0	0	100	157.7	94.6	元/吨产品
炼油	0	0	0	35	20	元/吨产品
锅炉-层燃炉	5	0	95	111.0	42.8	元/tce 有效热
锅炉-流化床	0	100	0	—	53.5	元/tce 有效热
燃油锅炉	0	0	100	111.0	42.8	元/tce 有效热

　　上述表中，污控技术的应用比例来自 Zhao 等（2013b）、Fu 等（2013）等，单位产品的脱硫、脱硝、除尘技术通过调研长三角地区实际项目案例总结得到。可以看出，2010 年工业部门脱硫和除尘均达到一定力度，而脱硝则基本未进行。

表 9-24　长三角地区工业部门各子行业脱硝技术应用比例(2010 年)及单位产品脱硝成本

	脱硝技术应用比例(%)				单位产品脱硝成本			成本单位
	SCR	SNCR	LNB	无控	SCR	SNCR	LNB	
烧结	0	0	0	100	3.00	1.00	—	元/吨产品
立窑/回转窑熟料烧制	0	0	0	100	17.79	3.00	—	元/吨产品
新型干法熟料烧制	0	0	35	65	17.79	3.00	1.65	元/吨产品
锅炉-层燃炉	0	0	0	100	79.48	28.89	15.30	元/tce 有效热
锅炉-流化床	0	0	0	100	79.48	28.89	—	元/tce 有效热
燃油锅炉	0	0	0	100	79.48	28.89	15.30	元/tce 有效热
燃气锅炉	0	0	0	100	79.48	28.89	15.30	元/tce 有效热

4. 民用部门

1) 燃料数据

民用部门燃料燃烧主要发生在采暖和炊事热水上。涉及的燃料及相应参数如表 9-25 所示。

表 9-25　民用部门燃料价格及各污染物无控排放因子

能源种类	2010 年燃料价格(元/tce)	2030 年燃料价格(元/tce)	$EF(SO_2)$ (kg/tce)	$EF(NO_x)$ (kg/tce)	$EF(PM_{2.5})$ (kg/tce)
煤-锅炉	840	916	17.65	3.24	41.53
天然气-锅炉	2256	5702	0.30	1.58	0.11
煤-分散	840	916	15.30	1.88	9.80
型煤-分散	840	916	15.30	1.88	9.80
天然气-分散	2256	5702	0.30	0.12	0.11
电采暖	4068	9601	0.00	0.00	0.00
热泵采暖	4068	9601	0.00	0.00	0.00
生物质	0	0	0.35	2.31	15.00
煤-灶	840	916	13.18	1.88	9.80
型煤-灶	840	916	13.18	1.88	9.80
煤气-灶	2430		0.43	0.12	0.15
液化气-灶	3663		0.33	0.12	0.12
天然气-灶	2256	5702	0.30	0.12	0.11
电-炊事	4963		0.00	0.00	0.00
太阳能	0	0	0.00	0.00	0.00
薪柴	0	0	0.35	2.31	15.00
沼气	2030		0.46	0.12	0.34

其中燃料价格参考与电力部门相同,污染物无控排放因子主要参考 Zhao 等(2013b)、Fu 等(2013)等研究。

2）能源技术数据

民用部门的能源技术数据包含了采暖和炊事热水两大部分,由于城市和农村在采暖和炊事热水上采用的能源技术有差异,因此采暖分为城市采暖和农村采暖,炊事热水分为城市炊事热水和农村炊事热水。一部分技术同时应用于城市和农村,另一部分技术仅在城市或农村使用。各种采暖和炊事技术的寿命、服务量供给、能源消耗如表 9-26 所示。除集中供热、燃煤锅炉和燃气锅炉外,其他能源技术由于其固定投资与运行成本相较燃料成本过小,因此本研究中假设其为零。

表 9-26　民用部门能源技术相关参数

服务类别	能源技术	寿命（年）	固定投资（元/tce）	运行成本（元/tce）	服务量供给(tce)	能源种类	能源消耗（tce/tce 有用能）
城市采暖	集中供热	30	1220	816	1	热量	1.25
城市采暖	燃煤锅炉	30	681	335	1	煤-锅炉	1.77
城市采暖	燃气锅炉	30	511	252	1	天然气-锅炉	1.38
城市/农村采暖	分散燃煤	10	0	0	1	煤-分散	0.78
城市/农村采暖	分散燃煤-型煤	10	0	0	1	型煤-分散	0.76
城市采暖	分散燃气	10	0	0	1	天然气-分散	0.88
城市/农村采暖	电采暖	10	0	0	1	电采暖	0.24
城市/农村采暖	热泵采暖	10	0	0	1	热泵采暖	0.13
农村采暖	生物质能	10	0	0	1	生物质	3.12
城市/农村炊事热水	燃煤灶	10	0	0	1	煤-灶	2.70
城市/农村炊事热水	燃煤灶-型煤	10	0	0	1	型煤-灶	2.50
城市炊事	煤气灶	10	0	0	1	煤气-灶	1.67
城市/农村炊事热水	液化气灶	10	0	0	1	液化气-灶	1.67
城市炊事热水	天然气灶	10	0	0	1	天然气-灶	1.54
城市/农村炊事热水	电炊	10	0	0	1	电-炊事	1.11
农村炊事热水	薪柴灶	10	0	0	1	薪柴	3.33
农村炊事热水	沼气灶	10	0	0	1	沼气	7.69
城市/农村炊事热水	太阳能热水器	10	0	0	1	太阳能	2.17

上述参数中,寿命参数来自基础调研;对于民用部门,服务量供给和技术存量都以产热量表示,因此认为服务量供给与技术存量相等,即单位存量的能源技术提供的服务量为1;能源消耗参数来自周大地(2003)、王庆一(2014)、清华大学建筑节能研究中心(2009)等研究。

由于涉及民用部门能源技术的研究较少,对其能源消耗变化趋势的研究也较为贫乏,很难对其能耗变化做出预测,因此在本研究中认为能源消耗在基准年和目标年之间保持不变。

除各种能源技术本身的参数外,本研究结合中国能源统计年鉴(国家统计局能源统计司,2011)、上海能源统计年鉴(上海市统计局,2011b)、江苏统计年鉴(江苏省统计局,2011)、浙江统计年鉴(浙江省统计局,2011)等研究总结了 2010 年长三角地区采暖和炊事热水的服务供应情况。如图 9-8 所示。

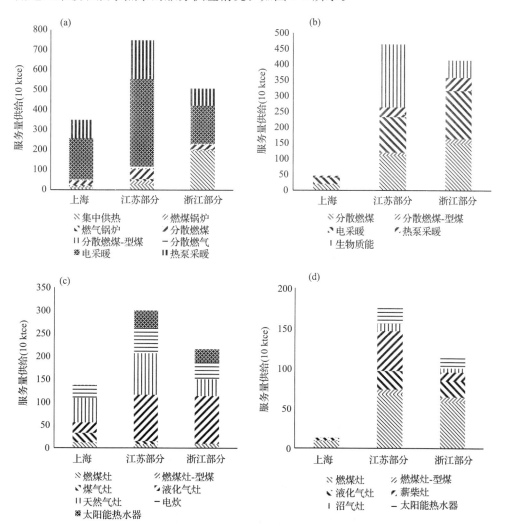

图 9-8　2010 年长三角地区采暖及炊事热水的服务供应情况
(a)城市采暖;(b)农村采暖;(c)城市炊事热水;(d)农村炊事热水

从上图可看出,上海和江苏地区城市采暖中电采暖和热泵采暖达到了 85%,浙江地区较低,为 55%;浙江地区集中供热达到 38%,而上海和江苏地区仅为 4%。其余采暖方式比例均相近,且均在 7% 以下。农村采暖各地区以分散燃煤和电采暖为主,但江苏地区生物质能采暖比例较高,达到 43%。城市炊事热水三个地区均主要以液化气灶、天然气灶和电炊为主,太阳能热水器也占有一定比例;农村炊事热水上海和浙江地区主要以燃煤灶和液化气灶为主,江苏地区除以上两种炊事热水方式外,薪柴灶也占有一定比例,达 28%,此外,沼气灶和太阳能热水器也占有一定比例。值得注意的是,无论是采暖还是炊事热水,燃煤主要是燃用原煤,型煤的使用比例还很低。

　　3) 污控技术数据

民用部门使用污控技术的主要是燃煤锅炉和燃气锅炉(集中供热在电力部门已做讨论),其使用的污染控制技术与电力部门相同,因此技术参数在此不再重复讨论。表 9-27 列出了三个地区燃煤锅炉和燃气锅炉使用污控技术的比例。

表 9-27　民用部门 SO_2、NO_x、$PM_{2.5}$ 主要控制技术应用比例

能源技术	污染控制技术	技术比例(%)			污染物去除效率
		上海	江苏	浙江	
燃煤锅炉	WET($PM_{2.5}$)	95	95	95	0.70
	ESP($PM_{2.5}$)	0	0	0	0.94
	HED($PM_{2.5}$)	5	5	5	0.99
	FGD(SO_2)	1	1	1	0.9
	LNB(NO_x)	0	0	0	0.3
	LNB+SNCR(NO_x)	0	0	0	0.58
	LNB+SCR(NO_x)	0	0	0	0.86
燃气锅炉	LNB(NO_x)	0	0	0	0.3
	LNB+SNCR(NO_x)	0	0	0	0.58
	LNB+SCR(NO_x)	0	0	0	0.86

表 9-27 显示,燃煤锅炉和燃气锅炉应用各种污染物控制技术的比例还很低,对 SO_2 和 NO_x 几乎是零控制,对 $PM_{2.5}$ 也仅使用了湿式除尘,去除效率较低。

9.2.3　长三角地区大气污染物减排措施优化

上节建立了 AIM/Enduse 的参数数据库,本节将利用 AIM/Enduse 模式探讨 $PM_{2.5}$ 浓度达标所需的具体控制措施。本章 9.1.3 节已利用 ERSM 模式,提出了 $PM_{2.5}$ 浓度达标的 5 套减排量分配方案。其中方案 1 假定模拟域外保持 2010 年排放量不变,而在模拟域内实施最大减排潜力的措施,由于减排量接近最大减排潜力

时经济成本和落实难度都显著增大,因此该方案显然是不够经济的。方案 4 假定模拟域内 NH₃ 排放实施最大减排潜力的措施,而实际上 NH₃ 控制措施实施和排放源监管难度非常大,目前也难以收集 NH₃ 减排措施的成本参数。基于以上考虑,本节中仅探讨实现方案 2、方案 3 和方案 5 所需的成本和最优化减排技术途径。

1. 能源服务量预测和约束条件设定

要利用 AIM/Enduse 对减排技术途径进行优化,首先应预测各区域、各部门的能源服务量,并设定模型所需的技术普及率约束。在 9.1.2 节预测污染物排放的未来趋势时,已对能源服务量进行预测,但该节主要从全国的尺度上进行整体介绍,未详细介绍长三角各区域能源服务量预测结果,因此本节对长三角各区域未来的服务量需求进行进一步的介绍。

1) 电力部门

电力部门的服务量即发电量。由于电力部门是能源转换部门,而非终端用能部门,其未来发电量取决于终端用能部门的需求。因此,本研究中发电量并非直接预测,而是在完成终端部门的技术优化后,模型根据终端部门的电力需求,预测电力部门的发电量。

9.2.1 节中对各约束条件进行了详细阐述,其中技术普及率约束,即未来年份各能源技术提供的服务量的最大比例,需要研究者进行设定。对于电力部门,技术普及率约束即为各种发电技术发电的最大比例,在 2010 年各地区的发电量结构基础上,同时考虑到水电、核电和天然气发电技术受到资源或开发难度的约束,本研究对 2030 年长三角各地区的技术普及率约束进行了设定,如表 9-28 所示。可以看出,受资源影响,水电将不会在上海市发展,而江苏也仅有少量的水电可发展,浙江的发电结构中,水电原本就占有较大比例,因此该比例将在 2030 年继续保持;对于核电,目前上海和江苏仅有极少数核电,鉴于核原料的限制,假设 2030 年上海和江苏核电发电量的最大比例为 5%,而浙江目前已有相当一部分电量来自核能发电,因此假设其 2030 年比例最高可达到 20%;天然气发电发展的一个限制性因素就是天然气的供应,我国东部地区属于缺气地带,所用天然气大部分靠西气东输工

表 9-28　2030 年长三角各地区发电技术普及率约束设定(%)

	上海	江苏	浙江
水电	0	2	15
核电	5	5	20
天然气发电	20	20	20
风电	30	30	30

程供应,因此天然气发电的最大比例设定为20%;风力发电由于也受到资源限制,因此本研究将风力发电的最大比例设定为30%。

2) 交通部门

对交通部门来说,其服务量主要分为客运周转量和货运周转量。客运周转量由客车提供,货运周转量由货车提供,各类型车的单车年均客运(货运)周转量已在9.2.2节中讨论。地区总客运(货运)周转量等于单车年均客运(货运)周转量乘以机动车保有量。因此长三角地区交通部门的服务量预测即为对各类型机动车保有量的预测。本研究参考了目前上海市的机动车管控政策,长三角地区近十年机动车保有量增长趋势以及清华大学关于长三角地区机动车保有量的预测(研究结果未发表),对2030年长三角各地区的机动车保有量进行了预测,结合单车年均客运(货运)周转量,计算得到2030年长三角各地区的客运周转量及货运周转量,如表9-29所示。

表9-29 2010年及2030年长三角各地区客运及货运周转量

		上海	江苏	浙江
2010年	客运周转量(10^8 人·km)	599	1420	1020
	货运周转量(10^8 t·km)	520	1010	846
2030年	客运周转量(10^8 人·km)	1190	4250	3050
	货运周转量(10^8 t·km)	1070	1977	1660

从表9-29中可以看出,上海地区由于保有量限制,因此2030年相较2010年客运周转量仅增长一倍,而江苏和浙江则增长两倍左右;货运周转量的预测主要基于近十年的发展趋势以及其与国内生产总值(GDP)的相关关系得到,三个地区2030年的货运周转量相较2010年均增长一倍左右。

除服务量预测外,技术普及率约束需要研究者设定。对交通部门,根据清华大学的预测(未发表),未来货车中重型货车的比例将小幅增大,轻型货车的比例将小幅下降,而客车中小型客车的比例会有较大幅度的增加,相应的大型客车和中型客车比例将有所减少。本研究参考了上述预测结果,对2030年长三角各地区各车型服务量的最大比例进行了设定,如表9-30所示。

3) 工业部门

工业部门总体分为工业过程和工业锅炉,其中工业过程提供的服务即各种工业产品,工业锅炉提供的服务即有效热。研究利用弹性系数法(Zhao et al,2013a)对2010~2030年中国各省市的工业产品和工业锅炉产热量进行了预测,如表9-31所示。

表 9-30　2030 年长三角各地区各车型服务量最大比例

机动车类型	上海	江苏	浙江
HDB-G	0.00	0.00	0.00
HDB-D	0.20	0.07	0.07
MDB-G	0.01	0.01	0.01
MDB-D	0.10	0.04	0.04
LDB-G	0.75	0.80	0.80
LDB-D	0.05	0.08	0.07
MIDB-G	0.01	0.01	0.01
MIDB-D	0.00	0.00	0.00
HDT-G	0.00	0.00	0.00
HDT-D	0.45	0.58	0.40
MDT-G	0.00	0.00	0.00
MDT-D	0.46	0.25	0.20
LDT-G	0.02	0.03	0.06
LDT-D	0.13	0.16	0.35
MIDT-G	0.00	0.00	0.00
MIDT-D	0.00	0.00	0.00

表 9-31　2030 年长三角各地区工业产品及锅炉产热量需求

	单位	上海	江苏	浙江
烧结矿	万吨	2483	5081	363
生铁	万吨	1775	3631	260
粗钢	万吨	2216	5508	788
铸造	万吨	108	242	16
水泥熟料	万吨	61	6178	6355
水泥	万吨	731	17092	12295
平板玻璃	万重量箱	0	7892	5206
砖	亿块	0	10	41
石灰	万吨	57	1091	491
焦炭	万吨	680	948	170
炼油	万吨	4775	6145	5202
锅炉产热	万吨标煤	1623	5998	4004

在约束条件的设定上，由于工业部门能源技术不涉及技术应用难度的约束，因此对工业部门不设置技术普及率约束。

4）民用部门

对民用部门来说,其服务主要分为城市炊事热水、农村炊事热水、城市采暖、农村采暖四大部分。其中炊事热水的服务量需求为人均炊事热水有用能需求量与人口数的乘积,采暖服务量需求为采暖建筑面积与单位面积平均需热量的乘积。Zhao 等(2013a)对 2010~2030 年上海、江苏和浙江的人口数、人均住宅及商业建筑面积、人均炊事热水有用能需求量及单位面积平均需热量进行了预测,据此计算得到 2030 年长三角各地区的采暖和炊事热水有用能需求量,如表 9-32 所示。可以看出,2030 年城市采暖和城市炊事热水相对 2010 年有较大的增幅,而农村采暖和农村炊事热水的变化不大,这主要是由于城镇化使得城市人口数增加。

表 9-32　2010 年及 2030 年长三角各地区的采暖及炊事热水用能需求量(万 tce)

年份	服务类型	上海	江苏	浙江
2010	城市采暖	350	749	508
	农村采暖	46	465	414
	城市炊事热水	137	300	216
	农村炊事热水	13	175	115
2030	城市采暖	686	1660	1186
	农村采暖	55	568	485
	城市炊事热水	219	537	393
	农村炊事热水	17	222	150

对于民用部门,除太阳能热水器受到太阳能资源的限制外,提供同一种服务的能源技术理论上可以进行替代,因此其余能源技术不设置最大比例。本研究对太阳能热水器的最大比例如表 9-33 所示。

表 9-33　2030 年长三角各地区太阳能热水器提供服务量的最大比例

能源技术	上海	江苏	浙江
太阳能热水器(城市炊事热水)	0.1	0.15	0.15
太阳能热水器(农村炊事热水)	0.07	0.12	0.15

由于上海 2010 年太阳能热水器的比例较低,因此虽然增幅较大,但 2030 年其在城市炊事热水和农村炊事热水中的比例仍较低,而江苏和浙江 2030 年太阳能热水器的比例与 2010 年相比保持小幅上升。

2. 污染物减排方案的成本比较

根据三个方案下各地区各排放源的排放系数,结合上文对 2030 年各部门服务量的预测和技术普及率约束的设定,利用 AIM/Enduse 模型对 2030 年各个部门的能源技术和污控技术进行选择,并计算了各个方案下的总投资成本。为了规避服务量需求变化对投资成本的影响,我们设置了一个名为"2030-0％"的情景,该情景的含义为,在 2030 年的服务量需求下,采取控制措施使 2030 年的排放保持2010 年的水平不变。我们同样采用 AIM/Enduse 模型,计算了"2030-0％"情景的总投资成本。将各方案下的总投资成本与"2030-0％"情景下的投资成本进行比较,其差值即为污染物排放控制带来的成本变化,结果如图 9-9 所示。

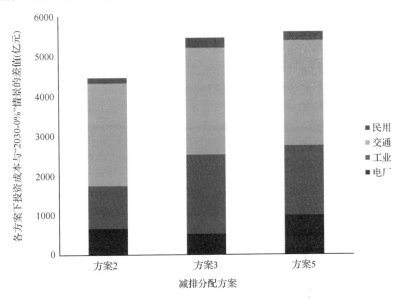

图 9-9　三个方案下的总投资成本与"2030-0％"情景下的投资成本的差值

从图 9-9 可以看出,同样是达到环境中 $PM_{2.5}$ 浓度达标的目的,方案 2 下的减排成本最低,说明方案 2 下的能源技术组合和污控技术组合最为经济有效,应选择方案 2 作为污染物控制的实施方案。需要说明的是,方案 2 只是本研究比选的三种减排方案中比较经济有效的方案,实际上,使 $PM_{2.5}$ 浓度达标的方案还有成千上万种,其中不排除有比方案 2 更加经济有效的减排方案。在今后的研究中,应将ERSM 模型与 AIM/Enduse 模型进行耦合,探索直接基于空气质量目标对污染控制技术组合进行优化的方法。

3. 污染物减排的具体技术途径

本小节根据 AIM/Enduse 模型在方案 2 下的技术选择,对长三角地区各部门从 2010 年到 2020 年,再到 2030 年的能源技术和污控技术实施路径进行了设定,下面进行详细介绍。

1) 电力部门

长三角地区电力部门 2010 年、2020 年及 2030 年的发电技术结构变化及污控技术组合构成变化如图 9-10、图 9-11 所示。

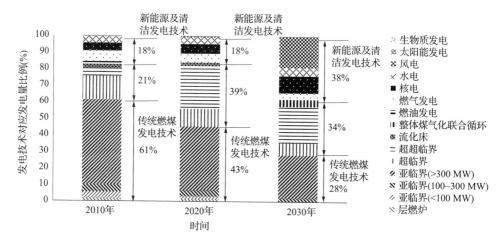

图 9-10　2010 年、2020 年及 2030 年长三角地区电力部门发电量构成

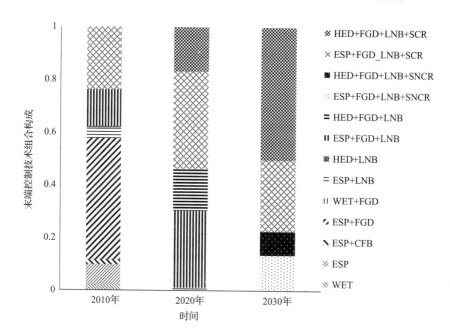

图 9-11　2010 年、2020 年及 2030 年长三角地区电力部门污控技术组合构成

从图 9-10 中可以看出,2020 年相对 2010 年传统燃煤发电技术比例从 61％下降到 43％,相应的先进燃煤发电技术比例从 21％上升到 39％,而新能源及清洁能

源发电技术的比例保持不变,先进燃煤发电技术中应大力发展超超临界技术。相应的污染控制技术应逐渐加严,其中除尘设施中 ESP 占 67%,HED 占 33%;脱硫设施中 FGD 的比例达 99%;脱硝设施中 LNB+SCR 的比例达 54%,其余为 LNB。2030 年在 2020 年的基础上,应进一步压缩传统燃煤发电技术的比例到 28%,先进燃煤发电技术的比例几乎保持不变,而新能源及清洁能源技术的比例应由 18% 提升到 38%,主要发展风电、核电和水电;污染控制技术进一步加严,除尘设施中 HED 比例上升到 60%,ESP 比例下降到 40%;所有燃煤电厂均装备 FGD 进行脱硫;脱硝设施中 LNB+SCR 比例达 78%,其余为 LNB+SNCR。

　　2)交通部门

　　交通部门能源技术的选择主要在于新能源车替代传统车,其污控技术的选择在于不同控制力度的污染排放标准的实施。2010 年、2020 年、2030 年长三角地区各类型客货车对应服务量如图 9-12 所示。方案 2 下 2010～2030 年长三角地区重型货车比例逐渐增大,轻型货车比例逐渐减小,不需要引入新能源货车;大型天然气客车、大型混合动力客车以及大型纯电动客车逐渐替代传统大型客车,2030 年时总替代比例达到 50%,其中天然气客车、大型混合动力客车和大型纯电动客车各占 28%,12%,10%。此外,轻型客车的比例将有所增加,但不需引入新能源车型。

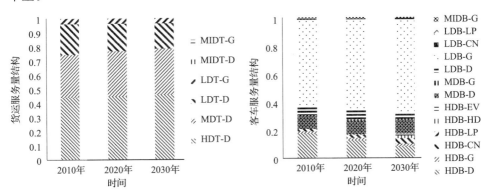

图 9-12　2010 年、2020 年、2030 年长三角地区各类型客货车对应服务量

　　除能源技术调整外,各车型在污染排放上亦需要实施更加严格的标准。本研究基于我国近年排放标准实施现状,结合欧盟排放标准的实施时间表,同时根据 2030 年全车队中实施各排放标准的车辆数比例以及各种车的寿命,反推出各排放标准的实施时间,如图 9-13 所示。

　　从图 9-13 可以看出,所有车型需在 2015 年实施国 V 标准,重型货车和大型客车需在 2018 年实施国 Ⅵ 标准。由于对于中、轻、微型车而言,国 V 标准与国 Ⅵ 标准在污染物排放限值上是一样的,其区别在于颗粒物的数浓度控制上有所不同,数浓

年份	12	13	14	15	16	17	18	19	20	21	22	23	24	25	26	27	28	29	30
重型货车、大型客车	3	4	4	5	5	5	6	6	6	6	6	6	6	6	6	6	6	6	6
中、轻、微型货车 中、轻、微型客车	3	4	4	5	5	5	5	5	5	5	5	5	5	5	5	5	5	5	5

图 9-13　各类型机动车实施排放标准时间表(图中数字 3、4、5、6 依次表示
国Ⅲ、国Ⅳ、国Ⅴ、国Ⅵ标准)

度不在本研究的考虑范围之内,因此本研究中中、轻、微型车不需要实施国Ⅵ标准。

3) 工业部门

工业部门涉及能源技术选择的子部门主要有工业锅炉和水泥熟料生产。方案 2 下上述两个子部门 2010 年、2020 年及 2030 年的能源技术结构变化如图 9-14 所示。

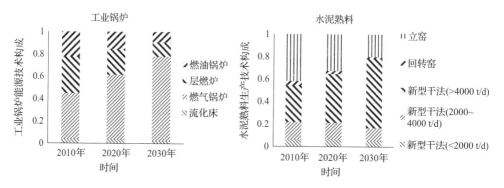

图 9-14　2010 年、2020 年及 2030 年工业锅炉和水泥熟料子行业能源技术构成

从图 9-14 可以看出,方案 2 下工业锅炉能源技术结构的变化体现在:2020 年相对 2010 年,工业锅炉中层燃炉和燃油锅炉比例分别由 32% 和 22% 下降到 23% 和 15%,燃气锅炉的比例由 40% 上升到 57%;2030 年在 2020 年的基础上,层燃炉和燃油锅炉继续淘汰,比例分别下降到 12% 和 9%,而燃气锅炉的比例应达到 75%,流化床的比例基本保持不变。水泥熟料生产中,新型干法的比例逐渐上升,而回转窑和立窑则逐渐淘汰,2020 年相对 2010 年新型干法比例从 55% 上升到 65%,其中日生产能力大于 4000 t/d 的生产线比例占到所有新型干法生产线的 70%;2030 年回转窑和立窑进一步淘汰,新型干法比例达到 78%,其中日生产能力大于 4000 t/d 的生产线比例占到所有新型干法生产线的 80% 左右。

除能源技术选择外,污染控制技术的选择和实施路径也是实现环境目标的关键所在。2010 年、2020 年及 2030 年工业部门各子行业污染控制技术构成如图 9-15 所示。

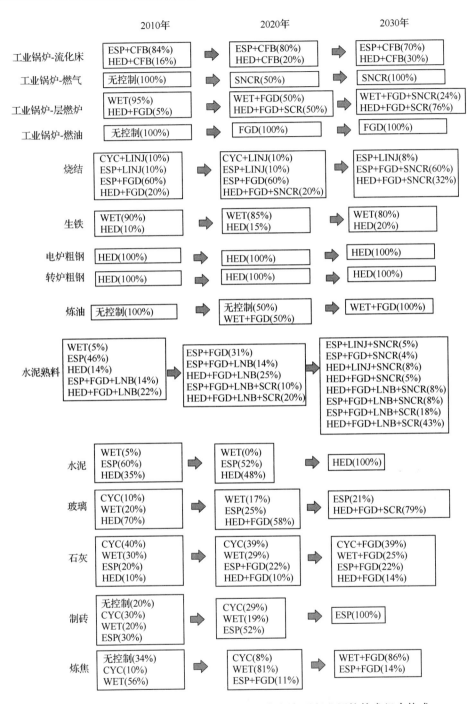

图 9-15　2010 年、2020 年及 2030 年工业部门各子行业污控技术组合构成

　　从图 9-15 中可以看出,2020 年,除尘设施中应淘汰部分 CYC 和 WET,以 ESP 和 HED 替代之;脱硫措施应部分或全部覆盖各排放源子行业,其中工业锅炉和水泥熟料生产应全部装备 FGD,烧结应装备 LINJ 和 FGD,炼油、玻璃、石灰、炼焦行业 FGD 的装备比例分别达到 50％、58％、32％、11％;工业锅炉、水泥熟料生产及烧结行业应装备一定数量的脱硝设施,其中工业锅炉 SCR/SNCR 的比例应达到 50％,水泥熟料生产中 SCR/SNCR 的比例达到 30％,且 LNB 的比例达到 70％,烧结中 SNCR 比例为 20％。2030 年,除炼油、炼焦、石灰生产外,其余子行业中除尘设施以 ESP 和 HED 为主,脱硫设施(LINJ 和 FGD)几乎全面覆盖所有排放源子行业,工业锅炉、水泥熟料生产及玻璃生产中 SCR 的比例分别达到 76％、61％、79％,烧结中 SNCR 比例达到 92％。

　　4)民用部门

　　民用部门城市、农村采暖及城市、农村炊事热水的技术构成变化如图 9-16 所示。

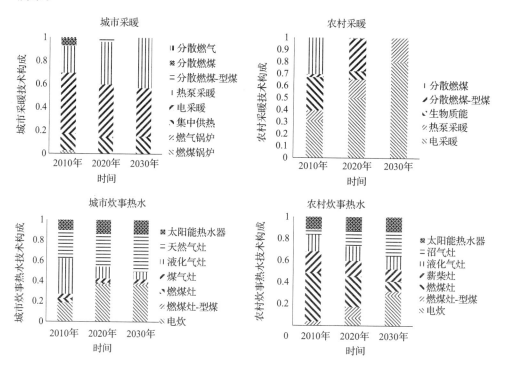

图 9-16　民用部门采暖及炊事技术构成

　　2020 年,城市采暖应淘汰燃煤锅炉,同时分散燃煤应改用型煤作为燃料,电采暖比例小幅下降,转而采用热泵采暖;农村采暖中,生物质能采暖应大幅度淘汰,改用电采暖,同时分散燃煤应改用型煤作为燃料;城市炊事热水中,燃煤灶应逐步淘汰,改用电炊和太阳能热水器;农村炊事热水中,燃煤灶应改用型煤作为燃料,以沼气灶替代薪柴灶。2030 年在 2020 年基础上,城市采暖应淘汰所有的分散燃煤,由电采暖、热泵采暖和集中供热供给,其比例分别为 41%、43%、15%;农村采暖也应淘汰所有的分散燃煤和生物质能采暖,全部改用电采暖和热泵采暖,其比例分别为 80% 和 20%;城市炊事热水中以电炊和天然气灶为主,两者之和超过 70%,燃煤灶几乎被淘汰;农村炊事热水中电炊和沼气灶为主,两者之和超过 50%,液化气灶和太阳能热水器也占有一定比例,燃煤灶全部改用型煤作为燃料,且燃煤灶和薪柴灶比例之和不超过 25%。

9.3　长三角地区霾污染控制对策建议

综上所述,长三角地区要实现空气质量的全面改善,必须通过优化经济结构、提高能源效率和调整能源结构,减轻经济快速增长对环境产生压力的强度;同时,实施多种污染源综合控制和多种污染物协同控制,保持污染物排放量持续下降。

9.3.1　优化产业结构,实现环境和经济协调发展

1) 严格环境准入,强化源头管理

依据国家产业政策的准入要求,提高"两高一资"行业的环境准入门槛,严格控制新建高耗能、高污染项目,遏制盲目重复建设,严把新建项目准入关。

重点地区禁止新、改、扩建除"上大压小"和热电联产以外的燃煤电厂,严格限制钢铁、水泥、石化、化工、有色等行业中的高污染项目。城市建成区、工业园区禁止新建 20 蒸吨/小时以下的燃煤、重油、渣油锅炉及直接燃用生物质锅炉,其他地区禁止新建 10 蒸吨/小时以下的燃煤、重油、渣油锅炉及直接燃用生物质锅炉。

把污染物排放总量作为环评审批的前置条件,以总量定项目。新建排放二氧化硫、氮氧化物、工业烟粉尘和挥发性有机物的项目,实行污染物排放减量替代,实现增产减污;对于重点控制区,新建项目实行区域内现役源 2 倍削减量替代;一般控制区实行 1.5 倍削减量替代。

新建项目必须配套建设先进的污染治理设施,火电、钢铁烧结机等项目应同步安装高效除尘、脱硫、脱硝设施,新建水泥生产线必须采取低氮燃烧工艺,安装袋式除尘器及烟气脱硝装置,新建燃煤工业锅炉必须安装高效除尘、脱硫设施,采用低氮燃烧或脱硝技术,满足排放标准要求。

2) 加大落后产能淘汰,优化工业布局

严格按照《部分工业行业淘汰落后生产工艺装备和产品指导目录(2010 年本)》《产业结构调整指导目录(2011 年本)(修正)》的要求,采取经济、技术、法律和必要的行政手段,提前一年完成钢铁、水泥、电解铝、平板玻璃等 21 个重点行业

的"十二五"落后产能淘汰任务。完善淘汰落后产能公告制度,对未按期完成淘汰任务的地区,严格控制国家环保投资项目,暂停对该地区火电、钢铁、有色、石化、水泥、化工等重点行业建设项目办理核准、审批和备案手续;对未按期淘汰的企业,依法吊销排污许可证、生产许可证等。

3) 压缩过剩产能

加大环保、能耗、安全执法处罚力度,建立以节能环保标准促进"两高"行业过剩产能退出的机制。制定财政、土地、金融等扶持政策,支持产能过剩"两高"行业企业退出、转型发展。发挥优强企业对行业发展的主导作用,通过跨地区、跨所有制企业兼并重组,推动过剩产能压缩。严禁核准产能严重过剩行业新增产能项目。

9.3.2　加强能源清洁利用,控制区域能源消费总量

1) 优化能源结构,控制煤炭用量

基于区域空气质量改善要求制定长期的能源总量尤其是煤炭消费总量控制目标,并将目标任务分解至地市,新扩改建项目原则上实现煤炭消费等量替代。探索把煤炭总量指标作为项目审批的前置条件,以总量定项目,以总量定产能,率先调整和优化以煤炭为主的能源结构。到 2015 年,长三角区域煤炭消费总量控制在 4.7 亿吨以内,煤炭消费增长量控制在 5000 万吨以内。通过逐步提高接受外输电比例、增加天然气供应、加大非化石能源利用强度等措施替代燃煤,逐步实现煤炭消费总量负增长。

加快清洁能源替代利用。对有天然气气源保障的地区,采用天然气保障居民生活用煤和替代燃煤锅炉。大力开发利用风能,通过开发陆地风能和海上风能,到 2015 年形成 600 万千瓦装机容量。加快推动太阳能光热利用、光伏发电协同发展,到 2015 年建成 80 万千瓦光伏发电装机以及 8000 万平方米以上光热利用面积。推动生物质直接发电、生物质气化发电、沼气直接利用等多种形式的综合应用,到 2015 年形成生物质发电装机容量 100 万千瓦。通过实施上述措施,到 2015 年长三角区域煤炭占一次能源的消费比重下降 8% 左右。

2) 控制煤炭分散燃烧,推进煤炭清洁、高效利用

大力推进城市集中供热工程建设,重点控制区逐步淘汰 10 吨以下分散燃煤锅炉,一般控制区淘汰 6 吨以下分散燃煤锅炉。新建燃煤锅炉,必须淘汰等量的燃煤锅炉。推行一县一热源政策,建设和完善统一的热网工程,对纯凝汽燃煤发电机组加大技术改造力度,最大限度地抽汽供应热网,逐步淘汰热网覆盖范围内的企业自备锅炉。

加强工业集中供热,重点推进工业园区的热电冷三联供。除生产工艺确需自建锅炉的企业,省级以上开发区全部实施集中供热,自建锅炉禁止采用燃煤锅炉,使用轻质柴油、天然气等清洁能源。工业园区严格根据集中供热能力引进企业。

石化和钢铁行业新扩产能不再建设以煤炭为燃料的动力站,并通过大力发展余压、余汽、余热发电技术,逐步取消燃煤锅炉。

提高原煤入洗率,建设配煤中心,推进城市煤炭的洁净化利用。对于区域内未进行清洁能源替代或除尘器改造的中小燃煤工业锅炉和供暖锅炉,全部使用经过洗选、配煤的低硫分、低灰分优质煤,要求硫分低于 0.6%,灰分低于 15%。进一步推进徐州煤炭基地坑口电厂建设,加强中煤、煤泥、煤矸石等综合利用。适时建设煤炭整体气化联合循环发电(IGCC)示范工程,推进煤炭清洁高效利用。

3) 严格节能环保准入,提高能源利用效率

严格落实节能评估审查制度,提高节能环保准入门槛,健全重点行业准入条件。公布符合准入条件的企业名单并实施动态管理。新建高耗能项目单位产品(产值)能耗要达到国际先进水平。对未通过能评、环评审查的项目,有关部门不得审批、核准、备案,不得提供土地,不得批准开工建设,不得发放生产许可证、安全生产许可证、排污许可证。

积极发展绿色建筑,政府投资的公共建筑、保障性住房等要率先执行绿色建筑标准。新建建筑要严格执行强制性节能标准,推广使用太阳能热水系统、地源热泵、空气源热泵、光伏建筑一体化、"热-电-冷"三联供等技术和装备。

9.3.3　加大综合治理力度,实现多种污染物同时减排

长三角地区大气污染形势已经发生转变。解决大气灰霾污染问题,既要控制一次污染物,又要控制二次污染物的前体物。颗粒物污染既要控制扬尘、烟尘、粉尘等一次颗粒物,又要控制氮氧化物、挥发性有机物、二氧化硫等二次颗粒物的前体物。过去只注重单一污染物的控制模式已不适于解决复合型大气污染的要求;只注重于工业大点源的控制,缺乏对面源和移动源的控制,也不能适应多污染物协同控制的要求。

1) 深化二氧化硫污染治理

巩固电力行业二氧化硫污染治理成果,在"十一五"电力行业二氧化硫减排取得明显成效的基础上推进全面减排,重点加大冶金、建材、石化、有色等非电力行业以及燃煤工业锅炉的二氧化硫减排力度。

深化火电行业二氧化硫治理。燃煤机组全部安装脱硫设施;对不能稳定达标的脱硫设施进行升级改造;烟气脱硫设施要按照规定取消烟气旁路,强化对脱硫设施的监督管理,确保燃煤电厂综合脱硫效率达到 90% 以上。

开展燃煤工业锅炉二氧化硫治理。对区域内规模在 35 蒸吨以上的现有燃煤工业锅炉安装烟气脱硫设施,综合脱硫效率达到 80%;加强已有燃煤锅炉脱硫设施的监管。

加强钢铁、石化等非电行业的烟气二氧化硫治理。所有烧结机和位于城市建

成区的球团生产设备配套建设脱硫设施,综合脱硫效率达到 70% 以上。石油炼制行业催化裂化装置要配套建设烟气脱硫设施,硫黄回收率达到 99% 以上。加快有色金属冶炼行业生产工艺设备更新改造,提高冶炼烟气中硫的回收利用率,对二氧化硫含量大于 3.5% 的烟气采取制酸或其他方式回收处理,低浓度烟气和排放超标的制酸尾气进行脱硫处理。实施炼焦炉煤气脱硫,硫化氢脱除效率达到 95%。

2) 开展氮氧化物排放控制

全面开展氮氧化物污染防治,建立以电力、水泥为重点的工业氮氧化物防治体系,对冶金行业、燃煤锅炉积极推行低氮燃烧技术及烟气脱硝示范工程建设,对其他工业行业应加快氮氧化物控制技术的研发和产业化进程。

大力推进火电行业氮氧化物控制。加快燃煤机组低氮燃烧技术改造及脱硝设施建设,单机容量 20 万千瓦及以上、投运年限 20 年内的现役燃煤机组全部配套脱硝设施,脱硝效率达到 85% 以上,综合脱硝效率达到 70% 以上;加强对已建脱硝设施的监督管理,确保脱硝设施高效稳定运行。

加强水泥行业氮氧化物治理。对新型干法水泥窑实施低氮燃烧技术改造,配套建设脱硝设施。新、改、扩建水泥生产线综合脱硝效率不低于 60%。

积极开展燃煤工业锅炉、烧结机等烟气脱硝示范。选择烧结机单台面积 180 平方米以上的 2 至 3 家钢铁企业,开展烟气脱硝示范工程建设。推进燃煤工业锅炉低氮燃烧改造和脱硝示范。

3) 强化工业烟粉尘治理

以电力、水泥、钢铁、燃煤锅炉为重点深化工业颗粒物污染治理,推进除尘技术升级改造,其他工业行业采取有效措施控制颗粒物排放,加强工艺过程无组织排放管理,大力削减一次颗粒物排放。

燃煤机组必须配套高效除尘设施。对烟尘排放浓度不能稳定达标的燃煤机组进行高效除尘改造。

燃煤工业锅炉烟尘不能稳定达标排放的,应进行高效除尘改造。沸腾炉和煤粉炉必须安装袋式除尘装置。积极采用天然气等清洁能源替代燃煤;使用生物质成型燃料应符合相关技术规范,使用专用燃烧设备;对无清洁能源替代条件的,推广使用型煤。

水泥窑及窑磨一体机除尘设施应全部改造为袋式除尘器。水泥企业破碎机、磨机、包装机、烘干机、烘干磨、煤磨机、冷却机、水泥仓及其他通风设备需采用高效除尘器,确保颗粒物排放稳定达标。加强水泥厂和粉磨站颗粒物排放综合治理,采取有效措施控制水泥行业颗粒物无组织排放,大力推广散装水泥生产,限制和减少袋装水泥生产,所有原材料、产品必须密闭贮存、输送,车船装、卸料采取有效措施防止起尘。

现役烧结(球团)设备机头烟尘不能稳定达标排放的进行高效除尘技术改造,

重点控制区应达到特别排放限值的要求。炼焦工序应配备地面站高效除尘系统，积极推广使用干熄焦技术；炼铁出铁口、撇渣器、铁水沟等位置设置密闭收尘罩，并配置袋式除尘器。

积极推广工业炉窑使用清洁能源，陶瓷、玻璃等工业炉窑可采用天然气、煤制气等替代燃煤，推广应用黏土砖生产内燃技术。加强工业炉窑除尘工作，安装高效除尘设备，确保达标排放。

4）推进挥发性有机物污染治理

在石化、有机化工、表面涂装、包装印刷等行业实施挥发性有机物综合整治，在石化行业开展"泄漏检测与修复"技术改造。限时完成加油站、储油库、油罐车的油气回收治理，在原油成品油码头积极开展油气回收治理。完善涂料、胶黏剂等产品挥发性有机物限值标准，推广使用水性涂料，鼓励生产、销售和使用低毒、低挥发性有机溶剂。

提升有机化工（含有机化学原料、合成材料、日用化工、涂料、油墨、胶黏剂、染料、化学溶剂、试剂生产等）、医药化工、塑料制品企业装备水平，严格控制跑冒滴漏。原料、中间产品与成品应密闭储存，对于实际蒸汽压大于 2.8 kPa、容积大于 100 m³ 的有机液体储罐，采用高效密封方式的浮顶罐或安装密闭排气系统进行净化处理。排放挥发性有机物的生产工序要在密闭空间或设备中实施，产生的含挥发性有机物废气需进行净化处理，净化效率应不低于 90%。

积极推进汽车制造与维修、船舶制造、集装箱、电子产品、家用电器、家具制造、装备制造、电线电缆等行业表面涂装工艺挥发性有机物的污染控制。全面提高水性、高固份、粉末、紫外光固化涂料等低挥发性有机物含量涂料的使用比例，汽车制造企业达到 50% 以上，家具制造企业达到 30% 以上，电子产品、电器产品制造企业达到 50% 以上。推广汽车行业先进涂装工艺技术的使用，优化喷漆工艺与设备，小型乘用车单位涂装面积的挥发性有机物排放量控制在 40 g/m² 以下。使用溶剂型涂料的表面涂装工序必须密闭作业，配备有机废气收集系统，安装高效回收净化设施，有机废气净化率达到 90% 以上。

包装印刷业必须使用符合环保要求的油墨，烘干车间需安装活性炭等吸附设备回收有机溶剂，对车间有机废气进行净化处理，净化效率达到 90% 以上。在纺织印染、皮革加工、制鞋、人造板生产、日化等行业，积极推动使用低毒、低挥发性溶剂，食品加工行业必须使用低挥发性溶剂，制鞋行业胶黏剂应符合国家强制性标准《鞋和箱包用胶粘剂》的要求；同时开展挥发性有机物收集与净化处理。

5）强化移动源污染防治

虽然上海出台了汽车限购政策，但是未来 10 年长三角地区机动车保有量仍将保持持续快速增长，并构成对城市交通系统和机动车排放控制的持续压力。因此，应在区域层面开展机动车保有量（重点是出行量）调控政策研究，在一定程度上调控长三角地区机动车保有总量。同步建立发达的公共交通系统和严格的机动车排放控制体系,执行以公共交通为导向的交通发展政策,大力发展城市公交系统和城际间轨道交通系统,形成以轨道交通为主、公共汽车等为辅的发达的公共交通系统。此外,改善居民步行、自行车出行条件,鼓励选择绿色出行方式,并通过一系列的经济措施等手段限制和减少私家车的保有和使用。

加大和优化城区路网结构建设力度,通过错峰上下班、调整停车费等手段,提高机动车通行效率;推广城市智能交通管理和节能驾驶技术;鼓励选用节能环保车型,推广使用天然气汽车和新能源汽车,并逐步完善相关基础配套设施;积极推广电动公交车和出租车。

授予环境保护部在油品质量方面的管理权,加速实现车用燃料的低硫化和无硫化,颁布实施第四、第五阶段车用燃油国家标准,同时推进非道路移动源油品的低硫化。针对"车",一方面要加快制定出台国家移动源污染防治管理条例,严格在用车管理,保证在用车的达标排放;另一方面要加速制定和实施新车排放标准,通过标准的加严推动单车污染物排放水平的降低,在国V标准中加入对加油过程、日常挥发 VOC 的排放控制。针对"路",要建立全新的城市可持续交通体系,通过发展先进的城市公共交通系统,优化交通管理,减少污染物排放量。

适时颁布实施国家第V阶段机动车排放标准,鼓励有条件地区提前实施下一阶段机动车排放标准。2015 年起低速汽车(三轮汽车、低速货车)执行与轻型载货车同等的节能与排放标准。完善机动车环保型式核准和强制认证制度,不断扩大环保监督检查覆盖范围,确保企业批量生产的车辆达到排放标准要求。未达到国家机动车排放标准的车辆不得生产、销售。严格外地转入车辆环境监管。

全面推进机动车环保标志核发工作,到 2015 年,汽车环保标志发放率达到85％以上。开展环保标志电子化、智能化管理。全面推进机动车环保检验委托工作,加快环保检验在线监控设备安装进程,加强检测设备的质量管理,提高环保检测机构监测数据的质量控制水平,强化检测技术监管与数据审核,推进环保检验机构规范化运营。加快推行简易工况尾气检测法。完善机动车环保检验与维修(I/M)制度。

严格执行老旧机动车强制报废制度,强化营运车辆强制报废的有效管理和监控。通过制定完善地方性法规规章,推行黄标车限行措施,加速黄标车淘汰进程。2013 年底前实现重点控制区地级及以上城市主城区黄标车禁行,2015 年底前实现其他地级及以上城市主城区黄标车禁行。大力推进城市公交车、出租车、客运车、运输车(含低速车)集中治理或更新淘汰,杜绝车辆"冒黑烟"现象。力争到 2015 年,基本淘汰辖区内黄标车。

在上海、南京、宁波等港口城市,船舶排放已成为影响城市空气质量的重要来源之一,针对船舶等非道路移动源,也要加速排放标准、油品标准、管理制度的制定和实施。2013 年,实施国家第Ⅲ阶段非道路移动机械排放标准和国家第Ⅰ阶段船用发动机排放标准。积极开展施工机械环保治理,推进安装大气污染物后处理装置。加快上海、南京等地区的"绿色港口"建设。在重点港口建设码头岸电设施示范工程,加快港内拖车、装卸设备等"油改气"或"油改电"进程,降低污染物排放。

6) 加强城市扬尘和面源污染管理

将扬尘控制作为城市环境综合整治的重要内容,建立由住房城乡建设、环保、市政、园林、城管等部门组成的协调机构,开展城市扬尘综合整治,加强监督管理。积极创建扬尘污染控制区,控制施工扬尘和渣土遗撒,开展裸露地面治理,提高绿化覆盖率,加强道路清扫保洁,不断扩大扬尘污染控制区面积。到 2015 年,重点控制区内城市建成区降尘强度在 2010 年基础上下降 15% 以上,一般控制区内城市建成区降尘强度下降 10% 以上。

加强施工扬尘环境监理和执法检查。在项目开工前,建设单位与施工单位应向建设、环保等部门分别提交扬尘污染防治方案与具体实施方案,并将扬尘污染防治纳入工程监理范围,扬尘污染防治费用纳入工程预算。将施工企业扬尘污染控制情况纳入建筑企业信用管理系统,定期公布,作为招投标的重要依据。加强现场执法检查,强化土方作业时段监督管理,增加检查频次,加大处罚力度。

推进建筑工地绿色施工。建设工程施工现场必须全封闭设置围挡墙,严禁敞开式作业;施工现场道路、作业区、生活区必须进行地面硬化;积极推广使用散装水泥,市区施工工地全部使用预拌混凝土和预拌砂浆,杜绝现场搅拌混凝土和砂浆;对因堆放、装卸、运输、搅拌等易产生扬尘的污染源,应采取遮盖、洒水、封闭等控制措施;施工现场的垃圾、渣土、沙石等要及时清运,建筑施工场地出口设置冲洗平台。建设城市扬尘视频监控平台,在城市市区内,主要施工工地出口、起重机、料堆等易起尘的位置安装视频监控设施,新增建筑工地在开工建设前要安装视频监控设施,实现施工工地重点环节和部位的精细化管理。

积极推行城市道路机械化清扫,提高机械化清扫率,到 2015 年一般控制区城市建成区主要车行道机扫率达到 70% 以上,重点控制区达到 90% 以上。增加城市道路冲洗保洁频次,切实降低道路积尘负荷。

减少道路开挖面积,缩短裸露时间,开挖道路应分段封闭施工,及时修复破损道路路面。加强道路两侧绿化,减少裸露地面。加强渣土运输车辆监督管理,所有城市渣土运输车辆实施密闭运输,实施资质管理与备案制度,安装 GPS 定位系统,对重点地区、重点路段的渣土运输车辆实施全面监控。

强化煤堆、料堆的监督管理。大型煤堆、料堆场应建立密闭料仓与传送装置,露天堆放的应加以覆盖或建设自动喷淋装置。电厂、港口的大型煤堆、料堆应安装视频监控设施,并与城市扬尘视频监控平台联网。对长期堆放的废弃物,应采取覆绿、铺装、硬化、定期喷洒抑尘剂或稳定剂等措施。积极推进粉煤灰、炉渣、矿渣的综合利用,减少堆放量。

结合城市发展和工业布局,加强城市绿化建设,努力提高城市绿化水平,增强环境自净能力。打造绿色生态保护屏障,构建防风固沙体系。实施生态修复,加强对各类废弃矿区的治理,恢复生态植被和景观,抑制扬尘产生。

禁止农作物秸秆、城市清扫废物、园林废物、建筑废弃物等生物质的违规露天焚烧。全面推广秸秆还田、秸秆制肥、秸秆饲料化、秸秆能源化利用等综合利用措施,制定实施秸秆综合利用实施方案,建立秸秆综合利用示范工程,促进秸秆资源化利用,加强秸秆焚烧监管。进一步加强重点区域秸秆焚烧和火点监测信息发布工作,建立和完善市、县(区)、镇、村四级秸秆焚烧责任体系,完善目标责任追究制度。

开展畜禽养殖和化肥施用过程的氨排放控制。畜禽养殖中使用低氮饲料,改进圈养设施,对禽类实施封闭式圈养,改进粪便处理过程。将普遍施用的尿素替代为硝酸铵等氨产生量较低的化肥。

开展餐饮油烟污染治理。规模以上餐饮企业全部实施油烟净化在线监控,并与环保部门监控平台联网,实施油烟远程监控;小型餐饮企业全部安装油烟净化设备等环保治理设备。建立跨部门联合查处制度,严格查处违法行为,取缔无照违法经营户。加强对新建项目的环保审批和工商登记管理,强化对新建项目的监督管理。

9.3.4　建立区域协作机制,改善区域空气质量

京津冀、山东、安徽等地的大气污染物远距离输送对长三角地区的灰霾也有显著影响,整个东部地区各个城市间的大气污染高度关联,而不仅局限于长三角地区。因此,依靠单个城市自身的力量、各自为政的控制管理方式已不能适应大气污染防治的要求,需要打破行政区划限制,建立以区域为单元的一体化控制模式。

1)制定我国东部地区大气污染防治中长期规划

在东部地区,继续强化污染物排放总量控制制度的同时,将工作重点转移为改善空气质量;自下而上,基于质量改善需求确定区域总量,做到污染物总量控制与大气环境质量相结合。制定我国东部地区中长期污染减排目标与路线图,在“十二五”环境质量作为预期性指标基础上,“十三五”需实施排放总量和质量改善双重约束性目标控制,“十四五”将空气质量改善和能见度提高作为核心目标,实施更加严格的污染排放控制。

2)建立区域大气污染联防联控的协调机制

成立由环境保护部牵头、相关部门与区域内各省级政府参加的大气污染联防联控工作领导小组,设立区域大气质量管理办公室,统筹区域内的大气质量管理工作。定期召开区域大气污染联防联控联席会议,通报上年区域大气污染联防联控

工作进展,交流和总结工作经验。针对区域空气质量状况和污染特征,统筹设定区域性大气污染治理规划总目标,明确区域性环境空气质量改善目标和大气污染总量减排目标,研究制定长三角地区大气污染联合防治规划,确定主要规划任务以及实现规划的政策措施等,并制订年度实施计划。

3）建立区域大气环境联合执法监管机制

加强区域环境执法监管,确定并公布区域重点企业名单,开展区域大气环境联合执法检查,集中整治违法排污企业。经过限期治理仍达不到排放要求的重污染企业予以关停。切实发挥国家各区域环境督查派出机构的职能,加强对区域和重点城市大气污染防治工作的监督检查和考核,定期开展重点行业、企业大气污染专项检查,组织查处重大大气环境污染案件,协调处理跨省区域重大污染纠纷,打击行政区边界大气污染违法行为。强化区域内工业项目搬迁的环境监管,搬迁项目要严格执行国家和区域对新建项目的环境保护要求。

4）建立重大项目环境影响评价会商机制

对区域大气环境有重大影响的火电、石化、钢铁、水泥、有色、化工等项目,要以区域规划环境影响评价、区域重点产业环境影响评价为依据,综合评价其对区域大气环境质量的影响,评价结果向社会公开,并征求项目影响范围内公众和相关城市环保部门意见,作为环评审批的重要依据。

5）建立环境信息共享机制

围绕区域大气环境管理要求,依托已有网站设施,促进区域环境信息共享,集成区域内各地环境空气质量监测、重点源大气污染排放、重点建设项目、机动车环保标志等信息,建立区域环境信息共享机制,促进区域内各地市之间的环境信息交流。

6）建立区域大气污染预警应急机制

加强极端不利气象条件下大气污染预警体系建设,加强区域大气环境质量预报,实现风险信息研判和预警。建立区域重污染天气应急预案,构建区域、省、市联动一体的应急响应体系,将保障任务层层分解。当出现极端不利气象条件时,所在区域及时启动应急预案,实行重点大气污染物排放源限产、建筑工地停止土方作业、机动车限行等紧急控制措施。

9.3.5　健全法律法规体系,严格依法监督管理

1）将灰霾纳入环境空气质量评价体系

现行环境空气质量评价与灰霾评价方法存在差异,“能见度”、颗粒物细粒子等与灰霾天气有关的因素都没有纳入空气质量评价体系,经常出现灰霾天空气质量还是优良的现象。因此,建议将灰霾相关指标(如能见度)纳入环境空气质量评价体系,制定灰霾预报和发布的标准与规范,建立能够全面反映区域空气质量的评价

体系。

2）在法规中明确政府对大气质量达标的责任

在大气法等相关法律法规中,进一步明确城市政府在其辖区大气质量达标管理中的责任和义务,并对各级政府在大气质量管理方面赋予更多职能。与此同时,针对可进行长距离传输的 SO_2 和 NO_x 等二次 $PM_{2.5}$ 的重要前体物,完善区域总量控制制度,为区域空气污染联防联控机制的建立提供支持。

3）加大环保执法力度

推进联合执法、区域执法、交叉执法等执法机制创新,明确重点,加大力度,严厉打击环境违法行为。对偷排偷放、屡查屡犯的违法企业,要依法停产关闭。对涉嫌环境犯罪的,要依法追究刑事责任。

进一步强化对违法行为的处罚,提高不达标的违法成本。提高法律威慑力度,以有效遏制大气违法行为。

9.3.6　加强区域大气污染联防联控能力建设

当前我国区域复合型污染监测能力建设滞后,已有监测点位监测因子不全,无法满足对大气复合污染特征污染物臭氧、细粒子及其主要前体物和氧化中间物种的监测需要。区域复合型污染防治科研能力滞后,对于臭氧和细粒子的研究尚处于起步阶段,对其成因、危害及控制等方面的研究也较为滞后。

1）建设完善区域空气质量监测网络

建成长江三角洲区域空气质量监测网络。区域环境空气质量监测网由城市空气质量监测点和郊区监测点组成。其中城市监测点仍沿用目前的国家网点位,并增加 $PM_{2.5}$、O_3 和 CO 监测能力。郊区监测点设于城市建成区以外地区或区域输送通道上。所有城市监测点位新增细颗粒物、臭氧、一氧化碳等监测因子和数字环境摄影记录系统,开展全指标监测;区域站还应增加能见度、气象五参数等监测能力。加强大气环境超级站建设。开展移动源对路边环境影响的监测。

制定统一的监测数据质量保障/质量控制方案。区域内所有监测点数据实时联网到共享平台,以便进行区域空气质量的预警预报。

2）大气污染物排放在线监控能力建设

加大对重点企业的监督性监测,全面加强重点污染源二氧化硫、氮氧化物、颗粒物、挥发性有机物在线监测能力建设,2012 年底前重点企业全部建成在线监控装置,并与环保部门联网;重点推进县级大气污染源监控中心建设,完善区域、省、市、县四级自动监控系统网络。

3）强化污染排放统计与管理能力建设

逐步将挥发性有机物与移动源排放纳入环境统计体系。制定分行业挥发性有机物排放系数,建立挥发性有机物排放统计方法,开展摸底调查。组织开展非道路移动源排放状况调查,摸清非道路移动源排放系数及活动水平。研究开展颗粒物无组织排放调查。

4)推进区域大气环境管理科研合作

尽快开展和实施"长三角区域清洁空气行动计划",为定量化和精细化的大气质量管理提供资金和技术支撑。进一步推进区域大气复合污染联合观测和科学研究,以科研为抓手,以监测协作网为平台,共同开展科研技术交流,培养人才队伍,提升长三角地区的总体监测和科研能力。建设基于环境质量的区域大气环境管理平台,编制多尺度、高分辨率大气排放清单,建立大气灰霾预报预警系统,提高跨界污染来源识别、成因分析、控制方案定量化评估的综合能力。

9.4　本章小结

(1)研究确定了环境目标,即长三角地级及以上城市城区的 $PM_{2.5}$ 年均浓度达到 35 μg/m³。采用能源和污染排放技术模型,预测了全国和长三角地区中长期(到 2030 年) SO_2、NO_x、一次 $PM_{2.5}$、BC、OC、NMVOC、NH_3 等污染物排放量变化趋势,从而确定未来各部门、各污染物排放的合理变化范围。在这一范围内,利用研究建立的 ERSM 预测系统,提出了 5 种使 $PM_{2.5}$ 浓度达标的多区域、多部门、多污染物减排量分配方案。

(2)研究对长三角地区电力、交通、工业、民用部门的燃料参数、能源技术参数及污染控制技术参数进行了调研及总结,建立了完整的 AIM/Enduse 模型参数数据库。利用 AIM/Enduse 模型探索了实现上述多区域、多部门、多污染物减排方案的经济成本和最优化技术组合。基于成本最低的减排方案,提出了实现长三角地区 $PM_{2.5}$ 浓度达标的技术途径。研究结果表明,要实现 $PM_{2.5}$ 浓度达标,需综合采用能源和产业结构调整、煤炭集中清洁可持续利用、强化多源多污染物末端控制等多层次的控制措施。

参 考 文 献

陈衬兰. 2005. 基于工程造价及发电成本的核电与火电比较研究. 科技与管理,32(4):6-9.

国家电力监管委员会. 2012. "十一五"期间投产电力工程项目造价情况. 北京:国家电力监管委员会.

国家统计局能源统计司. 2011. 中国能源统计年鉴 2011. 北京:中国统计出版社:210-245.

国网能源研究院. 2012. 2012 中国新能源发电分析报告. 北京:国网能源研究院:49-57.

环境保护部. 2012a.《火电厂氮氧化物防治技术政策(征求意见稿)》编制说明. 北京:环境保护部[2012-09]. http://www.zhb.gov.cn/info/bgw/bbgth/200906/W020090625504457133594.pdf.

环境保护部. 2011a. 全国投运燃煤机组脱硝设施清单. 北京[2011-04-11]. http://www.mep.gov.cn/gkml/hbb/bgg/201104/t20110420_209449.htm.

环境保护部. 2012b.《火电厂除尘工程技术规范》(征求意见稿)编制说明. 北京:环境保护部[2012-10-10].

http://www. mep. gov. cn/gkml/hbb/bgth/201210/t20121015_238355. htm.

环境保护部. 2011b. 全国投运燃煤机组脱硝设施清单. 北京[2011-04-11]. http://www. mep. gov. cn/gkml/hbb/bgg/201104/t20110420_209449. htm.

《江苏交通年鉴》编辑委员会. 2011. 江苏交通年鉴 2011. 南京：江苏年鉴杂志社. 327-384.

江苏省统计局. 2011. 江苏统计年鉴 2011. 江苏：中国统计出版社：170-185.

廖永进, 王力, 骆文波. 2007. 火电厂烟气脱硫装置成本费用的研究. 电力建设, 28(4)：82-86.

林博鸿, 吴烨. 2010. 长三角地区汽车能源消耗与 CO_2 排放研究. 中国科技论文在线, 06：476-480.

刘欢, 李文权. 2008. 城市公交调度中满载率问题的研究. 交通运输工程与信息学报, 04：104-109.

马钧, 俞一鸣. 2009. 强混合动力汽车全生命周期成本研究. 农业装备与车辆工程, 07：22-25.

欧训民, 覃一宁, 常世彦, 等. 2009. 未来我国电动汽车能耗和温室气体排放全生命周期分析. 汽车与配件, 13：40-41.

欧训民, 张希良, 常世彦. 2008. 多种新能源公交车能耗与主要污染物排放全生命周期对比分析. 汽车与配件, 52：16-20.

欧训民, 张希良, 覃一宁, 等. 2010. 未来煤电驱动电动汽车的全生命周期分析. 煤炭学报, 01：169-172.

齐天宇, 欧训民, 张希良, 等. 2009. 中国混合动力公交车发展的经济性对比分析. 中国软科学, S1：102-106.

清河砖厂. 2010. 红砖的生产成本分析. [2014-05-17]. http://www. docin. com/p-471162121. html.

清华大学建筑节能研究中心. 2009. 中国建筑节能年度发展研究报告 2009. 北京：中国建筑工业出版社：1-73.

上海市统计局. 2011a. 上海统计年鉴 2011. 北京：中国统计出版社：145-160.

上海市统计局. 2011b. 上海能源统计年鉴 2011. 北京：中国统计出版社：134-210.

田贺忠. 2003. 中国氮氧化物排放现状、趋势及综合控制对策研究：博士学位论文. 北京：清华大学.

王庆一. 2014. 2012 年中国节能分析(下). 节能与环保, 01：48-51.

邢秀丽, 钱永祥. 2009. 水泥企业生产成本控制要点探讨. 建材发展导向, 04：30-33.

冶金经济发展研究中心. 2012. 2011 年中外钢铁行业成本竞争力对比分析. 冶金管理, 06：4-12.

《浙江交通年鉴》编辑委员会. 2011. 浙江交通年鉴 2011. 杭州：浙江省交通厅：234-435.

浙江省统计局. 2011. 浙江统计年鉴 2011. 北京：中国统计出版社：170-185.

《中国电力年鉴》编辑委员会. 2011. 中国电力年鉴 2011. 北京：中国电力出版社：718-761.

中国工程院, 环境保护部. 2011. 中国环境宏观战略研究：环境要素保护战略卷. 北京：中国环境科学出版社.

《中国交通年鉴》编辑委员会. 2011. 中国交通年鉴 2011. 北京：中国交通年鉴社：718-761.

中国经济信息网. 2009. 2009 年中国可再生能源发电行业年度报告. 北京：中国经济信息网.

2050 中国能源和碳排放研究课题组. 2009. 2050 中国能源和碳排放报告. 北京：科学出版社：483-527.

《中国物价年鉴》编辑部. 2011. 中国物价年鉴 2011 . 北京：《中国物价年鉴》编辑部.

中证期货. 2012. 平板玻璃产业链分析. [2014-05-17]. http://www. citicsf. com/html/141337. html.

周大地. 2003. 我国实现全面小康的能源需求. 宏观经济研究, 11：26-30.

庄幸, 姜克隽. 2012. 我国纯电动汽车发展路线图的研究. 汽车工程, 02：91-97.

Amann M. 2010. Scope for further environmental improvements in 2020 beyond the baseline projections, Centre for Integrated Assessment Modelling (CIAM) and International Institute for Applied Systems Analysis (IIASA), Laxenburg.

Amann M, Bertok I, Borken-Kleefeld J, et al. 2011. Cost-effective control of air quality and greenhouse gases in Europe: Modeling and policy applications. Environmental Modelling & Software, 26: 1489-1501. doi: 10. 1016/j. envsoft. 2011. 07. 012.

Amann M, Jiang K, Hao J M, et al. 2008. GAINS-Asia. Scenarios for cost-effective control of air pollution and greenhouse gases in China. International Institute for Applied Systems Analysis (IIASA), Laxenburg.

Cao J, Ho M, Jorgenson D. 2008. "Co-benefits" of Greenhouse Gas Mitigation Policies in China: An Integrated Top-Down and Bottom-Up Modeling Analysis.

Fu X, Wang S X, Zhao B, et al. 2013. Emission inventory of primary pollutants and chemical speciation in 2010 for the Yangtze River Delta region, China. Atmospheric Environment, 70: 39-50. DOI 10. 1016/j. atmosenv. 2012. 12. 034.

Hibino G, Pandey R, Matsuoka Y, et al. 2002. A Guide to AIM/Enduse Model. Climate Policy Assessment: Asia-Pacific Integrated Modeling, Springer.

Huo H, Yao Z L, Zhang Y Z, et al. 2012a. On-board measurements of emissions from light-duty gasoline vehicles in three mega-cities of China. Atmospheric Environment, 49: 371-377. doi:10. 1016/j. atmosenv. 2011. 11. 005.

Huo H, Yao Z L, Zhang Y Z, et al. 2012b. On-board measurements of emissions from diesel trucks in five cities in China. Atmospheric Environment, 54: 159-167.

Liu Q, Shi M J, Jiang K J. 2009. New power generation technology options under the greenhouse gases mitigation scenario in China. Energy Policy, 37(6): 2440-2449.

Wang C, Cai W J, Lu X D, et al. 2007. CO_2 mitigation scenarios in China's road transport sector. Energy Conversion and Management, 48(7): 2110-2118.

Wang S X, Hao J M. 2012. Air quality management in China: Issues, challenges, and options, Journal of Environmental Sciences-China, 24: 2-13. DOI 10. 1016/S1001-0742(11)60724-9.

Wang S X, Zhao B, Cai S Y, et al. 2014. Emission trends and mitigation options for air pollutants in East Asia. Atmospheric Chemistry and Physics, 14: 6571-6603. DOI 10. 5194/acp-14-6571-2014.

Wu Y, Zhang S J, Li M L, et al. 2012. The challenge to NO_x emission control for heavy-duty diesel vehicles in China. Atmospheric Chemistry and Physics, 12(19): 9365-9379.

Xing J, Wang S X, Chatani S, et al. 2011. Projections of air pollutant emissions and its impacts on regional air quality in China in 2020. Atmospheric Chemistry and Physics, 11(7): 3119-3136.

Zhang S J, Wu Y, Wu X M, et al. 2014. Historic and future trends of vehicle emissions in Beijing, 1998—2020: A policy assessment for the most stringent vehicle emission control program in China. Atmospheric Environment, 89(0): 216-229.

Zhao B, Wang S X, Liu H, et al. 2013a. NO_x emissions in China: Historical trends and future perspectives. Atmospheric Chemistry and Physics, 13: 9869-9897. DOI 10. 5194/acp-13-9869-2013.

Zhao B, Wang S X, Wang J D, et al. 2013b. Impact of national NO_x and SO_2 control policies on particulate matter pollution in China. Atmospheric Environment, 77: 453-463. DOI 10. 1016/j. atmosenv. 2013. 05. 012.

Zhao L F, Xiao Y H, Gallagher K S, et al. 2008. Technical, environmental, and economic assessment of deploying advanced coal power technologies in the Chinese context. Energy Policy, 36(7): 2709-2718.

索　引

彩 图

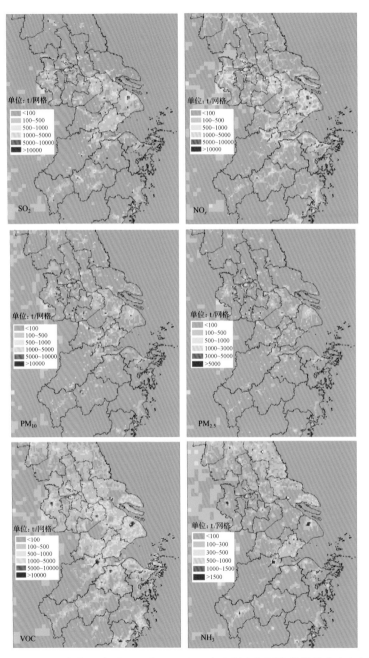

图 3-6 2010 年长三角地区(4 km×4 km)人为源大气污染物排放分布(t/a)

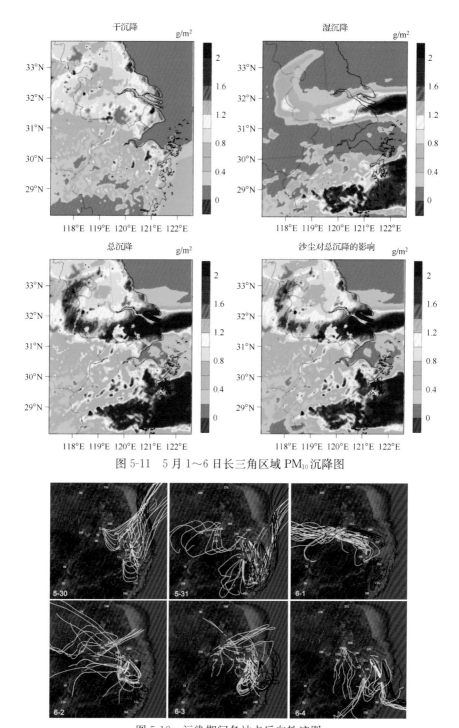

图 5-11　5 月 1～6 日长三角区域 PM_{10} 沉降图

图 5-18　污染期间各站点后向轨迹图
图中五角星代表站点位置，每种颜色线代表某一个站点的后向轨迹，红点代表卫星探测到的火点位置，
白色数字代表该日 PM_{10} 平均浓度，单位为 $\mu g/m^3$

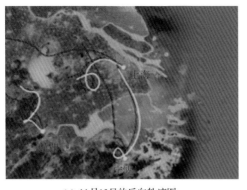

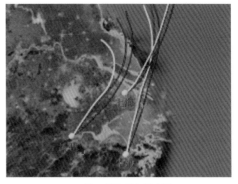

(a) 11月13日的后向轨迹图　　　　　　　　　　　　(b) 11月14日的后向轨迹图

图 5-28　污染时段内气团后向轨迹图

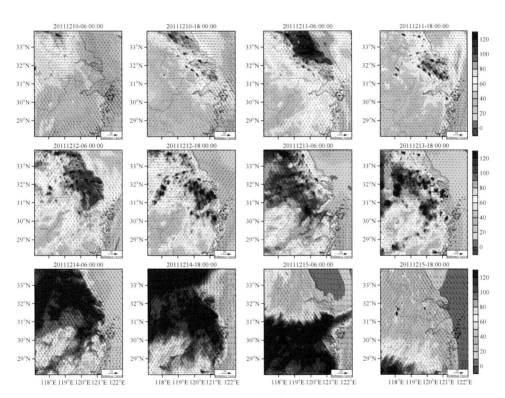

图 5-37　PM$_{2.5}$浓度分布图(μg/m³)

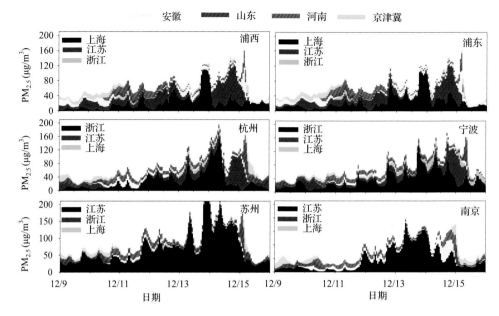

图 5-38 污染期间各站点 PM$_{2.5}$浓度各省份贡献分担率

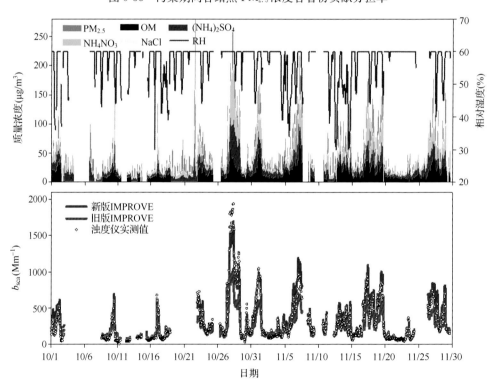

图 6-11 IMPROVE 公式估算值与实测值比较